航天科技图书出版基金资助出版

低温共烧陶瓷工艺技术手册

张　婷　白　浩　李　军　主编

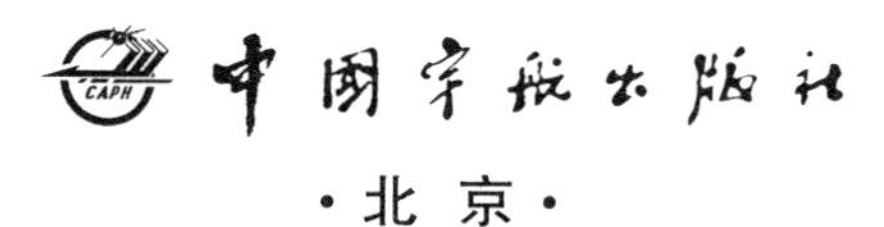

·北京·

图书在版编目(CIP)数据

低温共烧陶瓷工艺技术手册 / 张婷，白浩，李军主编. -- 北京 : 中国宇航出版社，2017.10

ISBN 978-7-5159-1381-0

Ⅰ.①低… Ⅱ.①张… ②白… ③李 Ⅲ.①烧成(陶瓷制造)-技术手册 Ⅳ.①TQ174.6-62

中国版本图书馆 CIP 数据核字(2017)第 233184 号

责任编辑 彭晨光
责任校对 祝延萍　　**封面设计** 宇星文化

出版发行 中国宇航出版社

社　址 北京市阜成路 8 号　**邮　编** 100830
(010)60286808　(010)68768548
网　址 www.caphbook.com
发行部 (010)60286888　(010)68371900
(010)60286887　(010)60286804(传真)
零售店 读者服务部
(010)68371105
承　印 北京画中画印刷有限公司

版　次 2017 年 10 月第 1 版
2017 年 10 月第 1 次印刷
规　格 787×1092
开　本 1/16
印　张 12.5
字　数 304 千字
书　号 ISBN 978-7-5159-1381-0
定　价 88.00 元

本书如有印装质量问题，可与发行部联系调换

航天科技图书出版基金简介

航天科技图书出版基金是由中国航天科技集团公司于2007年设立的，旨在鼓励航天科技人员著书立说，不断积累和传承航天科技知识，为航天事业提供知识储备和技术支持，繁荣航天科技图书出版工作，促进航天事业又好又快地发展。基金资助项目由航天科技图书出版基金评审委员会审定，由中国宇航出版社出版。

申请出版基金资助的项目包括航天基础理论著作，航天工程技术著作，航天科技工具书，航天型号管理经验与管理思想集萃，世界航天各学科前沿技术发展译著以及有代表性的科研生产、经营管理译著，向社会公众普及航天知识、宣传航天文化的优秀读物等。出版基金每年评审1～2次，资助20～30项。

欢迎广大作者积极申请航天科技图书出版基金。可以登录中国宇航出版社网站，点击“出版基金”专栏查询详情并下载基金申请表；也可以通过电话、信函索取申报指南和基金申请表。

网址：http：//www.caphbook.com

电话：(010) 68767205，68768904

《低温共烧陶瓷工艺技术手册》
编 委 会

主　编　张　婷　白　浩　李　军

编　者　周　澄　王　平　徐美娟　石　伟　杨士成
王　峰　曲　媛　刘媛萍　夏维娟　孙　鹏
董广红　姜　威　贾旭洲　程小娜　景晓波
刘　旭

序

低温共烧陶瓷（LTCC）技术是将卫星有效载荷电子产品小型化和高集成化最有效的方式之一，也是立体化的重要途径。中国空间技术研究院西安分院从2004年开始投入大量人力物力研究LTCC技术，在LTCC技术星载应用方面一直处于国内领先地位，已成功地将大量LTCC基板应用到多个卫星型号的正样产品中。

此前，西安分院LTCC产品走的是研、制分离的路线，制作上全部依赖外协，自己仅负责设计。国内微波领域的LTCC生产线较匮乏，且工艺水平参差不齐。随着LTCC技术的应用和发展，产品集成度的不断提升，设计与工艺的联系更加紧密，工艺技术的缺失必将影响产品的研制水平。因此，从长远的角度来看，研、制分离的模式已经无法满足西安分院LTCC技术的应用需求。为解决这个瓶颈，西安分院排除万难，多方筹集资金，开启LTCC设计制造一体化的工作，踏上了自主筹建LTCC生产线的道路。

西安分院LTCC生产线建设之路走得并不平坦。从最初的论证，到最终的技改批复建线，前前后后历时多年。期间，我们曾经被否决、被质疑，但最终还是坚定不移地迈出了这重要的一步。这其中的辛酸，只有亲历者才能体会。转眼来到了2014年，购置的业界领先设备即将全部到位，但这一切仅仅是一个开始。西安分院在LTCC工艺技术方面几乎没有基础，生产线的建设可谓任重而道远。要想在最短的时间内将生产线的工艺路线走通，并将其建设成为全国领先的空间微波产品研制基地，西安分院全体职工势必要付出艰苦卓绝的努力。

此书的诞生，就是为弥补该方面的缺失而准备的。关于LTCC工艺技术，国内鲜见系统完备的技术书籍，此书正好填补了这一空白。它是来源于国内各LTCC研制场所最真实的实践经验总结，是各单位LTCC技术人员智慧结晶的汇总。它不仅可以作为西安分院LTCC工艺技术摸索的参考书，为技术人员的工艺摸索提供指导，也可作为未来西安分院LTCC技术人才培养的参考书，为大家提供系统翔实的第一手资料。它的出现，相信可以大大推动西安分院LTCC生产线建设的步伐。

但同时我们也看到，此书尚有一些不足之处：首先，其大部分内容来源于各科研院所对外公开的资料，各单位出于保密的需要，必定有很多细节未公布，这就需要我们在实际应用中进行深入摸索并及时记录总结；其次，几乎每部分内容都出自不同人之手，由于各人水平参差不齐，不能保证所有的判断都准确无误；另外，每条生产线都有自己的工艺特点，因此书中的某些工艺方法并不具有普适性，在应用中需加以甄别，不能生搬硬套。

总之，希望此书能起到抛砖引玉的作用。藉由此书，西安分院 LTCC 技术人员能快速地掌握 LTCC 工艺技术，摸索出一套属于西安分院 LTCC 生产线的工艺技术体系，并在未来形成更具实用价值的 LTCC 工艺技术手册。同时，也希望此书的汇编能成为西安分院 LTCC 生产线建设的一个良好开端，为大家提供有益的参考，快速准确地把握好 LTCC 生产线的技术，尽快使 LTCC 产品水平上一个大台阶。

史平彦

2014 年 11 月 20 日

前 言

低温共烧陶瓷（LTCC）技术具有集成度高、体积小、质量小、介质损耗小、高频特性优良等优点，在微波电子领域具有独特的发展优势。该技术已在国外星载电子设备上得到广泛应用，而国内星载 LTCC 产品的应用还处于起步阶段。航天五院西安分院近年来紧密跟踪该技术的发展：2004 年起开始进行 LTCC 基板探索性理论研究，2010 年开始在部分预研课题中初步应用，2012 年逐步转入型号初样研制，2013 年多个型号正样产品大量应用，同时多方开展预先研究课题，并积极开展自主建线的工作，以期在 LTCC 技术星载应用领域走向国际前沿。

鉴于西安分院建设 LTCC 生产线的条件已经完备，且宇航产品对 LTCC 技术的需求日益迫切，技改已批复了西安分院筹建 LTCC 生产线所需的关键设备。目前设备招标工作已经全部完成，设备即将陆续就位。但西安分院之前的 LTCC 产品全部依赖外协或外购，在生产方面几乎零基础，因此急需提前储备 LTCC 工艺技术知识，为西安分院 LTCC 生产线建设初期的设备及工艺开发打好基础，本书即在这个背景下诞生的。

由于 LTCC 技术投入工程应用的时间相对较短，目前国内外鲜有针对 LTCC 工艺技术的系统性书籍。为了给西安分院 LTCC 生产线工艺开发提供一本系统翔实的工具书，LTCC 工作组成员对 LTCC 工艺技术开展了广泛的调研并汇编了此书。本书内容主要来源于已公开发表的刊物，参考国内 LTCC 技术的工程应用实例，按照 LTCC 技术的基本流程，分工序对国内各 LTCC 生产线的工艺技术进行了梳理与汇编，并对生产中的常见问题进行汇总，形成一本相对全面的指导性手册。

本书的章节主要按照 LTCC 基板制造流程划分，其中第 1 章介绍了 LTCC 技术的发展历程及工艺路线，让读者对 LTCC 技术有一个整体的认识；第 2 章主要对 LTCC 生产中常用的生瓷材料及导体材料进行了介绍；第 3 章则立足 LTCC 基础工艺，详细介绍了 LTCC 工艺从打孔到后烧的一整套流程；第 4 章对 AOI 及飞针两种 LTCC 基板制造中常用的检测手段进行了阐述；第 5 章则是关于 LTCC 基板制造及应用中的关键技术，如收缩率控制、平整度控制、组装工艺性等；第 6 章对 LTCC 基板制造中的常见问题进行汇总，并对其解决方法进行了调研，以供西安分院未来在生产实践中加以借鉴；最后，在第 7 章对

LTCC技术未来的发展方向进行了展望。

我们希望本书的编写与出版能够为西安分院从事LTCC技术研究的工艺师提供一份综合性的参考资料，从而在遇到问题时可以有据可依，少走弯路；为选用LTCC技术的设计师提供工艺信息，从而更好地进行工艺性设计；为未来参与LTCC技术工作的人员提供系统的理论培训资料。

由于编委会成员经验有限，书中难免会有错误，恳切希望各位读者多提宝贵意见。

全体编写人员

2014年11月

目　录

第 1 章　LTCC 技术概述

低温共烧陶瓷（LTCC，Low Temperature Co - fired Ceramic）技术，最早在 1950 年左右由 RCA 公司开发，被认为起源于多层陶瓷基板技术，现在 LTCC 技术中的很多关键工艺如流延、填孔、压合等都是在那时被提出来的。在 LTCC 技术提出之前，IBM 领导开发了高温共烧陶瓷（HTCC，High Temperature Co - fired Ceramic）技术，这项技术在 1 600 ℃或以上将生瓷烧成致密体，使用 Mo、W 或者 Mo - Mn 作为导体。后来，为了使用损耗更小的导体（如 Au、Ag、Cu），必须降低烧结温度来保证烧结过程中导体不会熔化，所以 LTCC 技术就慢慢发展起来。表 1 - 1 给出了 LTCC 与 HTCC 技术的关键特征对比，可以看出低温共烧陶瓷的烧结温度应该在 850～950 ℃。

表 1 - 1　HTCC 与 LTCC 关键特征对比

陶瓷	烧结温度/℃	导体	熔点/℃	电导率
HTCC	1 600～1 800	Mo	2 610	1.87×10^{7}
		W	3 410	1.815×10^{7}
		Mo - Mu	1 246～1 500	—
LTCC	850～950	Cu	1 083	5.8×10^{7}
		Au	1 063	4.1×10^{7}
		Ag	960	6.17×10^{7}
		Ag - Pd	960～1 555	—
		Ag - Pt	960～1 186	—

美国休斯公司于 1982 年第一次成功开发了 LTCC 技术，将低温烧结陶瓷粉制成厚度精确而且致密的生瓷带。LTCC 电路的制作流程大体为首先利用激光或机械在生瓷带上打孔、在孔内填注金属浆料，然后用导体浆料印刷电路等工艺制出所需要的电路图形。由于每一层均可制作电路，所以多种无源元件（如滤波器、耦合器、低容值电容、电阻、阻抗转换器等）均可埋入多层陶瓷基板中，然后使用层压机叠压在一起。由于可使用低温金属，如银、铜、金等制作内外金属导体，所以电路可以在 950 ℃下烧结，制成三维空间的高密度电路，IC 和有源器件随后即可焊接或粘接在其表面，制成无源和有源集成的功能模块，从而实现小型化和三维高密度化电路。

LTCC 技术作为一种三维技术，其具有如下优点：陶瓷材料具有优良的高频高 Q 特性，使用频率可高达几十吉赫兹甚至上百吉赫兹；同时，使用金或者银作为导体材料，由于其电导率更高，所以其电路损耗可以进一步降低；可以制作线宽小于 50 μm 的细线结构电路；由于是陶瓷，LTCC 可承受更大电流及适应耐高温特性的要求，同时其热传导性也比普通 PCB 电路基板更优良；此外，其与 Si 具有相似的热膨胀系数（如图 1 - 1 所示），因此更适合与芯片集成，具有较好的温度特性，同时具有较小的介电常数温度系数，电路更加稳定；可以制作层数很高的电路基板。无源器件可以直接埋入或者设计在基板内，如电感器、电阻器、电容器、敏感元件、EMI 抑制元件、电路保护元件等，可以提高电路的密度；由于采取表贴粘接或焊接的方法，基板可以继承种类繁多的有源和无源的元器件，从而实现多物理器件的集成。此外，陶瓷电路的可靠性高，其在耐高温、高湿、冲振等方面有很大优势，可应用于恶劣环境；一层一层地制作电路，是一种非连续式的生产工艺模式，每一层都可以进行独立的检查、修补及替换，从而提高成品率，降低生产成本。

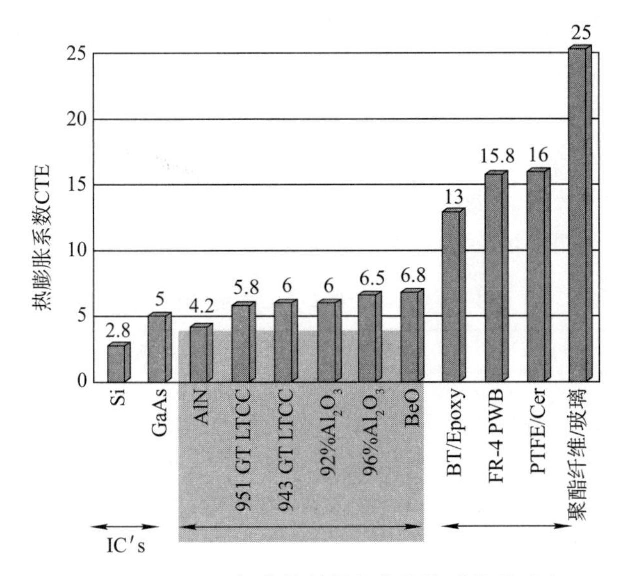

图 1－1　LTCC 与其他材料的热膨胀系数的对比

由于以上所展示出的优良特性，LTCC 技术在军事、航天、航空、电子、计算机、汽车、医疗等领域均获得了越来越广泛的应用。

1.1　国内外发展现状

1.1.1　国内发展现状

由于原材料和工艺装备大部分由国外开发和控制，国内 LTCC 产品的开发比国外发达国家至少落后 5 年，目前市场上的 LTCC 功能组件和模块主要用于电子通信设备中的 CSM、CDMA 和 PHS 手机，无绳电话，LAN 和蓝牙等。

国内目前只能生产部分 LTCC 专用工艺设备，多个研究所或高校的 LTCC 生产线都是从国外引进的。深圳南玻电子有限公司率先引进了国际先进的设备，建成了国内第 1 条 LTCC 生产线，开发出了多种 LTCC 产品并批量化生产，如片式 LC 滤波器系列、片式蓝牙天线、片式定向耦合器、片式平衡-不平衡转换器、低通滤波器阵列等，性能达到国外同类产品水平，并成功打入了市场。此外，高校也对 LTCC 技术进行了深入研究，像电子科技大学、香港中文大学等利用 LTCC 技术的优势，开发出了一系列综合性能优良的滤波器、天线等产品。中国电子科技集团公司第43所、第55所、第38所、第29所，中国兵器工业集团公司第214所，中国航天科技集团公司第771所等科研院所，则基于自身的应用需求及技术优势组建了LTCC生产线，主要进行微波组件类LTCC产品的攻关，为军用LTCC产品的研制做出了卓越的贡献。

然而，目前国内大部分LTCC产品都是基于地面应用开发的，星载LTCC产品尚处于起步阶段。航天五院西安分院紧密跟踪该技术的发展，于2014年建立了LTCC生产线，2015年生产线正式投入运转，2016年生产线通过工艺鉴定并具备了星载正样产品研制的资格，正全力探索LTCC在星载有效载荷上的应用优势，为LTCC技术的航天应用保驾护航。

总之，国内LTCC产品从20世纪90年代末期开始大范围发展，目前正在向着微波组件类产品方向发展。但整体略滞后于国外，LTCC技术的国内外发展比较见图1-2，目前，随着中国航天科技集团公司五院西安分院LTCC产品研发、生产线建立，加快了国内LTCC技术航天应用的步伐。

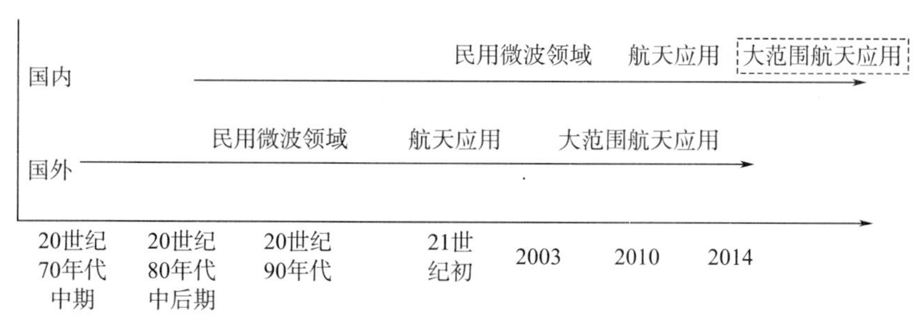

图1-2 LTCC国内外发展比较

1.1.2 国外发展情况

目前，国外LTCC技术被广泛应用于通信及射频电路、雷达、天线、光学器件、DC/DC电源、超大规模计算机、高能存储器等领域[6]，已经开发出了2～50层、工作频率从100 MHz～300 GHz的LTCC组件，预埋的元器件包括电阻、电容和电感。有工作在22～35 GHz的Lange coupler、30～35 GHz的变换器、集成在2英寸×2英寸面积基片上的接收机和天线组件、全集成多层LTCC组件的CMOS功率放大器、μBGA技术的三维集成LTCC组件等。

国外一般采用多头冲孔设备进行高密度互连通孔的加工，以保证通孔内壁的光滑和较小的锥度；多层叠层精度优于10 μm；最小最细线宽/间距达50 μm；可加工最大LTCC单片电路面积为8英寸×8英寸；一般采用自动光学检测仪来检测印刷图形缺陷和孔位偏离，采用双向探针测试仪进行LTCC基板开路、短路和高阻失效测试；采用矢量网络分析仪进行电路性能测试。

美国Westinghouse公司、RCA公司、Hughes公司等利用LTCC材料制作了有源相控阵雷达中的T/R组件，大大减小了雷达的体积和质量，改进了性能，是最具代表性并大量使用的微波MCM-C组件。

美国Anaren Microwave公司利用LTCC材料极好的高频性能开发了一系列表贴微波

元器件，如平衡-不平衡变换器、混合耦合器、定向耦合器和功分器等，这些元件的封装形式与片式电容相似，体积小，性能高，一致性好，可靠性高。

美国 CTS 公司已制成以 Dupont LTCC 结构为基板的大容量（Sea－gate）硬盘驱动器用读/写放大器 MCM 电路。

日本松下电器有限公司开发了 MKE－100 型 LTCC 基片，采用这种 LTCC 技术，理论上可制成多达 50 层的 100 mm×100 mm 的 MCM－C。

德国 EADS 公司的 LTCC 组件应用在移动电话蓝牙模块中（见图 1－3）。

图 1－3　移动电话蓝牙模块中 LTCC 组件（图片源于德国 MSE 会议）

图 1－4 所示为德国 EADS 公司开发的射频 LTCC 多层组件应用在金属载体混合电路中。

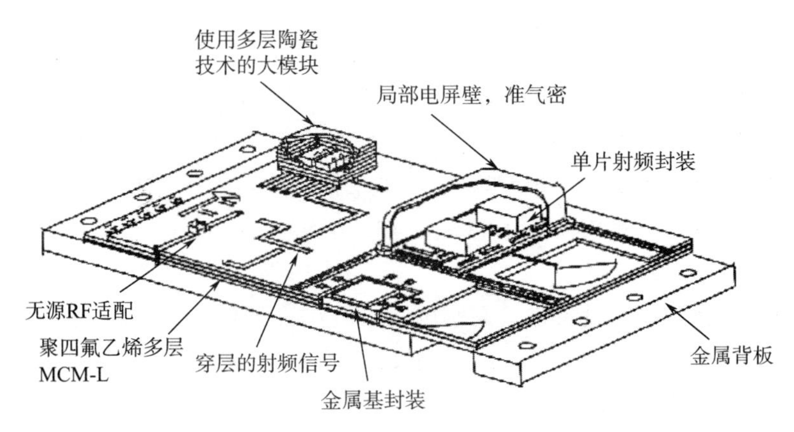

图 1－4　金属载体混合电路基板中 LTCC 多层电路组件

英国 EADS astrium 公司在卫星有效载荷的接收机中应用了 LTCC 下变频器和 29 层 LTCC 混合封装模块，如图 1－5 所示。

芬兰 VTT 实验室使用 LTCC 技术实现了星载原子钟、血糖计等产品，如图 1－6 及图 1－7 所示。

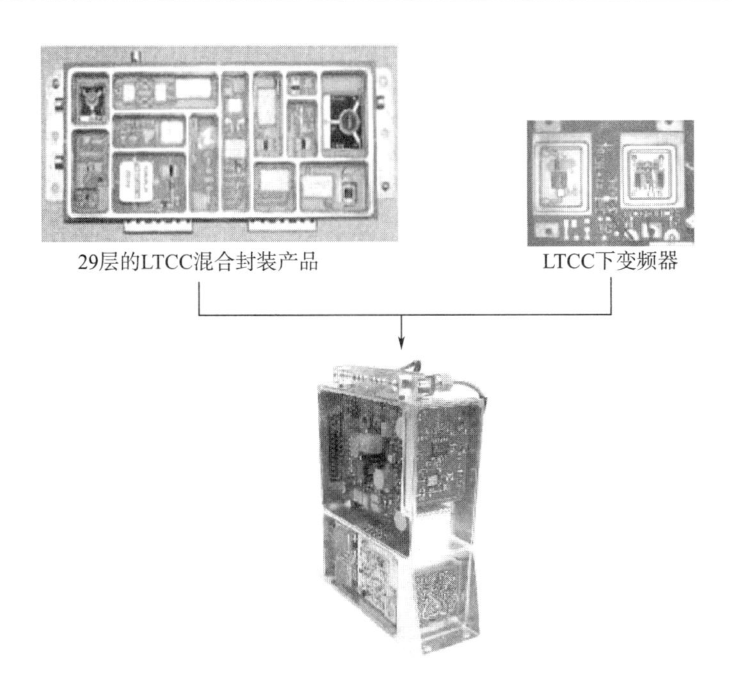

图 1-5　英国 EADS astrium 公司卫星有效载荷接收机

图 1-6　LTCC 星载原子钟

图 1-7　LTCC 血糖计

1.2　LTCC 工艺技术流程

LTCC 可以实现微波电路的多层化布线，最基本工序有：打孔、填孔及印刷、叠层、压合、热切、共烧、后烧及后印、划片等，如图 1－8 所示。LTCC 工艺可以实现微波电路的三维布局（见图 1－9），在基材上开腔体，制作厚膜电阻、电容，表贴元器件等。LTCC 各工序中的关键控制因素见表 1－2。

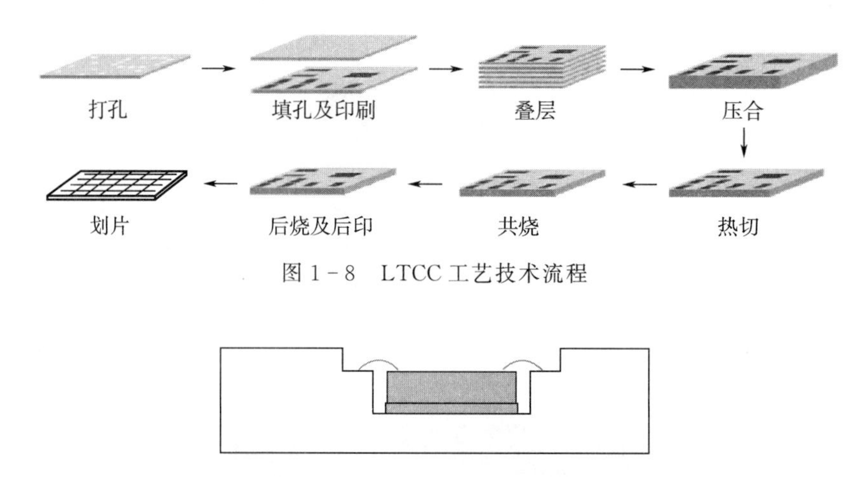

图 1－8　LTCC 工艺技术流程

图 1－9　LTCC 三维封装结构图

表 1－2　LTCC 生产各工序关键控制因素

工序	关键控制因素
打孔	1)在版图中预先设计定位孔，打孔中一并打成，给后工序提供定位基准。 2)需要设置末尾孔检测，以保证整片的打孔质量。 3)对于腔体产品，还需要定做特殊冲头，或采用激光开腔，以保证腔体制作的质量
填孔	1)根据不同的材料，选择合适的压力参数进行填孔操作。 2)填孔之后，还需要进行必要的通孔整平工作，以防止各层填孔浆料堆积造成最终产品平整度下降
网版制作及印刷	1)根据本单位 LTCC 生产特点，结合材料特性，确定整个生产过程中生瓷材料的收缩比例，进而在网版制作环节，就将该比例表现在网版上，以保证最终产品尺寸与理论值的一致性。 2)根据生瓷材料和产品特点，确定网版的厚度、丝网材料、规格、精度需求，并在专业网版制造厂家投产。 3)不同材料，网版力度、角度的控制。 4)网版平行度、刮刀平行度、印刷参数的控制。 5)各层精确对位标记的设定
叠层	1)通过粗对位和精对位，保证 LTCC 产品的叠层精度
压合	1)压合前，需要用真空包装袋将叠层好的 LTCC 产品抽真空包装。 2)对于有腔体的产品，需要在腔内放置合适大小的硅胶，防止压合过程腔体变形。 3)压合过程的水温控制和压力控制，是影响产品层间结合力的关键
热切	1)确定图形文件的正确读入，通过程序设定切割若干刀后进行位置捕捉、校准，以保证整体切割的精度

续表

工序	关键控制因素
共烧	1)不同材料排胶温度、烧结曲线的设定。 2)对于新材料或者特殊产品,需要预烧结,确定大致的烧结收缩率。 3)烧结过程中产品的摆放方式和位置都有可能影响到最终产品的平整度和收缩率。 4)烧结前后可进行材料质量损失比检测,以确定烧结的一致性
其他	1)生瓷材料流延出来后,总表现出一定的方向性,虽然拿到操作者手中的材料是8英寸×8英寸,但*X*和*Y*方向在微观上还是略有不同,这会导致生产过程中*X*、*Y*方向收缩的不同,会影响到产品质量,需要通过工艺对材料进行试验和评估,做出相应的补偿。 2)生瓷材料在生产之前,需要进行预处理,释放其内在应力。 3)生瓷材料背面有保护膜,保护膜存在的时候,生瓷材料收缩并不明显,一旦保护膜被撕掉,收缩将会非常大,因此,需要在叠层、压合、热切、烧结等工序尽可能固化每个工序操作方法和时间,以提高产品的收缩一致性

1.3 LTCC技术特点

LTCC普遍应用于多层芯片线路模块化设计中，它除了在成本和集成封装方面的优势外，在布线线宽和线间距、低阻抗金属化、设计的多样性及优良的高频性能等方面都显现出诱人的魅力，如图1-10所示。

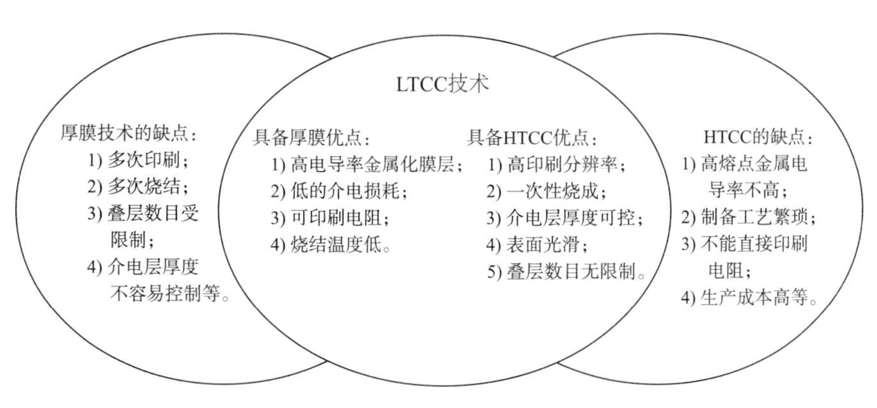

图1-10 LTCC技术优势

LTCC技术的主要应用领域有：高频无线通信领域、航空航天工业领域及存储器、驱动器、滤波器、传感器等电子元器件领域。

图1-11所示为典型LTCC产品的剖面图。其主要优点在于：可以在高频段使用，内部可以埋置无源器件，表贴有源器件，集成度高，可以实现一个准三维的电路。LTCC较目前采用的混合集成技术有更高的可靠性和一致性，但随着集成度的提高，对LTCC的收缩率控制、散热、抗电磁干扰等方面提出了挑战，需要通过更深入的研究与实验摸索来解决。

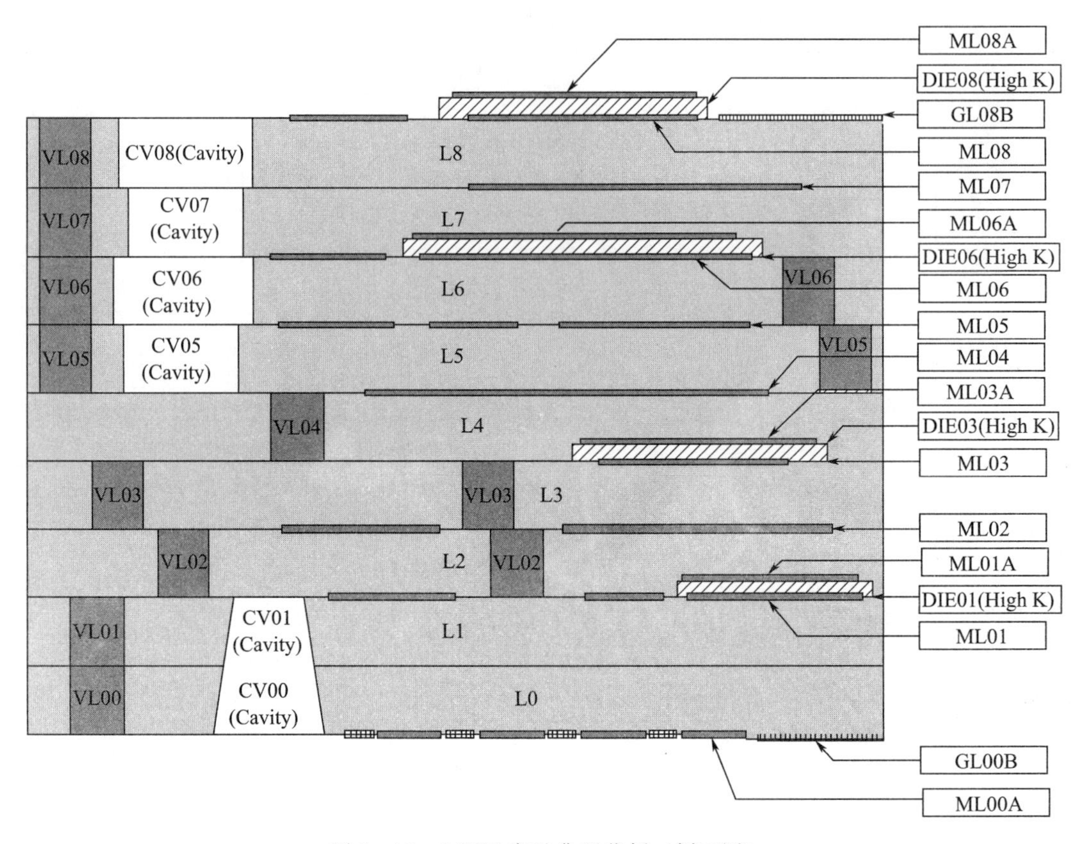

图 1-11　LTCC 产品典型范例（剖面图）

1.4　小结

LTCC 技术是一项令人瞩目的整合组件技术，已经成为无源及有源元件集成的主流技术，是实现微波产品小型化、轻量化及高可靠性的最佳技术之一。

LTCC 技术使用低损耗金属作为导体，具有相对较大的介电常数，使用很薄的生瓷带，允许三维设计，这些都对产品的小型化有很大帮助。LTCC 材料的损耗较小，损耗随频率的变化也很小，因此可以有很好的性能一致性。此外，LTCC 的热导率比 PCB 高，通过添加散热通孔或者使用内置水冷沟道，可以进一步提高散热效果。LTCC 的表面通过不同的浆料可以实现金丝键合、焊接等一系列互连的方法，增强了其对有源器件和其他组件的兼容性。但是 LTCC 产品材料多样，工艺过程对最终产品的特性影响大，因此在制作过程中其设计必须与工艺紧密结合。

参 考 文 献

[1] Yoshihiko Imanaka. Multilayered low temperature co - fired ceramic technology. Fujitsu Laboratories Ltd. Japan. 2005.

[2] 刘俊峰，等．低温共烧（LTCC）BaO - Nd2O3 - TiO2 陶瓷研究．天津：天津大学，2007.

[3] 李启伟．多层介质结构多腔级联带通滤波器和传输零点设计技术研究．南京：南京邮电大学，2011.

[4] 陈志兵．厚膜电路用 BaO - Nd＜，2＞O＜，3＞- TiO＜，2＞系统陶瓷材料研究．天津：天津大学，2008.

[5] 章圣长．毫米波段 LTCC 高 Q 滤波器研制．成都：电子科技大学，2006.

[6] 冉建桥，等．低温陶瓷共烧技术——MCM - C 发展新趋势．微电子学，2002，32（4）：287 - 290.

[7] Khodor Hussein RIDA. Packaging of Microwave Integrated Circuits in LTCC Technology. Telecom Bretagne，2013.

第 2 章　LTCC 材料

2.1　LTCC 材料简介

LTCC 技术目前主要包括设计技术、生瓷材料技术和混合集成技术。LTCC 产品性能的好坏完全依赖于所用材料的稳定性和工艺。LTCC 材料特性与组成配方控制、玻璃及介质陶瓷材料的种类、组成与粒径控制等有很大关系。作为 LTCC 技术关键的基础材料，应达到下列要求：

1）介电常数在较大范围内系列化，以适应多种用途。用于多层布线基板的基材应使用介电常数较小的介质陶瓷材料，以改善信号延迟，一般要求 $\varepsilon \leqslant 10$，如能将介电常数减小到 4 左右，信号延迟时间就可以减小 33%以上；谐振器的尺寸大小与介电常数的平方根成反比，因此作为介质材料时，要求介电常数要大，以减小器件尺寸。目前，超低损耗的极限或超高 Q 值、相对介电常数大于 100 乃至大于 150 的介质材料是研究的热点。

2）良好的热稳定性。要求热膨胀系数（CTE）可以调整到接近所载芯片的 CTE。LTCC 材料的 CTE 为 7 ppm/℃左右，Si 的 CTE 为 3.5 ppm/℃。因此，LTCC 材料与 Si 芯片具有良好的 CTE 匹配性。

3）烧结温度应控制在 900 ℃以下，使用 Au、Ag、Cu 等高电导率的金属作内电极材料。瓷料致密化和晶化的温度适宜，不能过低，从而使有机物及溶剂挥发除尽，得到具有致密、无孔洞的微观结构。保持玻璃致密化及晶化时，内部组成相的收缩率、玻璃与金属布线烧结时的伸缩变化应基本一致。

4）除此之外，还要求材料具有化学稳定性高、机械强度大、弹性模量小、热传导率高、热扩散性好、局部缺陷尽可能的少等特点。

LTCC 材料由陶瓷、玻璃、有机物等组成（具体在 2.2 节和 2.3 节介绍），在具体的生产过程中，特别是烧结过程中，有机物挥发，使得材料表现出一定的收缩，因此 LTCC 生瓷材料一般存在一定的收缩率，比如 FerroA6M 材料的收缩率约为 16%、Dupont951PT 材料的收缩率约为 13%，关于收缩率将在 5.1 节详细描述。

2.2　LTCC 生瓷材料

生瓷材料是 LTCC 产品的主要材料之一，主要是起到基底或者基板的作用。电路制作过程中拿到的生瓷材料一般为卷材或者片材，它是经过混料、研磨、流延等工序制成。目前已开发的 LTCC 基板生瓷材料很多，大致可分为以下三大类：

1）玻璃-陶瓷系（微晶玻璃）。在烧结过程中，玻璃晶化时损耗小，使材料具有低介电损耗，这种工艺适用于制作 20～30 GHz 器件。

2）玻璃加陶瓷填充料的复合系。玻璃作为黏合剂使陶瓷颗粒粘结在一起，玻璃和陶瓷间不发生反应，并要求填充物在烧结时与玻璃形成较好的浸润，填充物主要用来改善陶瓷的抗弯强度、热导率等，此时玻璃不仅作为黏合剂，而且在烧结过程中玻璃和填充料反应形成高 Q 值晶体。材料的性能由烧结工艺条件控制，如烧结升温速率、烧结温度、保温时间等。

3）非晶玻璃系。该类材料业内研究较少，一般在上两种方法难以达到预期指标时采用。

介电常数与材料的微观结构密切相关，式（2－1）表明了这种关系

$$\varepsilon = 1 + P/\varepsilon_0 E \tag{2-1}$$

式中　ε_0——真空介电常数；

　　P——极化强度；

　　E——电场强度。

由式（2－1）可知，电子、离子的极性机理决定了 LTCC 介质的极化强度。电子极化强度取决于离子和偶极子效应。表 2－1 列出了常用 LTCC 介质材料特性。

表 2－1　一些公司的低温共烧介质材料性能

类型	材料	供应商	烧结温度/℃	热膨胀系数/(10^{-6}·℃)	ε_R/1MHz	体电阻/(Ω·cm)	抗弯强度/($kg \cdot cm^{-2}$)
多晶	Ca－B－Si－O	FerroA6－5	850	5.3	7.5	10^{12}	1 600
玻璃	Mg－Al－Si－O	IBM	850～1 050	2.4～5.5	5.3～5.7	—	—
	Pb－Si－B－Ca Al_2O_3	NEC	900	4.2	7.5	10^{14}	3 000
玻璃＋	SiO_2＋B－Si－O	NEC	900	1.90	3.9	10^{13}	1 400
陶瓷	Glass＋Al_2O_3＋$CaZrO_3$	Dupont	850	7.9	8.0	10^{12}	2100
	Al_2O_3＋P－Al－B－Si－O	Hitachi	850	—	5.0	10^{12}	—
单相陶瓷	$BaSn(BO_3)_2$	Toshiba	960～980	5.5	8.5	10^{13}	1700

2.2.1　玻璃-陶瓷

玻璃-陶瓷体系一般是由硼和硅构成基本的玻璃网状组织，这些玻璃的构成物加上单价或双价碱性的难以还原的氧化物类元素可以重建玻璃的网状组织。该玻璃材料在烧结前是玻璃相，在烧结过程中，经过成核与结晶化过程成为具有结晶相的陶瓷材料。掌握玻璃的成核和析晶规律，有效地控制成核和析晶是得到所需性能玻璃-陶瓷的关键。控制晶化依赖于有效地成核，不同的热处理过程可以得到不同粗细的晶粒，如果成核温度过高或过

低、成核时间过短，则玻璃体中晶核浓度过低，在后期将可能长成粗达几十微米的晶粒；如果晶体生长期保温时间过短，则不能长成必要的晶相百分比。只有在恰当的成核温度和成核时间条件下，才能获得足够的晶核浓度，有利于成长足够的细小晶粒和具有必要的结晶率。晶体生长温度和时间也很关键，温度过高则可能使晶核重新溶入或使试样变形；温度太低或保温时间过短则使晶粒成长不足，结晶率过低。因此，确定适当的热处理制度是决定最后材料性能的关键要素之一。

2.2.2 玻璃十陶瓷

玻璃加各种难溶陶瓷填充相系统是目前最常用的 LTCC 材料。填充相主要有 $A1_2O_3$、SiO_2、荃青石、莫来石等，玻璃主要是各种晶化玻璃。该系统主要包括结晶化玻璃氧化铝复合系和结晶化玻璃其他陶瓷复合系。结晶化玻璃其他陶瓷复合系主要包括蓝晶石（$A1_2O_3$-SiO_2）、锉辉石（Li_2O。Al_2O_3。$4SiO_2$）、硅灰石（$CaO-SiO_2$）、硅酸镁（$MgO-SiO_2$）、四硼酸锉等与 $Li_2O-K_2O-Na_2O-A1_2O_3-B_2O_3-SiO_2$ 玻璃的混合体，其烧结温度在 900 ℃左右。这种方法不仅工艺简化、成分易控制，而且烧结时的密度快速增长移向较高温度，有利于烧尽来自生片和浆料的有机物和降低基板的高温变形。此类低温共烧陶瓷介质材料具有较低的介电常数、较小的温度系数、较高的电阻率和化学反应稳定性等特性。

因此，填充介质及玻璃相的介电常数大小与整个基板介电常数大小密切相关。玻璃加到结晶质陶瓷填料中，然后再升高温度烧结。其中，低软化点的玻璃起助熔剂作用，促进多相陶瓷复合料致密化；经过适当的活化处理，陶瓷填充材料的表面活性增高，烧结时加速了固相传质，同时增加了填充介质在玻璃液相中的溶解度，因而降低了烧结温度，用来改善基板的机械强度、绝缘性，以及防止烧结时由于玻璃表面张力引起的翘曲。基板材料中玻璃介质成分的选择是十分重要的。因为它不仅与基板材料介电常数有关，还与基板的烧结温度、收缩率等密切相关。其中玻璃材料的选择原则为必须选择低导电性和对环境稳定性高的材料，同时在设计玻璃时最好使玻璃的软化点到晶化温度范围大一些。一方面导体材料容易与基板材料匹配，另一方面填充相与玻璃相之间的比例宽容度大。通常对于硅酸盐玻璃，选用 SiO_2、Na_2O、K_2O、$A1_2O_3$、CaO、MgO 比较合适；对于硼硅酸盐玻璃，选用 SiO_2、Na_2O 、K_2O、$A1_2O_3$、CaO、MgO 比较合适，根据介电常数混合原则，为制备低介电常数的陶瓷材料，宜在陶瓷基板中引入介电常数较低的组分。

2.2.3 单相陶瓷

商用 LTCC 生片多以高性能的玻璃-陶瓷体系作为基板材料，材料中各组分较多，组成复杂，共烧时要求各组成间的烧结特性匹配和化学性能兼容。多相系统的存在增加了与导体材料相互作用的可能性，降低了材料的可靠性。因此需要开发新的材料系统，减少 LTCC 生片材料组分。因此无玻璃组分的单相陶瓷材料引起人们的重视。此类材料，已开发的主要品种为硼酸锡钡陶瓷［$BaSn(BO_3)_2$］和硼酸锆钡陶瓷［$BaZr(BO_3)_2$］，烧结范围均为 900～1 000 ℃。

表 2-2 是目前国内常用生瓷特性表。

表 2-2　LTCC 常用生瓷特性表

MFG.	Dupont	Ferro	Ferro	Dupont	Heraeus	Coors
生瓷类型	951	A6s	A6M	943	HL2000	96%Al_2O_3
单层生瓷片厚度+/mil	951C2-1.7 951PT-3.7 951P2-5.3 951PX-8.3	A6-5-3.85 A6-10-7.7	A6-5-3.7 A6-10-7.5	943P5-4.28 943PX-8.55	3.6	不适用
收缩率(x,y)	13%±0.3%	16%±0.3%	15.2%±0.3%	10.3%±0.3%	0.2%±0.05%	不适用
收缩率(z)	15%±0.5%	23%±0.5%	26%±0.5%	14.5%±0.5%	31%±0.5%	不适用
K 值@1MHz	7.8	6.0	6.0	7.4	7.4	9.2
绝缘电阻	>1×10^{12} Ω @100VDC	>1×10^{12} Ω @200VDC	>1×10^{12} Ω @200VDC	>1×10^{12} Ω @100VDC	>1×10^{12} Ω @100VDC	>1×10^{14} Ω @100VDC
击穿电压	>1000 V/mil	>800 V/mil	>800 V/mil	>1100 V/mil	>800 V/层	>2500 V/mil
密度	>3.10 g/cm^3	>2.43 g/cm^3	>2.45 g/cm^3	>3.2 g/cm^3	2.9 g/cm^3	>3.60 g/cm^3
表面光洁度	<10 μin	<10 μin	<10 μin	<25 μin	<30 μin	<25 μin
翘曲度	<3 mil/in	<3 mil/in	<3 mil/in	<3 mil/in	<1 mil/in	<3 mil/in
断裂应力	320 MPa	130 MPa	130 MPa	230 MPa	380 MPa	397 MPa
“杨氏模量”弹性模量	152 GPa	82 GPa	82 GPa	149 GPa	不适用	314 GPa
泊松比	0.17	0.26	0.26	0.25	0.23	0.23
CTE	5.8 ppm/℃	8.0 ppm/℃	7.0 ppm/℃	6.0 ppm/℃	5.9 ppm/℃	7.1 ppm/℃
热导率	3.0 W/m·K	2.0 W/m·K	2.0 W/m·K	4.4 W/m·K	2.6 W/m·K	21.0 W/m·K

2.2.4 LTCC 生瓷材料的发展方向

零收缩材料是目前 LTCC 生瓷材料的一个重要发展方向。

零收缩 LTCC 基板的制造，其工艺流程与常规 LTCC 基板相同，除了要对常规的打孔、填孔、印刷、叠片、切片等 LTCC 基本工艺进行相关的优化与改进外，最重要和最关键的是需要关注层压和共烧工艺，其工艺参数、工装夹具、压烧环境、设备功能等都对加工得到的 LTCC 基板的性能与质量有明显影响。其中，有一些工艺方法可以实现生瓷材料在 *X*、*Y* 方向上的收缩，如：压力辅助烧结、氧化铝牺牲层辅助烧结、复合衬底板限制烧结等，这些技术应用范围较小，不属于主流工艺。还有一种是生瓷材料本身具有自约束特性，在烧结过程中 *X*、*Y* 方向基本不发生形变。

采用在自由共烧过程中呈现出自身抑制平面方向收缩特性的所谓平面零收缩 LTCC 生瓷带（如贺利氏 HeraLock 2000）制作基板，使其在常规的 LTCC 烧结炉中，可以将烧成 LTCC 基板平面方向的尺寸收缩率不均匀度控制在±0.03%～±0.04%。

2.3 LTCC 导体材料

低温共烧陶瓷技术中，导体是以导电油墨的形式、丝网印刷的方法在陶瓷片上印出电路图形而后和陶瓷一起烧结的。在 LTCC 技术中，常用电阻率低的 Cu、Au、Ag 及其合金作为共烧导体材料，以减小电阻率。图 2-1 所示为不同导电金属油墨在烧结后的片电阻值。金属油墨中含有机添加剂，由于是由焙烧粉料获得，在导体内部易形成空孔，其阻值一般比金属本身的阻值高。

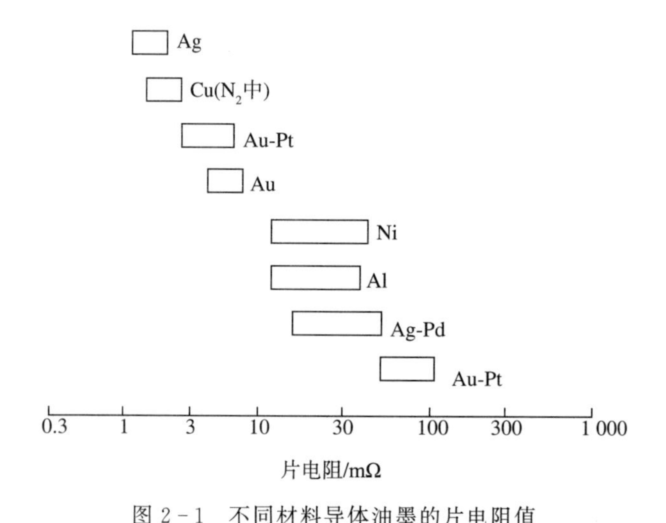

图 2-1　不同材料导体油墨的片电阻值

2.3.1 Ferro A6 常用配套金属浆料

Ferro A6 常用配套金属浆料见表 2-3。

表2-3 Ferro A6常用配套金属浆料

序号	浆料型号	材料	用途	烧结前/后厚度/μm	共/后烧	标准电阻率/(mΩ/sq)	黏度/泊(P)	固含量/%	建议网版	线分辨率/μm	稀释剂	其他
1	CN30-078	Au	填孔	— 13～15	共烧	<12	28 000	90	50～70 μm厚黄铜或不锈钢镂空版	—	Ferro 0800 不建议稀释	
2	FX39-005	Pt/Au	转接孔填充	不适用	共烧	不适用	10 000	87	50～70 μm厚黄铜或不锈钢镂空版	100	Ferro 0802 不建议稀释	外层必须是FX30-025、CN30-025，内层必须是CN33-398覆盖盘
3	FX30-025 CN30-025 FX30-025JH	Au	内外导体层 硬钎焊附着层 键合金丝层 (键合强度大于20 g)	15～20/ 8～12	共烧	<3	1 200	81	乳胶厚度15 μm，325～400目网版	100	Ferro 0800 不建议稀释	JH:后道工序可返修性好
4	CN30-080M	Au	内外导体层 键合金丝层 (键合强度大于35 g)	8～20/ 5～10	共烧	<2	1 450	70.5	乳胶厚度25 μm，325～400目网版	125	Ferro 0800 不建议稀释	
5	CN30-065	Au	金丝键合导体层 (键合强度大于35 g)	15～20 /8～12	共烧	<2	1 200	87	乳胶厚度15 μm，325～400目网版	100	Ferro 0800	可作为硬钎焊导体浆料CN30-079的共烧附着层
6	CN36-020	Pt/Au	可锡焊导体	15～20/ 10～15	共烧	<50	1 800	76	乳胶厚度25 μm，325～400目网版	100	Ferro 0804	含<5%的钯
7	CN31-014(附着层) CN31-017(焊接层)	Pt/Au	可锡焊导体层	—	后烧	<50	2 000	86 85	乳胶厚度12 μm，325～400目网版	125	Ferro 0800	含<5%的钯
8	CN30-079	Au	钎焊导体层 低温Bi/SN	20～25/ 10～11 (一次印刷)	后烧	<2	1 100	87	乳胶厚度15 μm，325～400目网版	125	Ferro 0804	附着层CN30-065
9	(用于AlN材料) 3066 3068N	Au	3066可用作金丝键合及10-054和2051之间的内接顶层导体 3068N铝丝键合导体层	20～25/ 10～13	后烧	2.0～2.4 3.0～4.0	—	—	乳胶厚度12 μm，325～400目网版	—	不建议稀释	—

续表

序号	浆料型号	材料	用途	烧结前/后厚度/μm	共/后烧	标准电阻率/(mΩ/sq)	黏度/泊(P)	固含量/%	建议网版	线分辨率/μm	稀释剂	其他
10	4007	Au	硬钎焊导体层	20～25/10～11	后烧	<2	1 100	87	—	125	Ferro 0804 不建议稀释	附着层 CN30 - 025
11	C4002D	Au	光刻浆料			<9			乳胶厚度 100 μm，325～400 目网版			
12	87 系列	电阻	内埋电阻	/25～28	共烧	10×10^3～10×10^6	—	—	—	—	Ferro 0804	
13	82 系列	电阻	表面电阻	/8～12	后烧	10×10^3～10×10^6	—	—	—	—	—	
14	DL - 10 - 088	玻璃釉	钎焊阻拦层	17～21/12～14	共烧	不适用	400	59	乳胶厚度 25 μm，325～400 目网版	—	Ferro 0800 不建议稀释	
15	11 - 125	玻璃釉	电阻包封浆料	/8～12	后烧	不适用	—	—	—	—	—	Datasheet 中无详细数据
16	CN33 - 343	Ag	填孔	不适用	共烧	<2	—	—	—	—	—	Datasheet 无详细数据
17	CN33 - 407	Ag	填孔	不适用	共烧	不适用	1 000	89	25～76 μm 厚的黄铜或者不锈钢的镂空版	—	—	
18	CN33 - 398	Ag	内部导体	9～12/6～9	共烧	<2	1 200	75	乳胶厚度 25 μm，325～400 目网版	—	Ferro 0800 不建议稀释	
19	CN33 - 391	Ag	外层导体	9～12/6～9	共烧	<1 @25.4 μm 烧结膜厚	1 200	70	乳胶厚度 25 μm，325～400 目网版	—	Ferro 0804 不建议稀释	
20	3350	Ag	可焊接银导体层	18～22/11～15	后烧	<4	—	—	—	100～125	Ferro 0800 不建议稀释	
21	CN37 - 027	Pt/Ag	可焊接银导体层	15～20/8～12	共烧	<2.5	800 - 1 200	79.5 ±1	乳胶厚度 25 μm，325～400 目网版	100	Ferro 0800 不建议稀释	
22	3309	Ag	混合键合过渡银导体层	15～20/8～12	后烧	1.5	—		乳胶厚度 12 μm，325～400 目网版	100～125	Ferro 0800 不建议稀释	

2.3.2　Dupont 951常用配套金属浆料

Dupont 951常用LTCC共烧材料见表2-4。

表2-4　Dupont 951常用LTCC共烧材料

序号	材料型号	材料	用途	标准烧结厚度/μm	标准电阻率(mΩ/sq)
1	5738	Au	填孔	未定	＜7.8×10^{-6} Ω·cm
2	5734	Au	导体	6～10	＜5@10 μm烧结膜厚
3	5742	Au	导体	6～10	5@10 μm烧结膜厚
4	5731	Au	导体	6～10	5@10 μm烧结膜厚
5	6141	Ag	填孔	未定	＜3.7×10^{-6} Ω·cm
6	6148	Ag	导体面	6～10	8 @9 μm烧结膜厚
7	6132	Ag	外接导体	8～12	＜10 @13 μm烧结膜厚
8	6142	Ag	内层导体	6～10	5 @9 μm烧结膜厚
9	6145	Ag	内层导体	15～25	3 @9 μm烧结膜厚
10	6146	Pd/Ag	可锡焊导体	15～20	35 @13 μm烘干膜厚
11	7824	Pd/Ag	转接孔填充	未定	＜10 @10 μm烧结膜厚
12	6138	Pd/Ag	转接孔填充	未定	＜1.1×10^{-5} Ω·cm
13	5739	Pt/Au	可锡焊导体	10～15	40 @20 μm烧结膜厚
14	CF系列	电阻	电阻	8～12	10 Ω—100 kΩ
15	9615	玻璃釉	可锡焊阻挡层	6～15	未定

Dupont 951常用LTCC后烧材料见表2-5。

表2-5　Dupont 951常用LTCC后烧材料

序号	浆料型号	材料	用途	标准烧结厚度/μm	电阻率
1	5715	Au	导体 (可金丝键合)	7～12	＜5 mΩ/sq @10 μm烧结膜厚
2	5725	Au	导体 (可金/铝丝键合)	8～12	＜7 mΩ/sq @10 μm烧结膜厚
3	5062	Au	钎焊导体/粘附层	12～18	＜5 mΩ/sq @12 μm烧结膜厚
4	5063	Au	钎焊导体/锡焊层	12～18	＜5 mΩ/sq @12 μm烧结膜厚

续表

序号	浆料型号	材料	用途	标准烧结厚度/μm	电阻率
5	4596	Pt/Au	可锡焊导体层	15～20	<90 mΩ/sq @15 μm 烧结膜厚
6	7484	Pd/Ag	可锡焊导体层	15～20	<30 mΩ/sq @12 μm 烧结膜厚
7	5704	介质	介质层	37～45	>10^{12} Ω · cm @40 μm 烧结膜厚(100 VDC)
8	1900	电阻	表面电阻	7～12	100^{-1} MΩ/sq
9	7200	电阻	表面电阻	7～12	10^{-1} MΩ/sq
10	9137	玻璃釉	电阻包封材料	8～12	不适用

2.4 小结

LTCC 电路制造的从业者总是在强调设计与工艺的紧密结合，这体现了 LTCC 工艺的复杂程度，同时也体现了大家对材料的掌控度不高，许多地方需要经验来解决。LTCC 材料目前存在以下问题：

1）在体系的选择和性能的提高等方面主要是以大量的实验结果为基础进行经验总结，尚缺乏有效的理论作指导。如决定介电常数、介质损耗、谐振频率的温度系数等物理机制间的内在制约关系；材料中各组分在共烧过程中的各元素迁移规律及相互作用的机理、动力学过程、共烧过程的致密化、异质界面的应力失配、结构失配、兼容性等问题。

2）材料的制备方法多采用高温固相反应法，不仅烧结时间长，而且难获得致密均匀的显微结构。材料系统组成复杂，由于相互间化学兼容性、自谐等原因难以在高频下正常工作，影响材料的稳定性，因此不仅需要开发新的材料系统进行组分的优化，而且需要开发新的工艺方法，使其具有良好的高频特性以及系列化工作频率并适应集成化需要。

同时，LTCC 生产中所用的材料主要依赖进口，许多本质的问题和理论没有掌握到自己手中，材料的国有化进程有待提速。

LTCC 技术发展面临来自不同技术的竞争与挑战，如何继续保持在无线通信组件领域的主流地位，还必须继续强化自身技术发展和大力降低制造成本，不断完善亟待开发的相关技术。我国对低温烧结的低介电常数介质材料的研究明显落后。开展低温烧结介质材料与器件的大规模国产化工作，不仅具有重要的社会效益，而且具有显著的经济利益。目前，如何在先进国家已有的一定范围知识产权保护垄断的形势下，开发/优化及拥有自主知识产权的利用新原理、新技术、新工艺或新材料，制造具有新功能、新用途、新结构的新型低温烧结介质材料和器件，大力开展 LTCC 器件设计与加工技术，应用 LTCC 器件的大规模产品生产线，尽快促进我国 LTCC 技术产业的形成与发展是今后研究的主要工作。

参 考 文 献

[1] 王悦辉，等. 低温共烧陶瓷（LTCC）技术在材料学上的进展. 无机材料学报，2006.03.
[2] 陈兴宇，等. 玻璃/陶瓷体系低温共烧陶瓷的研究进展. 知识讲座，2008.

第3章　LTCC基板制造工艺流程

3.1　打孔

3.1.1　生瓷片打孔工艺简介

生瓷片上的通孔制作是LTCC制造的关键工艺技术之一，通孔孔径、位置精度均直接影响基板的成品率和最终电性能。对于常规的LTCC工艺，通孔直径通常介于0.1～0.3 mm之间，不同孔径的选择有利于提高布线密度和基板的电性能。当通孔直径≤0.1 mm时，通孔的加工难度变大，通孔制作的成品率降低；当通孔直径≥0.3 mm时，通孔金属化的难度加大，通孔质量难以保证，降低了基板的成品率和可靠性。

生瓷片打孔方式主要可以分为两大类：一是使用数控冲床及定制模具一次性完成整片生瓷的冲孔，二是逐个打孔。其中，第一类方式精度及效率最高，但其所使用的模具成本高昂，只适用于大批量的生产，在生产型企业应用较多。第二类方式精度及效率略低，但其方式灵活，成本适中，适用于小批量多批次产品的生产，在研究型院所应用广泛。

3.1.2　数控冲床带模具冲孔

数控冲床阵列式冲孔是一种高效率的生瓷带打孔方法，对已定型大批量生产的产品来说，阵列式冲孔更有利于批量生产。用阵列式冲床模具可一次冲出几十个孔，这种打孔方式的特点是打孔速度最快、精度较高、适合于单一品种的大批量生产。

3.1.3　逐个打孔

逐个打孔的方式主要有两种：机械冲孔、激光打孔。

3.1.3.1　机械打孔

常用的打孔设备是机械式打孔机，目前国内用户多使用日本UHT和意大利Baccini两家公司的打孔机。其打孔机均是无框工艺、速度快、精度高，全自动上下料模式，适合快速大批量生产。

生瓷冲孔机是LTCC制备中的关键设备之一，X、Y运动平台是整个设备的核心部件，实现了生瓷片的高速、高精度移动。设备的生产能力可以达到1 800孔/min的打孔速度，打孔位置精度达到±5 μm。

机械冲孔方式不仅精度较高，且打孔效率高，是目前业界使用最普遍的打孔方式，但其孔径受制于冲头，在冲制非标准尺寸孔及异形孔方面受限制。图3-1为冲孔示意图。

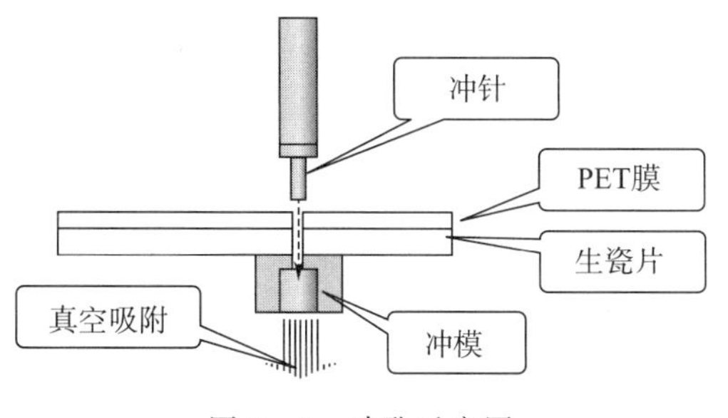

图 3-1　冲孔示意图

该方法冲孔技术要点如下。

(1) 小直径冲针的安装及操作

冲针直径小于 100μm 时，由于冲针的强度低，拿取和安装过程很容易造成损坏。冲孔的缺陷多数不是在冲孔过程中形成的，而是由于冲针安装不当引起的，使用专用工具来安装微小冲针，在安装和操作时要避免冲针受损。

(2) 冲针与冲模的对准

冲模的孔径通常比冲针直径大 10～20 μm，冲针与冲模对准会取得良好的打孔质量和正常的冲针寿命。冲针与冲模未完全对正，会导致冲孔质量下降，冲针寿命大幅缩短；严重情况下，冲针与下模磕碰，会同时损坏冲针和下模。

(3) 微通孔的生产制作

微通孔质量包括微通孔形状、大小和内部贯穿状况。如图 3-2 所示，机械冲孔形成的微通孔孔径和孔距的一致性较好，顶部边缘比较平滑，但底部边缘较粗糙，内壁比较平直，顶部和底部开口大小相接近。不同厚度的 LTCC 生瓷带所制作的微通孔大小也是一致的，即瓷带厚度与通孔大小的比率对通孔质量不会有影响。使用机械冲孔的方法，在厚度为 50～254 μm 的不同 LTCC 瓷带上形成的 50 μm、75 μm 和 100 μm 的微通孔表明，不同尺寸的微通孔在 LTCC 瓷带正面和背面的开口直径大小都在测量误差允许的范围之内，但是在瓷带背面通孔开口的偏差更大。在显微镜下检查冲孔后冲模开口的变化，发现较原来的开口尺寸都有所增加，这是由冲模开口的磨损引起的。不同微通孔的分析数据表明，冲头的尺寸决定了通孔正面的开口大小，背面通孔直径受冲模开口大小的影响。因此，当冲模开口因磨损超过某一值时，微通孔背面的开口就会增大很多，此时应该更换冲模。

影响微通孔质量的另一因素是通孔内的残余物，它是残留在通孔开口的一小片 LTCC 瓷带残余，在冲孔时没有完全除去。这些残余物主要在 LTCC 生瓷带层的背面，与通孔边缘相连，一般为 10～25 μm。含有残余物的通孔数量随着通孔尺寸的增大而减少，而残余物的含量与瓷带厚度无关。

3.1.3.2　激光打孔

在生瓷带上用激光打孔的原理是：聚焦的激光束沿着通孔边缘将连续分布的光脉冲发射到生瓷带上，激光能量将有机物和陶瓷材料汽化，形成一个通孔。目前常用 UV 激光作为生瓷带打孔的光源。

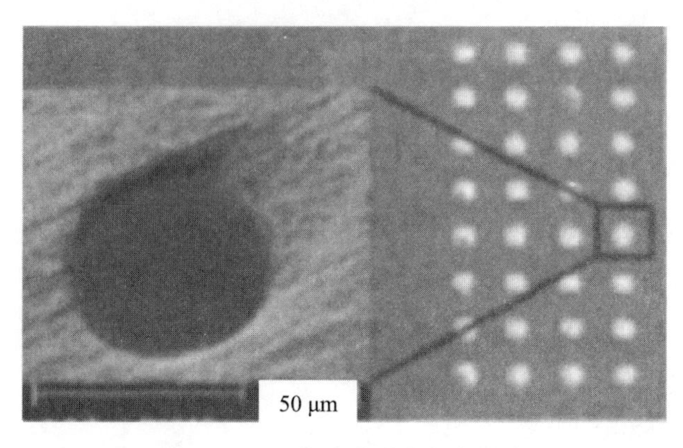

图 3-2　机械冲孔形成的微通孔

UV 激光热效应比 CO_2 小很多，生瓷内的有机黏合剂和陶瓷容易被汽化，不会出现烧焦的现象。打孔过程中对生瓷带的影响小，最小孔径可达 50 μm。图 3-3 是激光打孔形成的 75 μm 微通孔放大后的情况。LTCC 瓷带正面的通孔开口大小与瓷带厚度无关，生瓷背面的通孔尺寸随着厚度的增加而减小。这是因为激光束的焦点在表面所致，形成的通孔呈现出圆锥形。对于一定尺寸的通孔，瓷带层越厚，通孔正面和背面的开口偏差越大，如果超过某一值将很难形成通孔，所以为了在较厚的 LTCC 瓷带层上形成较小的通孔，必须要把激光束调得很精细，采用焦点 Z 方向移动的方式，补偿较厚产品的锥度，以使通孔的内壁更平直，而不会出现明显的圆台。

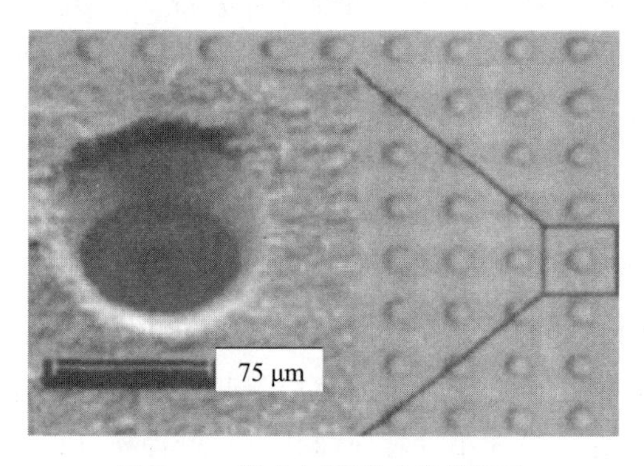

图 3-3　激光打孔形成的微通孔

激光打孔形式灵活，打孔精度较高，通过调整光斑大小，不仅可制作任意孔径的圆孔，还可以制作各种异形孔，是生瓷片打孔的理想方式。

3.1.4　小结

数控冲床冲孔的速度快、精度较高，一般只在大批量生产中应用。与西安分院小批量、多批次应用条件相适应的打孔方法主要有钻孔法、机械冲孔法及激光打孔法。其中，钻孔法的打孔效率低（3～5 孔/s），精度较差（±50 μm），适用于钻孔径 0.25 mm 以上的孔。机械冲孔法的最小孔径可达 0.05 mm，打孔速度快（一般 600 孔/min），孔的位置精度高（可达

±5 μm)。激光打孔法的最小孔径为 0.1 mm，打孔速度最快（250～300 孔/s），打孔精度较高（±25 μm），在打异形孔方面有其独特的优势。

3.2　填孔

3.2.1　填孔工艺简介

填孔是 LTCC 工艺最重要的工序之一，通过在生瓷上冲孔、填注金属浆料，在不同层图形之间形成电气连接，因此填孔的质量与 LTCC 基板整体质量息息相关。如果孔填偏则易造成电路连接的开路，影响到电气性能；如果填孔过高，将会影响导体尤其是细线条的印刷效果，以及烧结后基片表面的平整度，从而影响到后续芯片的贴装、基板焊接等；如果填孔凹陷，特别是微带线、带状线之间的匹配连接孔凹陷，如会因凹陷而出现孔洞，将会影响微波电路的高频性能。因此，LTCC 填孔工艺技术是低温共烧陶瓷工艺过程中的关键技术，它直接影响陶瓷基板的成品率和可靠性。LTCC 基板金属化孔从功能来看大致可以分为 3 种：微波信号互连孔、直流信号互连孔及散热金属化孔。其中，微波信号互连孔对电路性能的影响最大，因此制作要求也高。

本节将从影响互连金属化孔的因素出发，介绍填孔工艺及控制技术、填孔材料热应力的影响、填孔材料收缩率的控制等方面的技术。

3.2.2　填孔工艺及控制技术

填孔技术的研究目的是提高通孔金属化质量，确保通孔互连导通率达到 100%。金属化孔的作用是连接不通层间的电路，主要有两种方式：注入式填孔及印刷式填孔。

印刷式填孔主要有丝网印刷填孔和不锈钢漏板漏印填孔两种方式。其中不锈钢漏板漏印填孔效果更好，且印刷参数易于控制，该方式对于目前 LTCC 产品最常用的 ϕ0.1～ϕ0.3 mm 的通孔具有良好的填充效果，是目前最广泛使用的填孔方式，其原理如图 3-4 所示。通过刮胶施加切向和法向的力，使填孔浆料透过不锈钢漏板上的孔漏印到 LTCC 生瓷片上对应的孔中。这种填孔方式填孔效率高，填孔高度易于控制，且漏板更换方便，生产效率高，目前在国内各 LTCC 生产线得到了广泛应用。影响不锈钢网漏印填孔高度和质量的主要因素有：漏板厚度、脱网距离、印刷压力、印刷速度、印刷角度及真空吸力等。通过综合调整这些参数，便可获得良好的填孔效果。

然而，印刷填孔对小于 0.1 mm 直径的通孔来说填充非常困难，效果较差，烧结后的基板成品率低。原因是模板孔径较小，印刷时漏过的浆料较少且易堵塞，经常出现孔内填不满，烧结后会出现浆料收缩现象，影响层与层之间的连接。因此，对于 ϕ0.1 mm 及以下的微孔来说，注入式填孔效果更好。

注入式填孔需要专门设备，其工作原理如图 3-5 所示，填孔时通过橡胶囊背面的空气压力将浆料压进孔中，能自然排除孔内的空气并将孔填满，掩膜板的孔比要填充的孔小，孔的对位准确。注入式填孔最小孔径可达 0.05 mm。注入式填孔设备的工作台是多孔

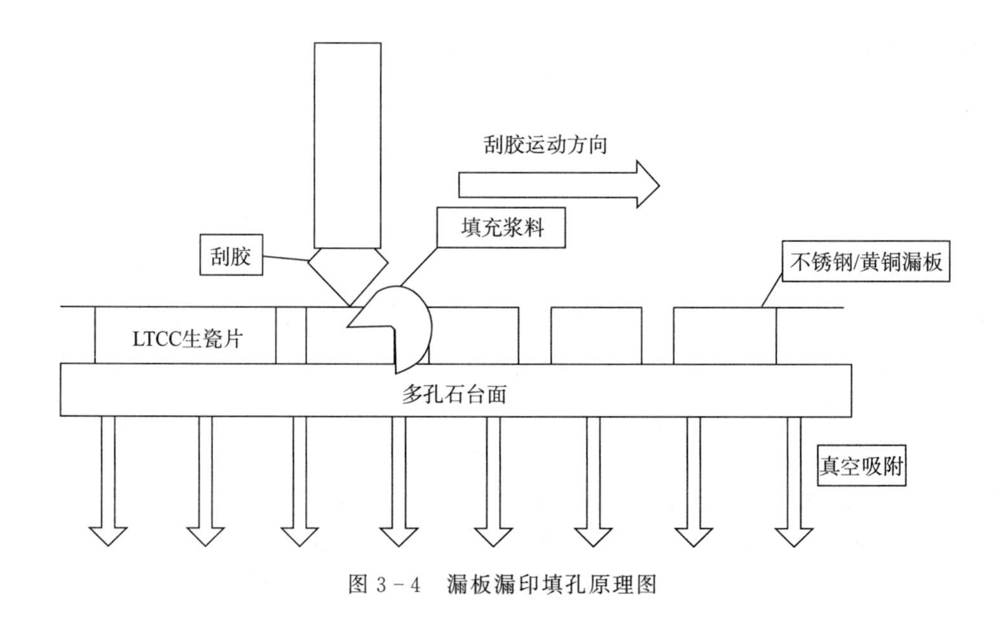

图 3-4　漏板漏印填孔原理图

陶瓷或金属板，工作时通过橡胶囊加压，使浆料通过漏板直接进入到通孔中。浆料进入孔的同时，台面进行吸附，可利于孔内空气排出，提高填孔致密性。影响注入式填孔质量的因素主要有填孔压力、加压时间、模板厚度等，通过优化这些参数，可以获得较为理想的填充效果。

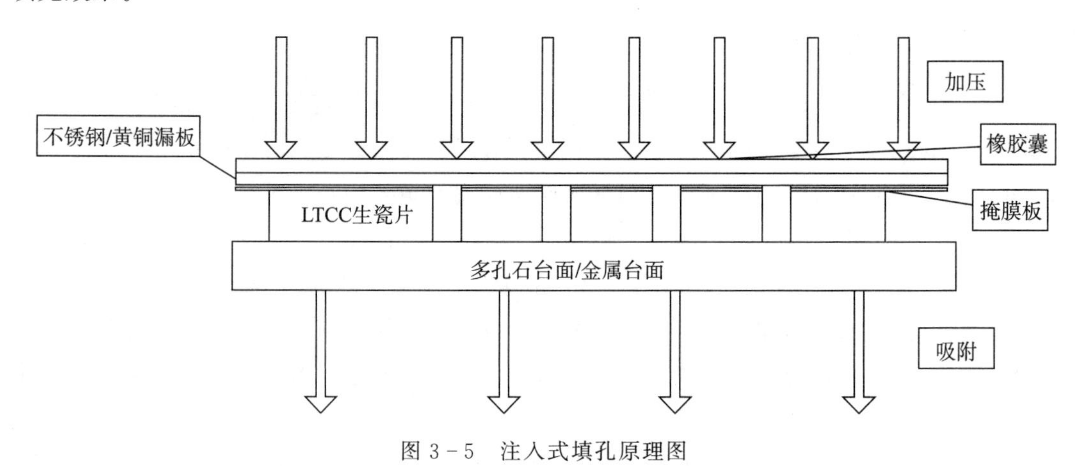

图 3-5　注入式填孔原理图

注入式填孔也有其固有的缺陷性，目前并未得到大范围的使用。首先，这种填孔方式需要反复给浆料施加 20 kPa 左右的压力，这加速了浆料中有机成分的挥发，影响浆料的流变性，缩短了浆料的使用寿命。其次，该方式更换掩膜板的流程复杂，比较适用于大批量 LTCC 加工模式，对于航天应用等小批量多品种加工模式来说，加工过程中需要不断更换掩膜板，生产效率低。此外，使用该方式进行填孔时，一旦填孔过程中发生堵孔，需拆卸掩膜板后方能进行清理，因此，大大降低了填孔效率。

为了节约成本，目前，技术人员还开发了一种无需漏板的填孔方法，即以生瓷片的背膜为掩膜，直接进行填孔，该方法可以节约生产成本，特别适用于实验产品的投产，但其成孔质量控制难度大，不适用于批量化生产，因此目前并未得到推广。

填孔质量是影响LTCC产品整体质量的关键因素之一。孔内浆料填充量过多或过少［如图3－6（a）］均会对基板质量造成影响，因此须通过实验对其进行综合控制。通孔填充量过多，基板烧结后通孔会凸出，影响平整性。通孔填充过少，LTCC基板在烧结后会在堆叠通孔的层与层交叠处产生裂纹。通常这种情况下裂纹仅存在于通孔之间，通孔与瓷带及瓷带与瓷带之间均不会有裂纹，如图3－6（b）所示。合理控制通孔填充量可有效避免上述裂纹的产生。控制孔填充量的方式有多种，除了调整填孔参数外，目前业内常用的方法还有擀孔、压平、刮孔等，均可达到同样的效果。

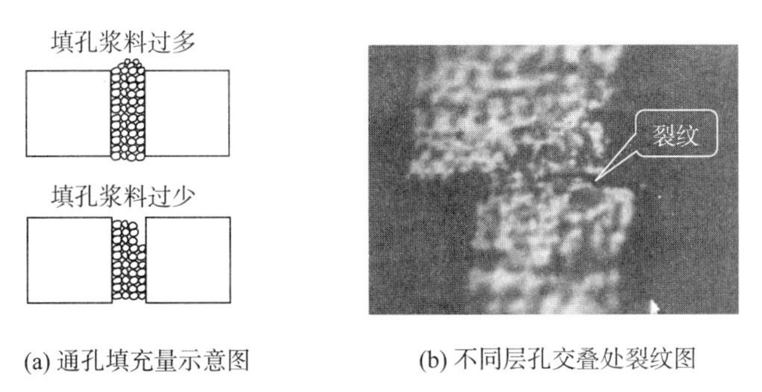

(a) 通孔填充量示意图　　(b) 不同层孔交叠处裂纹图

图3－6　通孔填充情况

3.2.3　填孔材料热应力的影响

填孔浆料的热应力是影响通孔质量的因素之一，通孔材料热应力来源于通孔填充材料和瓷带的热膨胀，控制减小通孔的热应力至关重要。这种热应力包括压缩和拉伸两种应力。由于陶瓷的压缩强度明显大于拉伸强度，裂纹就从有拉伸应力存在的最弱部位产生，耐热冲击系数是热应力和耐热冲击性能的一个指标。当陶瓷温度变化时，起始温度与材料开始出现裂纹时的温度之间的温度差ΔT称为耐热冲击系数，此值越大，耐热冲击能力越强。可用式（3－1）表示

$$\Delta T = \sigma(1-u)K/E\alpha \tag{3-1}$$

式中　E ——弹性模量；

u ——泊松比；

σ ——抗弯曲强度；

α ——热膨胀系数；

K ——热传导系数。

因此，耐热冲击性能与抗弯曲强度成正比，通孔的热应力可通过陶瓷的最终抗弯曲强度来验证，抗弯曲强度越大，耐热冲击性能越好，通孔热应力越小。

填充浆料的热膨胀系数与瓷带的热膨胀系数不匹配，这样在烧结后温度下降时陶瓷和金属界面就可能产生微裂纹。加之通孔深度比导带的金属厚度大，因此热应力效应更加显著，微裂纹也就更加明显。从图3－7中可以看出在通孔金柱的周围有明显裂纹，图3－8为通孔的纵剖面图，可以观察到通孔与瓷带界面有裂纹。此试验结果同理论推算结果相一

致。为解决此问题，可行的方法是减小通孔热应力，即减小金属/陶瓷界面的机械性能，具体可通过改善各层中布线及层间过孔的分布以及以一定角度的布线来实现。在低温共烧时，陶瓷/玻璃复合材料是和各层中布线金属及过孔导体共同形成的，在叠层时将各层瓷片按一定角度排列，可有效改变通孔热应力的形成。

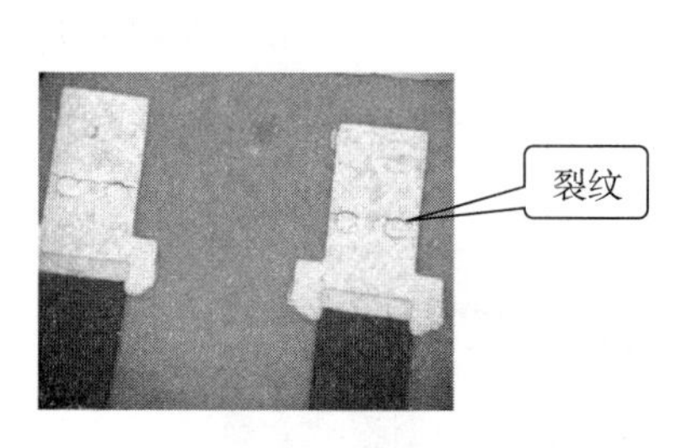

图 3-7　陶瓷和金属界面裂纹

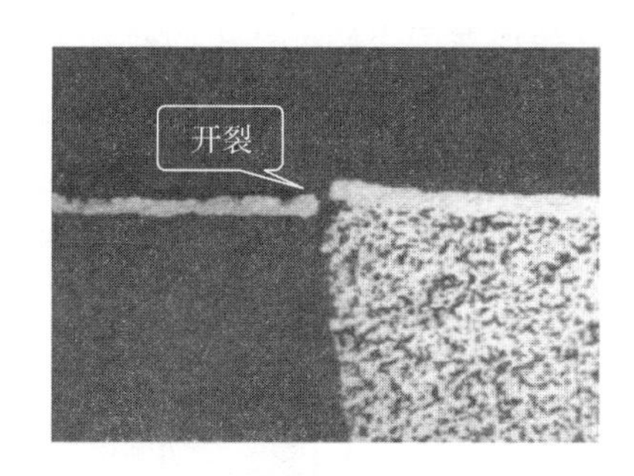

图 3-8　裂纹通孔的纵剖面图

在经过反复实验后，可利用 ANSYS 等软件求解基板内部的三维稳态和瞬态温度场分布、应力分布等，通过其后处理的分析计算结果，优化基板的结构设计与热设计。根据应力和温度分布结果，对 LTCC 各区域的图形进行细化处理，实现金属/陶瓷界面的热应力最小化。

3.2.4　填孔材料收缩率的控制

陶瓷材料的收缩率已确定，通孔壁的收缩率也已确定，因此通常通过改变通孔材料的收缩率来与陶瓷材料的收缩率相匹配。如果通孔材料的收缩率大于生瓷带的收缩率，瓷带可能承受较大的张力，当这张力超过一定值时，就会导致通孔界面间发生裂纹。当通孔材料收缩率小于瓷带收缩率时，瓷带产生过大压力可导致通孔凸起，内应力增大，同时凸起通孔对多层基板来说也是不允许的。

金属化通孔烧结收缩率的控制可以通过导体层的厚度、烧结曲线与基板烧结收缩率的关系、叠片热压的温度和压力等方面来实现。在共烧过程中，浆料中的有机载体在 500 ℃左右分解完全，留下导体和玻璃的多孔膜。随着温度的升高，导体材料开始烧结，收缩形成多孔结构，浆料处于低密度疏松状态，需玻璃粉从多孔膜中熔化渗出，起到润湿和引导作用。导体烧结好的烧结膜结构，表面光滑平整，浮出烧结膜的未烧结玻璃粉少，导体粒子之间连接紧密，可形成良好的导电网络，微孔间隙小。导体的厚度至关重要，过厚易形成孔口开裂，针对不同的导体厚度进行试验，结论为烧结厚度在 7～12 μm 为最优导体厚度。图 3-9 所示膜厚 8 μm，通孔烧结后效果很好。

导体和陶瓷的烧结收缩行为失配，可通过优化烧结工艺，或改变各材料的粉料参数来改进。材料出厂定下后，改变是不可能的，通常是通过优化烧结工艺来实现。从图 3-10 所示导体与陶瓷材料烧结收缩率关系图可知，ΔT 表示两种材料烧结收缩的开始温差，ΔS 表示烧结完成时的最终烧结收缩差。ΔT 是导体/陶瓷界面之间附着缺陷产生的原因，ΔS 是由于基板内部形成类似孔穴及导体表面烧结密度不均产生的。因此烧结曲线控制是关

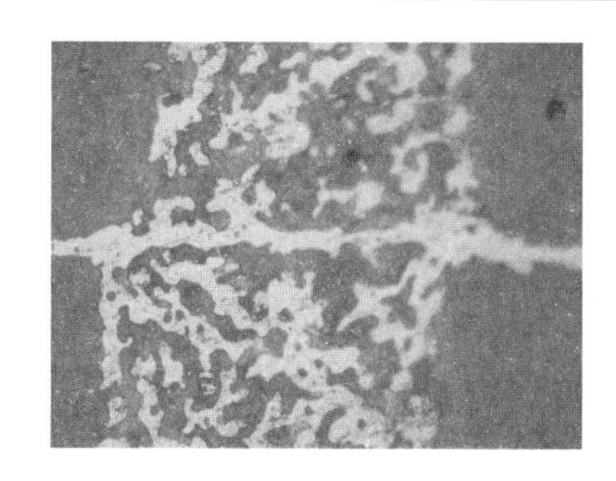
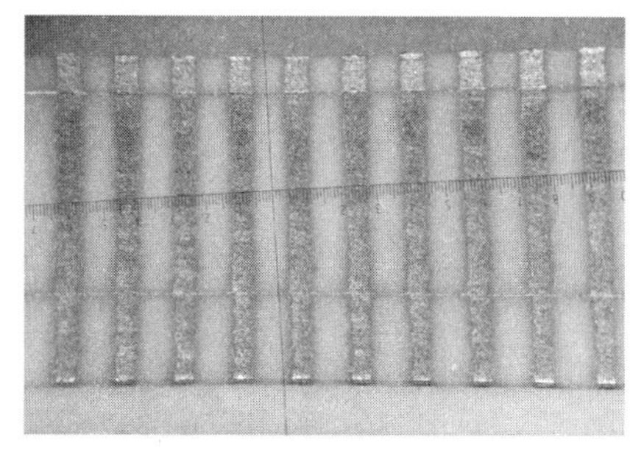

图 3－9　膜厚及通孔剖面图

键，LTCC 的烧结处理过程包括排胶和烧结两个过程，其工艺参数的变化都会对收缩率产生较大的影响。排胶、烧结速度、升降温速度需根据基板厚度及不同材料而定。烧结工艺的关键是烧结曲线和炉膛温度的均匀性，它对烧结后基板的平整度和收缩率有很大的影响。炉膛温度均匀性差，基板烧结收缩率的一致性就差。同时，烧结阶段升温速度过快，会导致烧结后基板的平整度差、收缩率大。

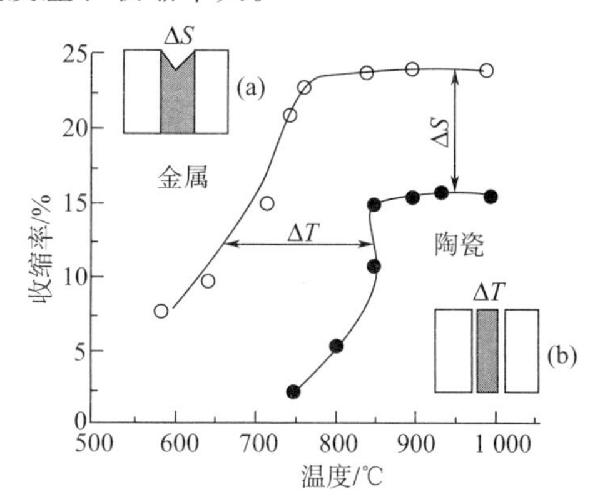

图 3－10　导体与陶瓷材料烧结收缩率关系

叠片热压的温度和压力也是影响通孔金属化质量的关键工艺。随着热压压力增大，收缩率减小，二者呈非线性关系，压力达某一数值时，收缩率下降的趋势减小。等静压工艺对 LTCC 收缩率及基板各种性能有很大的影响。通过调节等静压的温度、压力、预热时间、保压时间等，来确定最优化的等静压工艺参数。

3.2.5　小结

通孔金属化技术是获得性能优良的 LTCC 多层基板的关键技术之一。欲获得理想的通孔金属化效果，必须采用合适的通孔填充工艺技术和工艺参数。合理设计控制通孔浆料的收缩率和热膨胀系数，使通孔填充浆料与生瓷带的收缩尽量一致，以便降低材料的热应力。金属化通孔烧结收缩率的控制可以通过导体层的厚度、烧结曲线与基板烧结收缩率的关系、叠片热压的温度和压力等方面来实现。通过上述 3 方面影响因素的研究，可获得性能优良的 LTCC 基板通孔金属化性能。

3.3 印刷

3.3.1 印刷工艺简介

印刷是制造LTCC基板的关键技术之一，包括通孔填充及精细线条丝网印刷。其中，通孔填充在3.2节已经进行了分析，本节主要针对线条的丝网印刷进行分析探讨。

图3－11所示是丝网印刷的示意图。丝网印刷时，在丝网与生瓷片之间保持一定的脱网距离，用刮胶以一定的速度和压力使浆料透过丝网，并依靠自身的粘附力转印到生瓷片上。刮胶走过之后，由于存在脱网距离，丝网与生瓷片自动分离，丝网印刷完成。丝网印刷是LTCC工艺流程中最复杂的一环，影响因素很多。总体上分为环境因素、材料因素和参数因素。材料因素又可以分为丝网（或金属模板）、浆料黏度、生瓷类型和刮胶因素，如图3－12所示。

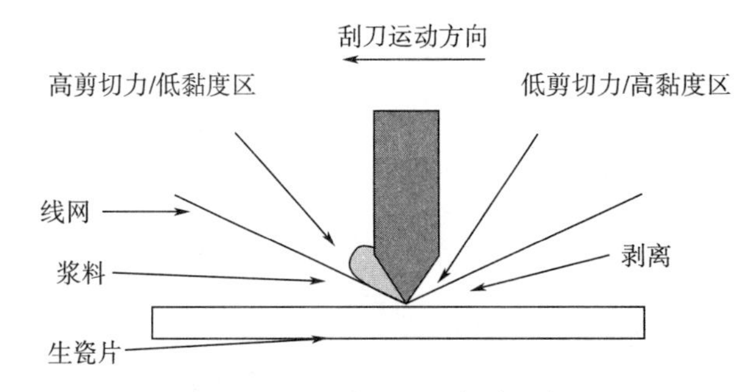

图3－11　LTCC丝网印刷示意图

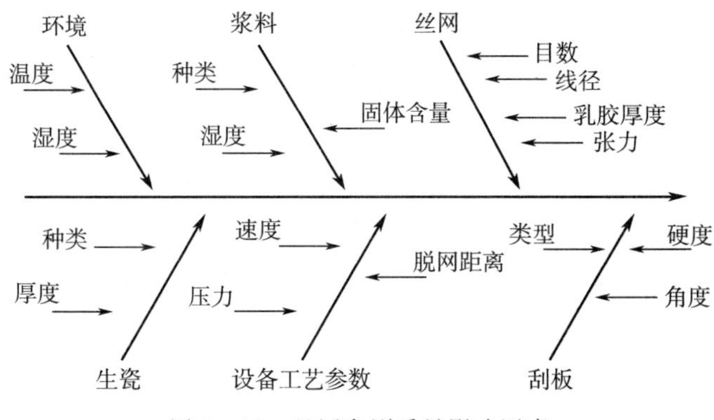

图3－12　丝网印刷质量影响因素

3.3.2 印刷质量控制

印刷参数包括脱网距离、印刷压力、印刷速度、接触角度和真空吸力。

3.3.2.1　浆料因素

要想使浆料能够从金属模板上很好地印下去，浆料的黏度是非常重要的。在一定范围内，浆料黏度越大，则印刷膜层越厚。但黏度不可太大，否则将导致浆料与丝网的粘连，影响丝网使用寿命及印刷线条质量。浆料在印刷之前都要先搅拌均匀，然后再测试其黏度。如果浆料太稠，则应加相对应的稀释剂。

3.3.2.2　刮胶因素

刮胶的硬度有多种，常用刮胶的硬度（邵氏硬度）介于55度～85度之间。硬度大的刮胶在印刷细线条时可获得较好的印刷质量，但在印刷大面积时易造成针孔等缺陷；软刮胶在印刷过程中不易造成缺陷，但印刷膜层较厚，印刷细线条时线条分辨率较硬刮胶要差。在实际印刷过程中，可根据产品的质量要求选择合适硬度的刮胶。

刮板与丝网表面的夹角（接触角）对膜层厚度有明显影响。刮胶传递给油墨的压力可分解为水平方向的回刮力及垂直方向的挤压力。因此接触角越小，挤压力就越大，印刷膜层厚度也就越厚，一般将接触角控制在45°～60°之间。

3.3.2.3　刮胶、金属模板和工作台之间的平行度

在印刷过程中，三者之间的平行度非常重要。如果刮胶和工作台之间不平行，那么同一片生瓷不同部位的印刷压力就不同，印刷的一致性就不好；如果刮胶和网版之间不是严格平行，那么刮胶在运动时，压到金属模板上的力就不均匀，也会造成印刷结果的不一致。

3.3.2.4　丝网因素

丝网也是影响线条印刷质量的一个重要因索。比如丝网的目数、丝网的张力、感光膜的厚度、钢丝的直径、丝网开口口径及编织方式等。丝网目数是指网线方向1 in长度内的网孔数。丝网目数越高，网孔所占的比例即开孔率也就越小，浆料的透过量减小，膜层变薄，丝网过墨量与开孔率之间的关系为：过墨量（cm^3/m^2）＝开孔率（%）×10 000。乳胶膜是形成丝网印刷图形的掩膜，如图3－13所示，在印刷过程中，浆料会堆积在乳胶膜之间，当刮刀刮过之后，堆积的浆料会转移到生瓷上。乳胶膜厚度越厚，则印刷时下料越多，印刷的膜层也越厚。同时，从图中也可以看到，乳胶膜之间的距离越近，中间填充的浆料越厚，印刷膜层也越厚。

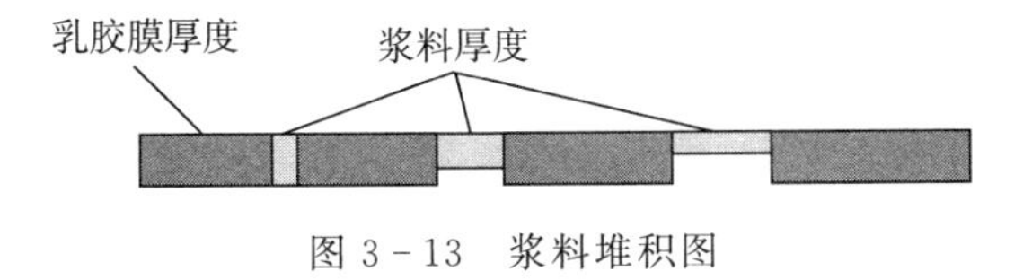

图3－13　浆料堆积图

乳胶膜厚度不宜过大，否则会引起图3－14所示的现象，影响印刷分辨率；也不宜过薄，过薄将在线条边缘形成毛刺，导致附着力下降。

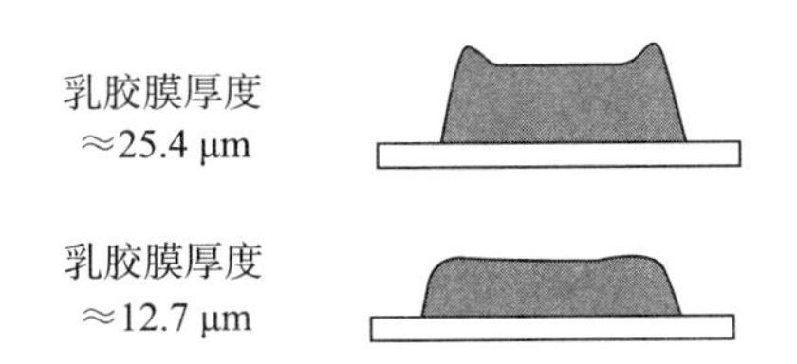

图3－14　乳胶膜厚度对印刷膜厚的影响

3.3.2.5 脱网距离

脱网距离是指基片到丝网之间的距离。如果距离过大，丝网会很快失去张力，那么印刷出来的线条轮廓不清晰，厚度变薄；如果距离太小，则在刮印后网版不能脱离生瓷片，丝网网版抬起时，底部将粘附一定的油墨，从而造成糊版。通常情况下，脱网距离取丝网尺寸的1/200左右为宜。

3.3.2.6 刮刀压力

刮刀压力是指印刷过程中刮刀适压在丝网上的压力，它是控制印刷膜层厚度的重要参数之一。在刮刀板角度一定的情况下，随着印刷压力的增大，垂直方向的挤压力也将增大，因此下墨量增加，印刷膜层变厚。

3.3.3 小结

通过调节印刷参数，可以印刷出质量较高的图形。与此同时，还有很多其他因素在印刷过程中需要多加留意，例如：浆料不应长时间停在网版上，需要及时回收，因为浆料放置时间太长，浆料流动性就会变差，从而造成浆料黏度增加，印刷质量变差；应严格监控印刷场所的环境条件，如温湿度等，否则会带来意想不到的缺陷。总之，印刷是个极为敏感而又重要的环节，各生产场所需根据自己的实际情况，结合理论基础，适时做出相应的调整。

3.4 叠层

3.4.1 叠层方法

(1) 手工叠片的特点

传统叠片采用手工方式，用带有定位销钉的工装进行堆叠。在该方式下，陶瓷之间的对位依靠定位销，受定位销精度与冲孔精度的约束。在相同绝对精度下，手动叠片方式难以保证较高的细线条对位精度，而细线条是实现基于LTCC技术的微波模块的重要特征，因此手动叠片方式制约了LTCC微波模块的研发。此外，手动叠片方式效率较低、一致性差，不利于批量生产。

(2) 自动叠层工艺流程

典型的叠层工艺流程如图3-15所示。

第一步：生瓷片上料。主要作用是把放置好生瓷片的托盘自动传输到取片吸盘的下方，供取片后继续后续的工艺动作，也可以通过人工把托盘放到取片的位置上来。生瓷片在托盘中的位置被8个塑料柱限制在±1 mm的范围内，保证了后续定位时Mark点处于摄像机的视野中。

第二步：取片。主要功能是取片机械手在取片位通过真空吸盘把要叠片的带膜生瓷片牢固吸起，然后旋转45°，使其中一个角朝前，为下一步脱膜做好准备。取片吸盘采用航空铝硬质氧化而成，真空孔布局如图3-16所示，沿着撕膜的方向。另外撕膜的起点增加了真空孔的数量，保证开始时吸力很大，生瓷片不会被一起带走。

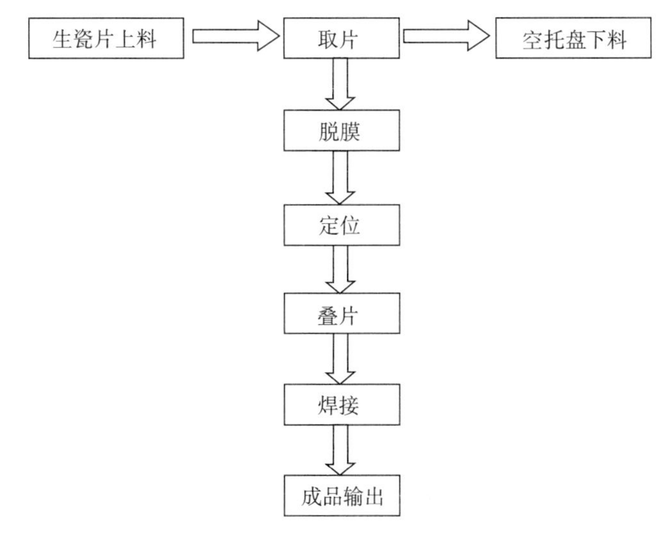

图3-15　叠片工艺流程

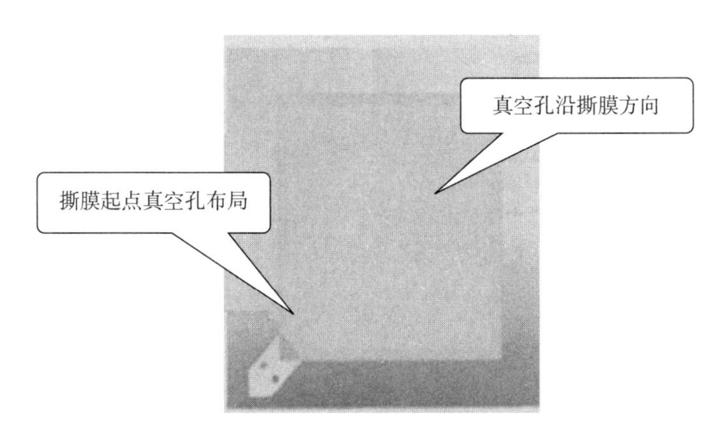

图3-16　取片真空吸盘

第三步：脱膜。主要功能是把生瓷片下方的保护膜脱掉，以便后面叠片。脱膜辊固定在可上下移动的导轨滑块上面，下方由可调力量大小的缓冲器支撑，这样取片吸盘吸附有生瓷片的运料机构与脱膜辊接触后，可以大大提高脱膜辊粘掉塑料薄膜的力且不会有硬接触。首先在撕膜辊子表面粘贴一层透明胶带，然后再粘上双面胶。当脱膜辊工作一定时间后，由于脱膜辊表面积累了一定的灰尘，所以黏性降低，脱膜效果不好，需重新更换双面胶。粘双面胶的地方需要定期清洁，以保证其直径变化不大。双面胶更换的时间根据生产生瓷片类型的不同而不同。另外需要注意的是，在生产带有空腔的生瓷片时，建议使用两处双面胶，即图3-16中所示粘双面胶处以外，再在其旁边增加一处(左右均可)。

第四步：定位。主要功能是对生瓷片的4个Mark点进行图像处理，精密定位。定位平台采用型号为NAF3C16P的UV精密三维平台，Y方向的行程为：±4 mm，p 方向的行程为：±2°，假定在Mark无偏差的条件下，定位精度可以达到±0.001 mm。保证图像处理精度的另一关键因素就是稳定的光源，采用 LED 平面红光透射的方式照射，为了适应不同尺寸产品的定位需要，光源的安装位置预留了 2 个，分别对应 6 寸和 8 寸两种尺寸的生瓷片。光源安装时，多孔陶瓷真空平台安装在其上方，在对应光源的位置，多孔陶瓷真空平台采用了一种透光材料——亚克力，使光照到达 Mark 孔中。不同规格生瓷片采用不同的多孔陶瓷真空平台。

第五步：叠片。主要功能是把定位好的生瓷片从定位台取到叠片台，与前面叠好的层可靠压接后，下一步进行焊接。水平移动采用直线电机，没有间隙，重复精度达到 ±1.5 μm，保证了移送的精度。另外多孔陶瓷定位台、多孔陶瓷吸盘和叠片台平面度都在 15 μm 之内，同时三者的平行度调整到了 20 μm 之内，保证了 100 μm 的生瓷片与各台面的可靠接触，从而保证了叠片的精度。

第六步：焊接。主要功能是把放到叠片台上的生瓷片上下层之间用烙铁进行定位焊接，焊接机构由 8 个烙铁和带动其上下运动的 8 个汽缸组成，烙铁采用中空结构，方便加热管和热电偶安装，中空管壁上设计有散热用的孔，汽缸运动控制烙铁的升降，利用弹簧来自动适应叠片过程中生瓷片层数变化引起的高度变化，铜制烙铁头采用锥型结构，方便通过叠片多孔陶瓷吸盘上的锥型过孔。焊接的实际温度根据生瓷片的厚度和材质而不同，具体通过试验得到，一般在 50～130 ℃之间，焊接压力调节到 40 N 左右，焊接点的效果最佳。8 个烙铁中 4 个交替动作，使得相邻层上的焊点不在同一位置，保证了焊接的牢固性，同时焊点周围的生瓷片也不易变形。

第七步：成品输出。主要是将叠好的多层生瓷片通过纸带自动送出，人工取下。透气纸带由收放带直驱电机的几个轴张紧，收带电机根据设定的长度运动，同样长度时，由于纸卷直径的变化所需要的脉冲数不同，需要根据纸的厚度进行计算。放带电机设置为力矩运转方式，力矩大小可以设置，保证纸带能张紧而又没有太大的力。

3.4.2 叠层工艺中的关键技术

（1）去膜方式

对于之前的生产模式来说，去膜一般采用自动去膜方式，对位可以采用螺栓卡位等机械定位方式，但是自动去膜一般需要固定材料，而螺栓卡位的精度较差。随着 LTCC 技术在微波领域的广泛应用，人们逐渐认识到了这些问题，目前去膜方式分为自动去膜和手动去膜，而手动去膜多用于小批量、多品种去膜，自动去膜多用于大批量去膜。对位方式一般采用螺栓卡位进行粗定位，然后通过 CCD 摄像机进行精确定位。

（2）生瓷片摆放方向

由于 LTCC 生瓷材料是通过流延生成的生瓷产品，其材料本身会表现出一定的收缩率，因为流延本身具有方向性，所以其材料在不同方向上会表现出收缩率差异，因此现在流行一种工艺方法是印刷第一层，然后第二层旋转 90°印刷，再旋转 90°印刷第三层……之后再进行叠层，这样可以提高最终 LTCC 产品在不同方向上的收缩一致性。

（3）对位图形的选择

为保证定位精度，在硬件设计上采用图像处理系统实现生瓷片的精确定位，采用多孔陶瓷真空吸附平台实现生瓷片脱膜后的真空吸附固定。多孔陶瓷真空吸附平台采用多孔陶瓷材料，其透气性好，透气均匀，可以均匀牢固地吸附生瓷片，保证生瓷片在脱膜后不会发生收缩变形，并且多孔陶瓷经加工后其平面度可以达到 0.01 μm 的水平，保证了生瓷片的平整性。在多孔陶瓷的 4 个角上制作有能透光的通孔，为 Mark 提供光源。这些硬件条件为高精度定位奠定了基础。在图像处理系统中，有关 Mark 的处理，运用了以下一些技术：

1）采用 4 个相机和 Mark 对位的方式，提高定位的精度。对图像处理系统来说，连接的相机越多，其定位精度越高。

2）设计不同形状的 Mark 标记，区分生瓷片的方向。具体方法是：将在生瓷片 4 个角中的一角的 Mark 标记设计为图 3－17（a）所示，其他的 3 角 Mark 标记设计为图 3－17（b）所示。这样就可以区分生瓷片的方向了。

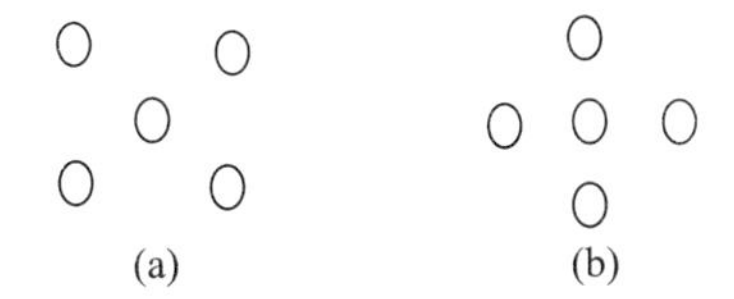

图 3－17　Mark 标记

3）叠片的精度与对位图像的选择及图像处理有较大关系。对位图像可选取小孔、大孔和梅花状（在实验基础上优选的图像）。对 3 种类型的对位图像进行连续校准和重复校准实验。连续校准的实现是指在一次校准过程完成后，在不搬动瓷片的条件下，连续进行下一次校准过程。而重复校准是指在一次校准过程完成后，校准台回原点（复位）再进行下一次校准动作。本实验中，校准 10 次，取平均值后评估对位精度。

实验结果及对比分别见表 3－1 和表 3－2。

表 3－1　连续校准实验结果

单位：μm

图像类型	图像	位置				4 项平均值	精度情况
		相机 1		相机 2			
		X_1	Y_1	X_2	Y_2		
小孔		0.796	3.306	0.911	2.912	1.981	中
大孔		0.868	2.512	0.959	2.882	1.805	中
梅花状		0.693	1.711	0.192	0.381	0.744	高

表 3－2　重复校准实验结果

单位：μm

图像类型	图像	位置				4项平均值	精度情况
		相机1		相机2			
		X_1	Y_1	X_2	Y_2		
小孔	○	0.796	3.306	0.911	2.912	1.981	中
大孔	◯	0.868	2.512	0.959	2.882	1.805	中
梅花状	梅花状图形	0.693	1.711	0.192	0.381	0.744	高

通过以上实验综合评价得出梅花状对位孔精度最高。这符合理论分析：梅花图像基准点标记比一个大孔作为基准点标记的冗余信息更多，对成像的噪声等适应性好，可以提高基准点的识别精度，从而提高定位精度。即使5孔中有一两个孔成像质量不好，但只要有3个孔是好的，就不影响基准点图像坐标的获取。而单孔对位图像，一旦孔有残缺则读取的坐标就有大的偏差，对定位精度产生较大影响。

4）在Mark的模板登录中，模板区域的选择要与Mark标记的大小相匹配，否则可能引起Mark中心的偏差。模板搜索条件设置为FPM（高机能）模式，这样即使Mark有旋转、残损、大小变化、焦点模糊等各种干扰，仍可以较好地搜索到Mark。同时在Mark画面质量比较好的情况下，就可以通过亚像素技术提高精度。在Mark中心位置的设置上，一般选择自动就可以。要保证4个Mark的中心检出条件是一样的，在对图像定位标准进行设置时，根据四点定位的方式，选择了对应点的对齐方法。根据最终叠片要达到的精度指标±5 μm，分配到定位工序的定位精度不能大于3 μm，我们将定位精度的最终判定标准设置为 XY 轴1 μm，旋转轴调整为0.000 1°。这样定位完成后，保证了最终的叠片精度要求。

5）典型示例。LTCC生产线中，印刷机和叠片机的定位孔直接影响产品的精度。下面以意大利Baccini公司为主的LTCC生产线和以日系公司为主的LTCC生产线中主要工序的定位方式进行介绍。

以意大利Baccini公司为主的LTCC生产线中，印刷机和叠片机的定位孔标识如图3－18所示，四角定位孔按冲孔工序由冲孔机完成，孔大小为直径0.2 mm，由5个孔组成一组，为了避免在叠片方向颠倒，右上角的一组孔方向与另外3组不同，其中印刷机用了两组孔定位，叠片机则用4组孔定位。印刷工序以上面两组梅花孔作为定位孔，印刷完成后会在每个角定位孔中心印一个圆环，如图3－19所示，圆环套在中心孔位置可直观看出印刷精度。

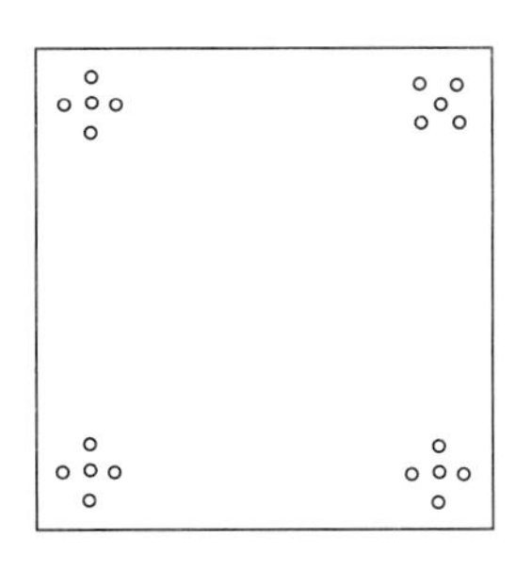

图 3－18　定位孔示意

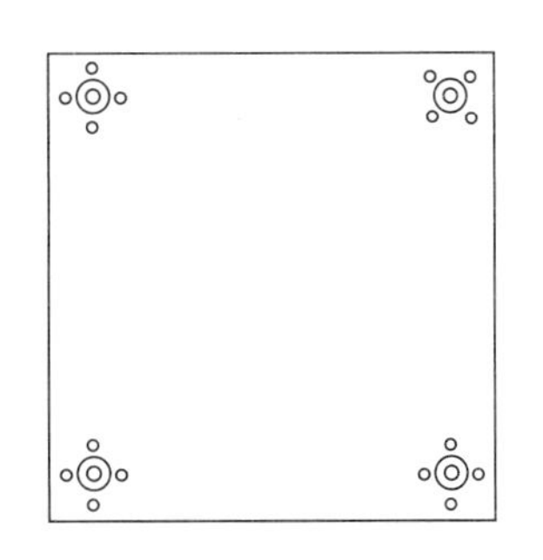

图 3－19　印刷圆环位置示意

确定梅花孔尺寸在工艺中也很关键，孔太大或太小都会影响 CCD 的识别，常用印刷环与定位孔的尺寸如图 3－20 所示。印刷环要与中心孔有一定距离，避免印刷时浆料污染孔影响下一工序叠片的定位。叠片时采用 4 组 CCD 定位，叠片的过程就是将生瓷与标准片进行匹配搜索，搜索匹配度是指在搜索操作中，图像中的某一图案与模型的匹配程度。搜索匹配度的范围为 0～1，其值越高，与模型的匹配程度越高。叠片时，先读取第 1 片生瓷片上的孔作为标准靶标，运用图形识别算法计算第 1 片生瓷片的中心和每组梅花孔的中心；叠第 2 片时，设备先读取第 2 片生瓷片的定位孔作靶标，通过图像处理系统与基准靶标进行比较，计算第 2 片与第 1 片的中心偏差，如图 3－20 所示，其中：A 处梅花孔偏差为 $\Delta A=AA'$；B 处梅花孔偏差为 $\Delta B=BB'$；C 处梅花孔偏差为 $\Delta C=CC'$；D 处梅花孔偏差为 $\Delta D=DD'$；O 处梅花孔偏差为 $\Delta O=OO'$，视觉系统软件中会对每个偏差设定一个极限值，极限值之内的均为合格的值。接下来首先对中心处 O 的位置对位，将 ΔO 定位在设定偏差值之内，第 2 步对四角对位孔位置对位，当 4 个偏差 ΔA、ΔB、ΔC 和 ΔD 中至少有一个不在设定偏差之内，系统会在 ΔO 的允许偏差内自动调整，使 ΔA、ΔB、ΔC 和 ΔD 都在设定偏差内或以最优化的方式接近标准片各个角的中心，运用图形识别算法计算移动量，通过控制电机运动，达到第 2 片靶标与标准靶标的对位，进而完成第 2 片与第 1 片生瓷片的精确叠片。以后每片定位过程依次类推。当只有对角线两个定位孔时，如只有 A 和 D 处，那么 A、D 和 O 处均定位完成后，有可能出现 B 处和 C 处在允许偏差之外。

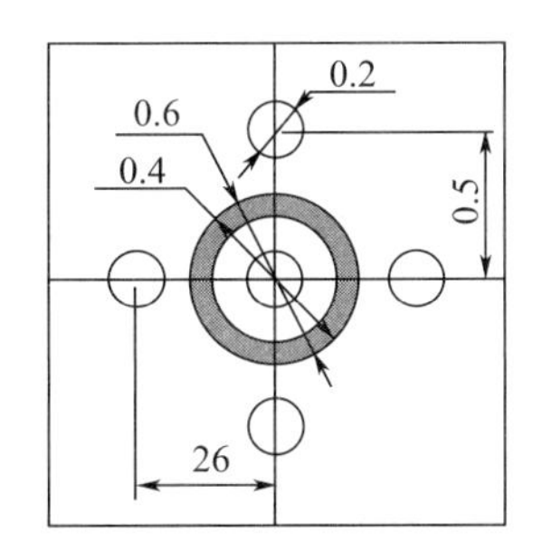

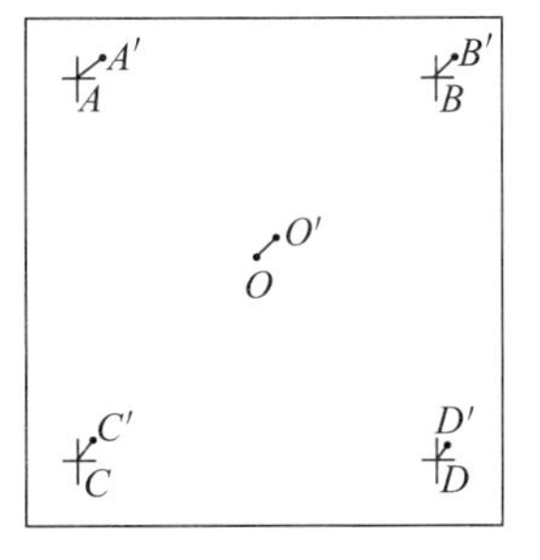

图 3－20　定位孔尺寸放大图

以日系公司为主形成的 LTCC 设备，包括 UHT 公司的冲孔机、MICROTECH 公司的印刷机及 NIKKISO 公司或者 KEKO 公司的叠片机形成的无框工艺生产线中，定位孔均为单个的圆孔，如图 3－20 所示，对角线上孔位置距离为 64 mm 的两个孔是叠片机的视觉定位孔，左右侧小孔直径为 1 mm，为印刷机的 CCD 定位孔。印刷定位孔由用户提要求，设备供应商按要求来配套。该生产线上每种设备所用图像采集摄像头均为两个。由于设备供应商在视觉系统开发中对图像的识别开发有不同的采集识别方法，使得该系列设备只能采集单个孔的图像来识别定位，而无法识别一个以上的孔作为定位孔，包括梅花孔。所以在采购设备时需特别强调定位孔的方式。如果冲孔质量很好，无毛刺现象出现，梅花孔定位和单个孔的定位精度相差不大，均可满足精度要求，如果出现冲孔质量不好，譬如有毛刺或污染，单个孔定位会影响定位精度，而梅花孔只要不是所有孔都出现问题，去掉 5 个孔中的 2 个孔也可满足定位精度要求。

相比较而言，四组定位孔定位精度优于两组定位孔的定位精度，但由于四组定位孔的数量增加使冲孔效率降低，目前国内主流工艺多采用两组定位孔实现对位，两组定位孔也可满足使用要求，前提条件是冲孔质量要保证。

（4）CCD 参数对叠片精度的影响

①对比度

由于 CCD 在图像识别时受到光线的强弱、瓷片的颜色及图像的对比度等因素的影响，因此会造成校准精度的偏差。在实际生产中，设备内部的光线强度和同一类型瓷片的颜色会存在细微的变化，但是相对稳定。因此主要通过对 CCD 图像对比度值的调整来减弱或消除其他因素带来的影响。实验中分别选用对比度 245（较高）、135（适中）、95（稍低）和 80（较低）四个不同对比度值得到校准结果，见表 3－3，不同对比度值的校准结果曲线图如图 3－21 所示。实验结果发现，对比度值过高或过低均导致图像圆度变差，干扰增多导致校准精度变差，选用合适的对比度值可以得到较好的圆度且无干扰，得到的校准精度也最高。

表 3－3　不同对比度的校准结果

单位：μm

对比度	相机 1		相机 2		中心		备注
	X_1	Y_1	X_2	Y_2	X_3	Y_3	
245	－0.999	0.295	0.398	－1.297	0.301	0.501	值过高，周围有干扰点
135	－0.303	0.502	0.112	－0.429	0.096	－0.037	合适，圆度较好无干扰
95	－0.846	0.355	1.137	－1.627	－0.146	0.636	偏低，圆度变差
80	－0.529	－0.392	－1.468	－1.478	0.999	0.935	太低，不成圆（圆度较差）

②图像过滤

为了得到清晰的图像，除了需要根据瓷片的材料和色泽调整摄像头的照明、曝光速度和增益设定外，还需要针对所选用的对位图像选用合适的对位图像算法。不同的图像算法对不同形状有不同效果。通过实验得到梅花孔采用二值法（Binary）得到的效果最佳，精度也最高。根据瓷片的材料和色泽调整摄像头的照明，提高对位图像的边缘清晰度，在一定程度上可以改善对位图像的对比度。增加 CCD 的增益对加大光的亮度有帮助，随着曝

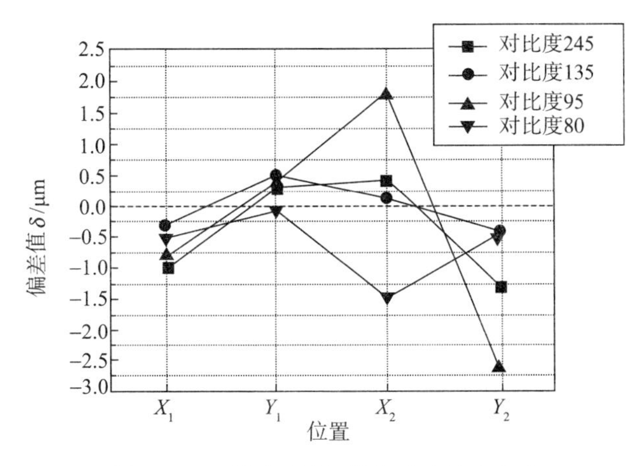

图 3-21 不同对比度值的校准结果曲线

光量增大，图像对比度和边缘清晰度逐渐提高，当曝光时间到达一定数值（过度）时，图像质量开始下降。经过实验调整曝光时间优选 1/60 s。图像增强过滤设置中有二值法（Binary）、放大（Expand）、收缩（Shrink）、锐化处理（Sharpen）、索贝尔（Sobel）和阴影校正（Shading Correction）等 20 种过滤设置，分别对以上过滤设置在实际应用中对瓷带上对位图像的过滤效果进行实验，评价得出二值法过滤得到的对位图像清晰度较高，同时在校准中得到最高的精度。颜色类型设置中共有 4 种类型：彩色转二值（Color to Binary）、彩色转灰度（Color to Gray）、灰度（Gray）和 RGB 灰度（RGB Gray）。其中灰度（Gray）类型下得到的边缘清晰度和对比度最佳。

按照此工艺方法，采用 5 层瓷片进行验证，检测得到综合对位精度小于±12 μm，且整个叠片时间小于 4 min。

（5）生瓷片定位后的高精度移送技术

生瓷片从定位台到叠片台的移送精度是保证叠片精度的关键因素之一。只有保证了每次移送后的重复精度，才能保证在定位台上的定位精度没有变化。设计中，脱膜后生瓷片的传送全部采用多孔石吸附，防止由于吸附不均匀引起的收缩变形。传送的执行机构选用直线电机，并配以细分后达 0.078 μm 的光栅尺反馈，形成闭环控制，实现生瓷片的精密平稳移位。在实际测量时，移片机构的重复精度为±1.5 μm。在生瓷片的移送处理上，传送所用直线电机（下称移片电机）的原点定位也是非常重要的，其原点是通过直线电机驱动器的原点捕捉功能实现的，将移片电机的行程分为两个区域：原点区域与非原点区域。在寻找工作原点时，移片电机由非原点区向原点区慢速移动，通过捕捉原点传感器的信号变化来确定机械原点，寻找原点的精度小于 5 μm。保证了每次复位后吸片多孔石上 8 个孔与 8 个焊接烙铁相对关系在精度范围内，从而保证焊接质量和叠片精度。

（6）位置控制到力矩控制的转化技术

生瓷片从步行尺上经取料电机拾取后，是整个叠片工作的开始。采用位置控制到力矩控制的转化技术，保证取料电机安全可靠地拾取到生瓷片，是生瓷片平稳移送的基础。取料电机与运料电机配合完成片的拾取。

脱膜及到翻转板和定位台上放下，在各点取料电机行程不同，工艺要求也不同，脱膜时采用了位置控制方式，其他3个拾、放生瓷片的位置行程都不同，并且放片的两个真空平台全部是多孔陶瓷材料制作的，不能承受太大的冲击，为了保证吸、放片的可靠性和多孔石的安全使用，控制时先采用位置控制将行程缩短，再进行力矩控制，并且能对下压的力量进行设置调整，以保证生瓷片的拾取和放下安全可靠地进行。不采用全程力矩控制是由于在力矩控制方式下，运动时间变长，可能导致整个动作时间加长，而在行程较长的情况下，力矩方式可能引起电机飞车。在具体控制时，需要合理设置两个参数，一个是位置控制与力矩控制的转化点的选择，也就是说从哪个位置点开始实行力矩控制，才能达到目的。另一个是力矩大小的调整。对转化点的选择，考虑3个位置的整个行程都不是很长，还需要留出几毫米的力矩控制空间，根据实际工艺情况，转化点选择在电机的同一个位置上，简化了软件程序的编写。力矩大小的调整首先要保证生瓷片吸板能够稳定可靠地下降，其次要保证多孔石的使用安全。

（7）生瓷片脱膜技术

设计了带首尾引出的吸板，并设计了可自由转动胶辊，胶辊上设计有5处凸起，用来粘双面胶带，在粘双面胶带前粘一层透明胶带。吸板的首角起引导作用和预先压住胶辊的作用，尾角使胶辊转动时间适当加长，保证保护膜可靠脱落。当生瓷片以一定压力在胶辊上通过时，利用胶辊上双面胶带的黏性将保护膜脱去。具体操作时，吸板从步行尺上拾取生瓷片后，旋转45°，将吸板的首角（即生瓷片的一个角）对准胶辊，压住胶辊后，向前以一定的速度运行，在压力和胶带黏性的共同作用下，保护膜被脱去。在实践中，对胶辊被压下的高度即压力大小、向前运行的速度可通过参数设定来调整，胶带的黏性与环境和保护膜的洁净程度有关。这3个方面相互配合，生瓷片的脱膜效果很好。

3.4.3 叠层效果检验方法

目前常用的叠片精度检测方法是直通孔法和导线堆叠法，即在每一层的同一位置设置通孔（填充）或导线，烧结后沿中心或截面切开，通过对截面图形的检测得到叠片精度。这种方式不可避免地引入了冲孔、填孔或印刷等环节对精度的影响。为避免常规检测方法存在的弊端，经实验的摸索发现采用冲腔法（瓷带冲腔后进行叠片，不经过填孔或印刷环节）可以减少加工环节，减小影响。冲腔法的实测如图3-22所示。

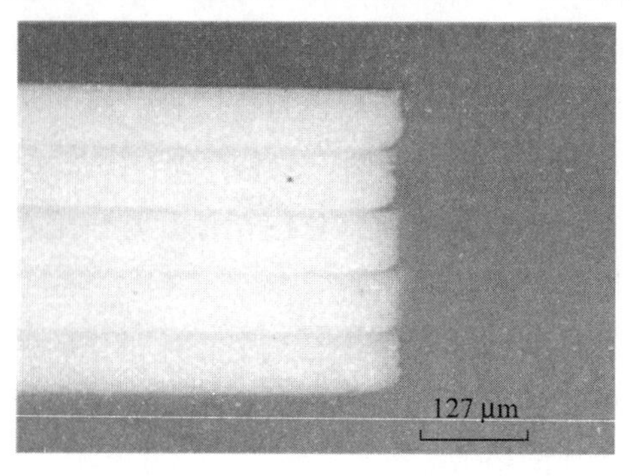

图3-22　叠片精度检测实样图

（1）试验设备及材料

实验设备：半自动叠片机 ST200 - 200 - L，三维光学检测仪，热切机 CT08001。

实验材料：瓷片 Ferro A6M。

实验在洁净实验室下开展，洁净度为万级。在检测叠片精度中，采用“腔体-热切”方法：在实验片上设计通腔，叠片工艺实现通腔堆叠，超低压力下层压后，热切剖开通腔，使用三坐标检测仪检测通腔截面，实现对位精度的测量。该方法省去了传统的检测方法所需要的印刷、烧结及划切等工序，在大大缩短前期实验周期的同时降低了实验成本。

（2）精度检测

叠片精度的具体测量方法为：将同一位置冲腔的瓷片按叠片要求叠好后，用两块光滑平整的钢板夹住叠好的坯体（坯体与钢板之间铺放 50 μm 的 PET 膜防粘合），按包封和层压的要求进行包封和层压，层压后按图 3 - 23 进行热切分割并编号。使用三坐标测量仪进行找平后（200 倍），采用单点测量（200 倍）方式测量各层端头的边缘。以 L_1（第一层）为基准，其他各层与 L_1 之间的偏差数据汇总见表 3 - 4。

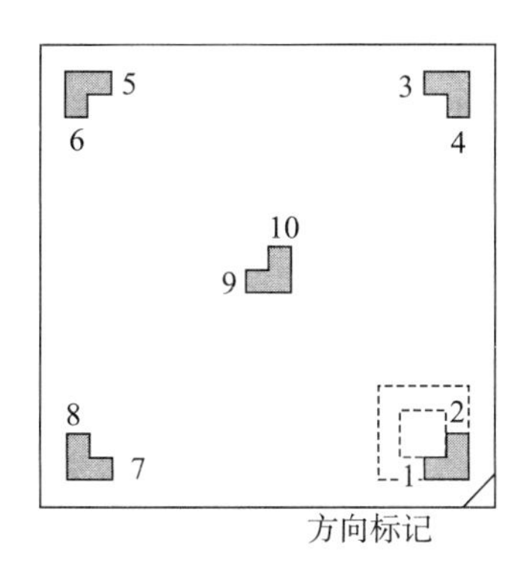

图 3 - 23　将腔体切开并编号

表 3 - 4　叠片后实测偏差值

单位：μm

层数 \ 位置	1	2	3	4	5	6	7	8	9	10
L_1（基准）	0	0	0	0	0	0	0	0	0	0
L_2	−9.3	−8.0	9.8	−11.5	2.0	−9.7	10.8	5.2	−6.1	−8.5
L_3	−7.9	6.6	5.2	−10.6	9.9	4.1	11.1	3.9	−0.7	−0.5
L_4	9.3	11.0	10.5	−9.6	11.8	1.3	−2.5	9.0	7.9	7.8
L_5	10.4	12.0	6.9	4.1	11.1	−9.9	4.1	−13.3	9.2	5.4

实测结果得到：中心点（位置 9、10）的叠片偏差≤10 μm，四边的精度偏差≤12 μm。针对 LTCC 常用的微小孔径（100 μm）也可以保证良好的互连。

对产品采用优化参数后进行叠片，烧结后对产品进行 X - Ray 扫描检测，如图 3 - 24 所示，观察局部透视通孔叠片，检测显示叠片精度较高。

图 3-24 产品 X-Ray 扫描检测图

3.4.4 小结

经过对 LTCC 叠片精度工艺研究，得到了较高的叠片精度。

1）对位图像采用梅花状组合孔可以得到更高的叠片精度。

2）检测方法选用冲腔法可以快速有效地测量叠片精度。

3）定位、对准系统是 LTCC 工艺一个十分重要的方面。根据不同的设备，不同的工艺流程、工艺方法，这些定位、标识的方法与要求有所不同。

3.5 压合

压合工序是 LTCC 制作工艺中非常重要的工序之一。该工序的目的是要将叠层完成的生瓷堆叠片，通过一定温度和压力的作用，压合成一个生瓷坯体。目前业内主流的压合方式为温水等静压，下面对这种压合方式进行简单的介绍。

3.5.1 压合技术

（1）技术发展简介

最早，压合工序采用的方法是单轴压合。为了使校准好的叠片体结合为一个整体，通常将其置于一个固定的模具内，用单轴压力进行热压。采用该方法时，由于生瓷片的 X 轴、Y 轴被模子强制控制，几乎没有沿 X、Y 方向的形变，只能在 Z 轴上产生收缩。

还有一种压合方法是采用边叠层、边压合的方式，即在热盘上进行生瓷片的对位、叠层，每一片叠层后都对其施以一定的压力，让其和下方的生瓷片压合在一起。这种方法结合了叠层和压合工序，效率较高，但是由于最底层的生瓷片被反复加热和加压，形变严重。

温水压合法是目前比较主流的 LTCC 压合工艺方法，即采用水浴对叠放好的生瓷片进行加温加压，该方法的优点是整个生瓷坯体受热和受力都非常均匀，产品一致性好。但是压合过程对于生瓷片的 X、Y 方向并没有限制，因此，变形量较大，对生瓷材料的特性和一致性要求较高。

（2）工艺流程

图 3-25 所示是压合工序的主要工艺流程。首先将堆叠好的生瓷片抽真空包装好，然后放入设备的温水浴内，进行加温加压，完成压合工序。

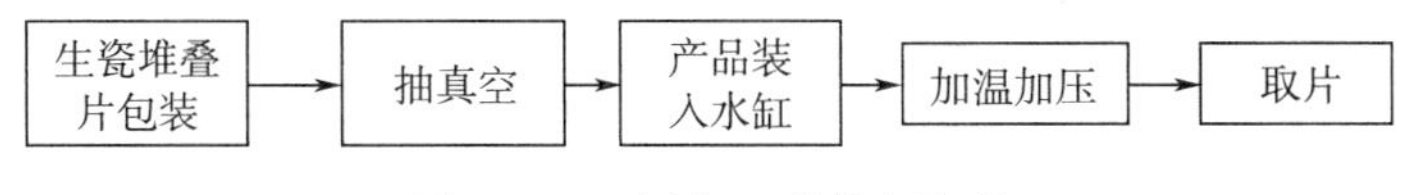

图 3-25　压合工序基本流程

生瓷堆叠体的真空包装是压合工序中较为重要的一步，需要将生瓷堆叠体放在压合背板上，盖上保护材料（防止真空包袋在腔体或对位孔处被压破）后，放入真空包装袋中进行抽真空包装。理想的包装要求生瓷材料及图形与压合背板和保护材料经过温水等静压后相互之间不粘连，且腔体形貌完好。图 3-26 所示是一种比较常用的包装形式。

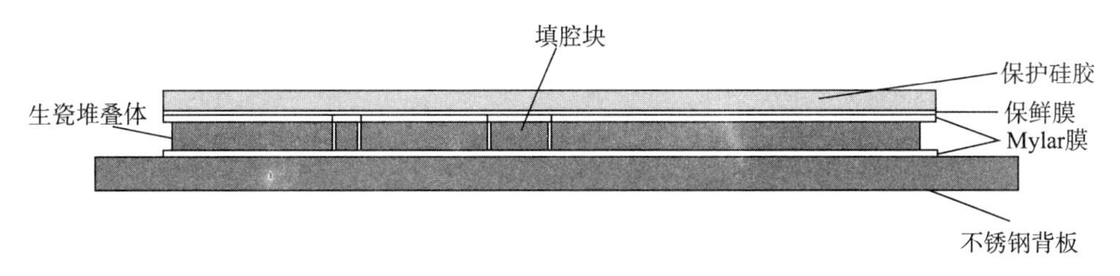

图 3-26　压合包装示意图

（3）工艺参数

等静压主要分为预热、升压、保压、降压过程。预热：装入水缸的生瓷堆叠体与到达设定温度压力的媒体液（水）之间进行热传递，通过设置预热时间使生瓷堆叠体温度达到设定压力媒体液温度。升压：均匀速度升压到设定值。保压：设定压力作用下保持时间。降压：均匀速度降压。其中温度、预热时间、压力设定值、压力保持时间主要影响烧结收缩率的一致性。

基于 Ferro、Dupont 951 两种材料的特性，生瓷生产商给出等静压压合工艺的参考参数：温度 70 ℃、预热时间 10 min、压力 21 MPa、压力保持时间 15 min。改变压合工艺参数对生瓷坯层间结合力和烧结收缩率会造成一定的影响。

3.5.2　腔体产品压合注意事项

带腔体产品的压合难度较大，一旦条件控制不当，腔体位置在压合过程中就会受力变形，或是腔底生瓷未压实，从而造成产品质量问题，因此需要对带腔体的产品压合工艺方法进行优化。一般来讲有以下两种做法：

1）用一块和腔体几乎等厚度、等大小的生瓷材料放于腔体位置，然后进行压合操作，可以有效防止腔体变形。但该方法容易引发其他问题，如用于暂时充填腔体的生瓷材料和本底压为一体，难以去除等。

2）用特殊硅胶制作出比腔体略小（各方向小 50～100 μm）的填充物，将腔体填充后进行压合，该方法可以有效防止腔体变形，也是目前业内较为常用的一种方法。

3.6　热切

3.6.1　LTCC 热切工艺简介

因为烧结后的陶瓷基片切割起来很困难，所以在低温共烧工艺中通常都是在烧结前，对热压后的生瓷体进行切割以形成单体基片，或划出线槽以形成可掰开的巧克力连体基片。由于致密的生瓷带特性较软并有一定黏性，通过加热的钨钢刀体对 LTCC 材料进行切割可保证切割元件的一致性，从而保证切割后元件的稳定性并不至于损伤内置元件。操作时刀片和工作台均加热，使生瓷体黏合剂软化，切割出来的基片或划出的线槽边缘光滑陡直而没有碎片、碎渣。切割时须严格控制刀温和工作台温度，避免温度剧烈变化，以保证材料的切割精度。由于多层陶瓷基板的材料性质，要求刀具有高质量超微部件切削加工的能力，切削加工阻力小，以及具有高度的耐久性，即长期工作下刀具要具有优良的热平衡和动态性能。热切标识有两种：线条和孔。在图形设计时就要考虑是用印刷线条还是用打孔来作标识。

研究表明，Al_2O_3陶瓷在热切过程中形成的缺陷会在烧结过程中保留下来，形成最终陶瓷元件中的缺陷。

3.6.2　常见热切缺陷

导致陶瓷封装制造成品率低的一个很重要的原因是封装制造中的开裂失效。一种常见的开裂如图 3-27 所示。图中，开裂发生在陶瓷基板上，起源于陶瓷表面的一个凹坑。这是因为 Al_2O_3陶瓷在热切过程中形成的缺陷会在烧结过程中保留下来，并在陶瓷元件中最终形成表面缺陷。

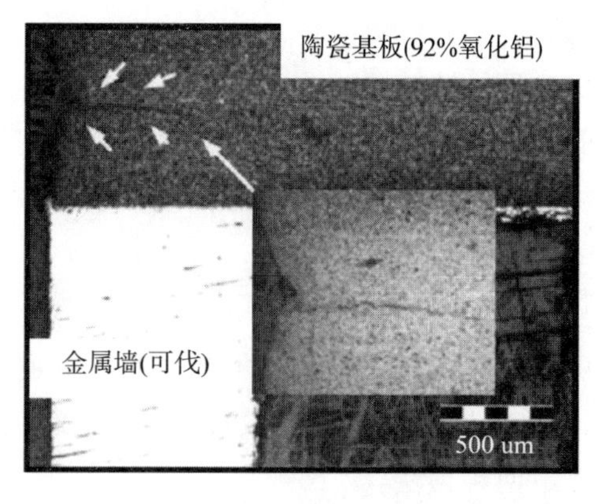

图 3-27　陶瓷封装制造中常见的开裂失效

陶瓷基板的侧面是在生瓷片上通过热切工艺形成的。陶瓷封装中，陶瓷元件的热切缺陷及对载荷的承受能力对封装制造的成品率和封装的可靠性有重要影响。陶瓷元件的侧面缺陷主要以两种形式存在：

1）整个热切的表面都分布有一定深度的狭长缺陷，并且随热切深度增加，缺陷数目和尺寸有增加的趋势，常见的热切缺陷如图 3-28 所示。

图 3-28　烧结工艺后保留下来的热切缺陷（92% Al_2O_3）

2）在热切侧面底部边缘附近，存在一定宽度（100～200 μm）的缺陷区域，缺陷以表面凹坑或凸起的形式存在。

3.6.3　热切缺陷的产生机理

热切工艺过程是在一定温度下进行的，切刀与生瓷带料相互作用。切刀是 WC 基的硬质合金。生瓷带料的主成分是 Al_2O_3，同时含有 Mg、Si、有机黏合剂、溶剂等成分，具有一定的塑性和强度。在一定的温度下，切刀尖端与生瓷带料作用，由于 Al_2O_3 颗粒的硬度非常大，因此生瓷带料的塑性开裂不可能发生在 Al_2O_3 上，而只能从氧化铝颗粒间的黏结层开裂，如图 3-29 所示。

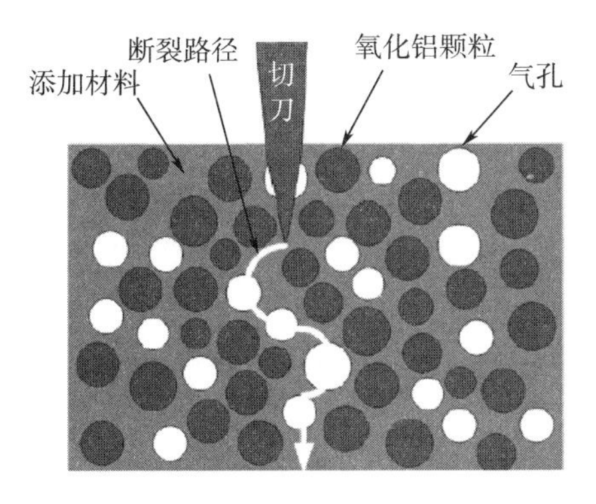

图 3-29　热切工艺中切刀与生瓷带料作用示意图

如图 3-30 所示，热切表面会存在微观的凹坑或凸起，在烧结过程中保留下来［如图 3-30（b）所示］，形成与自然烧结表面不同的形貌［如图 3-30（a）所示］。

对新切刀和使用次数约为 80 万次的切刀切割生瓷带料得到样品进行表面形貌的观察，其中使用新切刀侧面的缺陷主要是微观上的凹坑或凸起。使用新切刀和旧切刀特征断裂模

(a) 自然烧结表面形貌

(b) 热切表面形貌

图 3－30　热切表面形貌与自然烧结表面形貌的比较

量分别为 349 MPa 和 433 MPa，强度差值为 84 MPa。新旧切刀形成的热切表面强度相差较大，表明二者的缺陷尺寸存在很大差异，旧切刀形成的热切缺陷尺寸更大。实际上，切刀使用次数增加时，导致热切缺陷尺寸增加的原因是在多次使用过程中，切刀本身发生了变化。在热切工艺中，切刀将生瓷带料切开的过程中，生瓷带料中硬度很大的氧化铝颗粒会阻碍切刀的作用从而对切刀产生磨损，最终会带来形状及尺寸变化。切刀磨损前后形状及尺寸变化如图 3－31 所示。

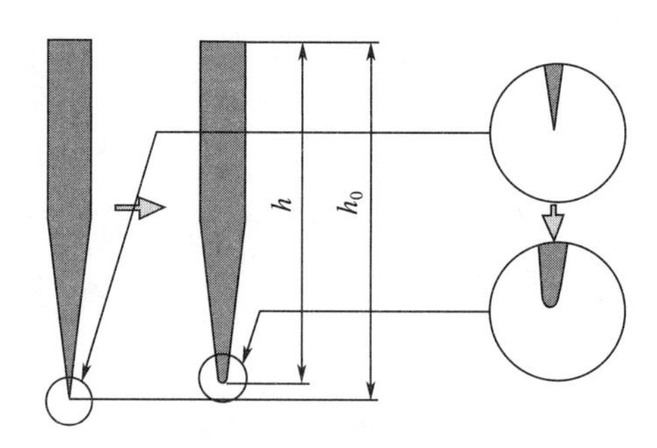

图 3－31　随热切次数增加切刀形状和尺寸的变化

如图 3－31 所示，随热切次数增加，切刀的形状和尺寸都会发生变化。当切刀尺寸由 h_0变化到 h 时，由于操作人员和热切设备并不能跟踪切刀的磨损带来的尺寸变化，因此，在热切工艺热切深度的参数设定时，仍然按照原始的高度 h_0设定，则实际切刀只能热切到深度为 h 的位置。则在 $h_0 \sim h$ 的区域，试样只能让切刀给“挤”开或者是在人为的作用下撕开，因而会在热切底边附近区域出现撕裂区域，产生尺寸较大的缺陷。

当切刀尖端形状不发生变化时，在热切过程中，生瓷试样的热切面受到的力属于纯剪切作用，当切刀尖端形状发生变化时，切刀尖端对热切面会同时产生剪切力和法向力的作用，如图 3－32 所示。当有较大的法向力存在时，会沿图 3－32 所示的方向将局部的生瓷拉开，导致热切表面更大的凹坑或者凸起。在后续切刀的下降过程中，凸起或者凹坑的边缘将被压平，形成如图 3－33 所示的缺陷。

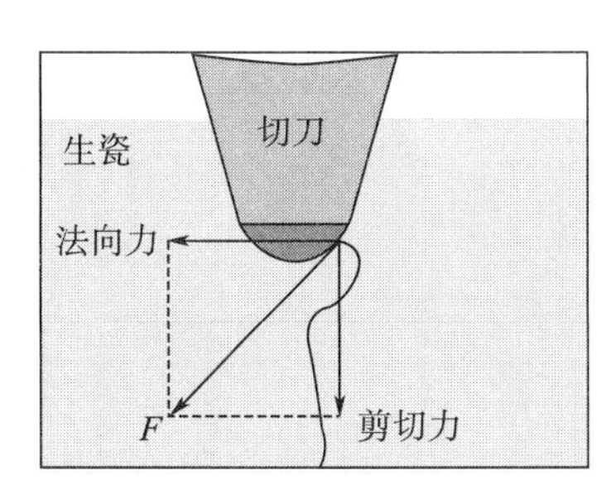

图 3-32　由于切刀尖端形状发生变化产生的法向力

图 3-33　切刀尖端形状变化时由法向力产生的凹坑缺陷

3.6.4　小结

热切工艺会在陶瓷构件的侧面及表面产生缺陷。这种缺陷形态不同于陶瓷内部缺陷，也不同于陶瓷烧成之后机器加工形成的表面缺陷。相对于自然烧结表面，热切表面缺陷会导致强度显著下降。断口分析表明：热切缺陷是一种尺寸更大的缺陷，具有更高的危险性。热切缺陷主要来源于切刀的磨损。因此，为了减小陶瓷封装中的失效，应在生产中跟踪切刀的使用情况，及时更换刀具，减小热切失效，保障产品质量。

3.7　共烧

LTCC 共烧过程是 LTCC 生产工序中的最后一个环节，非常重要，是整个 LTCC 产品制作成败的关键。同时，烧结也是生瓷向着熟瓷变化的关键过程，材料要发生一系列物理、化学变化。因此，对 LTCC 共烧工序进行深入学习对将来开发 LTCC 产品有着深远意义。

3.7.1　LTCC 共烧的作用

共烧就是将堆叠、压合好的生瓷坯体进行高温加热，使导体和陶瓷同时烧结的过程。理想的共烧工序中，生瓷堆叠体均匀地受到温度作用，各个方向发生非常一致的收缩，生瓷变为熟瓷。共烧过程其实可以分为 4 个步骤：第 1 步是升温过程，即将生瓷坯均匀加热，使生瓷均匀地加热到一定的温度；第 2 步是排胶过程，即将生瓷材料中的有机物成分彻底排出；第 3 步是烧结过程，即将生瓷烧结成为熟瓷。第 4 步是降温过程，即将烧制好的熟瓷受控降温到常温。

3.7.2 共烧的关键控制点

（1）烧结收缩率的控制

为了控制产品在烧结工序的收缩率，需要考虑单个基板和金属图形的收缩匹配性问题。陶瓷本身的烧结收缩率显著受到玻璃粉料特性和生瓷片特性的影响，通过挑选合适的粉料和采用均匀颗粒尺寸的粉料都可减小烧结过程收缩率的差异。生瓷片的密度和它的共烧收缩率存在密切的关系。比如，某产品为了保证收缩率在 16.4％～16.5％之间，生瓷片的密度就必须控制在 1.421～1.424 g/cm^{3}之间，所以生瓷片密度的稳定性也是影响生瓷材料收缩稳定性的关键因素。因此，作为工程开发，一般希望选择材料密度一致性非常好的生瓷进行产品加工。

另外一个影响烧结收缩率的关键在于垫板。被烧件和垫板之间的反应也会影响到收缩率，如果基板与垫板有较强黏附性，则烧结过程中收缩率的一致性就会受到影响，即靠近垫板的部分收缩减缓，严重时会造成 LTCC 基板翘曲。为了防止该类现象，一般采用接触面较小的垫板，或采用特殊材料的垫板。

（2）Ferro 材料

Ferro A6M 材料是西安分院使用较多的一款材料，厂家给出了材料的特性及相应的匹配浆料，这为最初的工艺试验提供了许多依据。图 3－34 所示为典型共烧曲线。

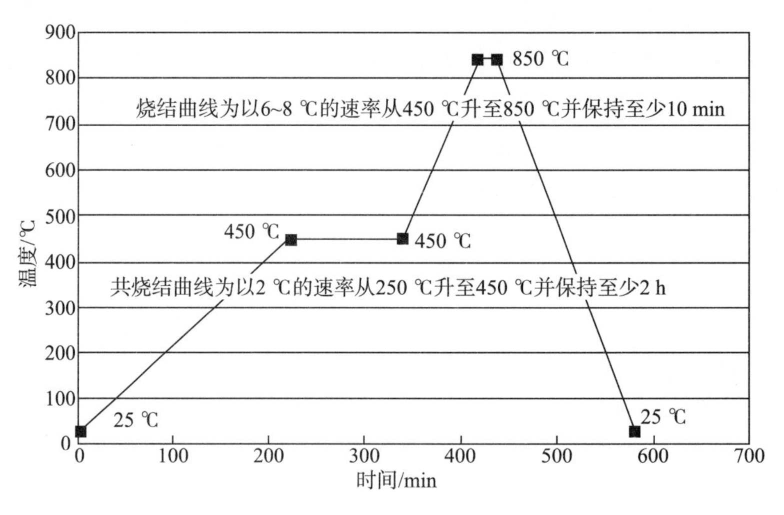

图 3－34 Ferro A6M 材料典型共烧曲线

（3）Dupont 材料

美国杜邦公司是 LTCC 材料制作的鼻祖，在 LTCC 材料制作、工艺技术方面有着多年的积累。其中 Dupont 951 材料是市场上相对稳定、应用范围较广的一款生瓷带，图 3－35 所示为它的典型烧结曲线。

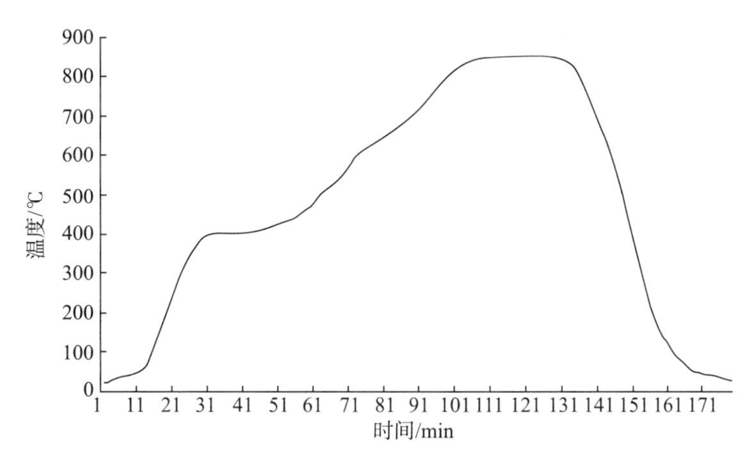

图 3－35　Dupont 951 材料典型共烧曲线

（4）烧结工序关键点

首先，制定行之有效的设计规则。对 LTCC 电路图形的排版进行规定，使得 LTCC 电路图形设计规范化，在每层电路图形中不会出现金属浆料比例悬殊的问题。各层金属浆料分布均匀是保证共烧后产品平整度和收缩一致性的前提条件。

然后，对前工序进行严格控制，让生瓷的收缩尽量在共烧工序爆发，控制每个前工序的操作方法和存放时间，使到达共烧工序的每款产品都经历相同的操作环境。

最后，要对不同材料的共烧曲线进行研究。确定常用材料 Ferro A6M、Dupont 951 的典型共烧参数，对生瓷共烧前后的质量损失比进行严格控制。

3.7.3　异质材料的烧结

LTCC 产品中，有一类是异质生瓷材料的烧结，如：下面 5 层是 AlN 陶瓷，而上边 5 层是 Al_2O_3 陶瓷。这种情况的烧结就需要综合考虑两种材料的收缩率匹配性，如果收缩率差异较大，往往很难制作出合格产品，产品易发生翘曲和分层。

众所周知，金属材料的热膨胀系数远大于陶瓷材料的热膨胀系数，要实现金属料浆与陶瓷材料的共烧存在很大的难度，它们之间的不匹配主要体现在烧结致密化完成温度不一致、基片与浆料烧结收缩率不一致、致密化速度不一致等 3 个方面。解决这些不匹配可以防止烧结后的基片出现表面不平整、翘曲、分层的现象，提高金属布线时的附着力。生瓷材料和金属浆料间的烧结温度也存在匹配性问题，如许多金属浆料的烧结温度仅在 600 ℃左右，和生瓷材料一起共烧到 850 ℃左右就会有问题。

因此，产品中应尽量避免多种材料混合使用的情况，如无法避免也应选择收缩比例相近的材料。金属浆料的选取应考虑温度匹配性，最好选择成熟厂家推荐的牌号。

3.7.4　零收缩烧结

国外零收缩 LTCC 基板采用热压烧结。其原理是：在常规的 LTCC 生瓷带叠压过程中，在底部和顶层叠压一定厚度的非收缩生瓷带（牺牲层）。再对整个组件进行热压烧结，烧结时利用牺牲层的摩擦力阻止 LTCC 生瓷带烧结时的收缩。此方法实现零收缩 LTCC 基板的缺点是：设备投资大，烧结之后需要去除表面的烧结非收缩层，然后烧结表面的焊盘，这增加了工序。

Heraeus 公司推出了自约束零收缩材料，可以有效地防止 LTCC 生瓷带在烧结过程中 X、Y 方向的收缩，在 X、Y 方向上的收缩小于 0.2%，收缩的变化量小于 0.014%。

3.7.5 小结

共烧工序是 LTCC 生产中的一个特有过程，产品经过升温、排胶、升温、恒温、受控降温、辅助降温这几个过程后，即可烧结完成。而影响产品烧结成败的关键因素也有很多，例如：压缩空气的纯净度、炉膛内温度的均匀性等都会影响产品的烧结质量。判断烧结后的产品性能指标有基板的平整度控制，分层，裂纹，外观颜色，X、Y 方向收缩率的一致性，膜层附着力等。在未来的 LTCC 行业中，将会面对各种不同结构、材质、特性材料的共烧，需要我们深入掌握各种材料的特性，确定出最佳共烧条件。

3.8 后烧

3.8.1 后烧工艺简介

LTCC 后烧工艺主要是在原共烧膜层的基础上印刷特殊膜层，满足不同组装工艺的需求。后烧通常采用链式炉进行。链式 LTCC 气氛烧结炉具有快速烧结、易于自动连线的特点，适合热处理周期短、产品批量高、单种 LTCC 基板产品的快速烧结。

链式 LTCC 气氛烧结炉主要由炉体、传送网带、保护气体和电气控制系统 4 部分组成。炉体设计成正方形，炉体内衬采用高效轻质陶瓷纤维绝热材料，以降低设备能耗水平。加热元件分布于隧道上下两面，根据炉温、工艺气体等的不同要求，可选用合金电阻丝加热或碳化硅加热。如图 3-36 所示，上下两面加热的优点在于沿传送带的 Y 方向热场均匀性更好，有利于缓解边沿滞阻效应引起的中心温度高、左右两边温度低的问题。

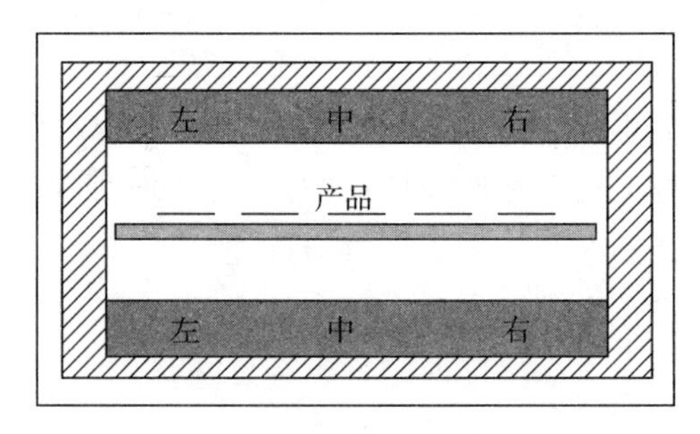

图 3-36 链式 LTCC 烧结炉剖面结构示意图

整个加热区可根据工艺要求设计成多段。在加热区域内，通过分隔气帘保证区域内的温度场、速度场和气流场相对稳定，既不影响前后段，也不受前后段的影响。随着温度的升高，在快速升温区域会出现温度波动，同时通道内的压力也随着温度的升高而不断变化，通过压力控制装置可平衡温度快速变化带来的气氛、压力的影响，确保烧结工艺的一致性。传送网带常采用高温不锈钢制作。

3.8.2 后烧工艺方法

烧结工序是相当关键的一道工序，首先要确定外围环境条件，温度和湿度对电阻烧结具有非常大的影响，特别是高阻值电阻的烧结；然后确定对应的烧结曲线：温度、气流、带速。烧结温度和带速对 LTCC 产品外形尺寸、产品的物理强度等起到关键性的作用；气流的大小和均匀性对批量性生产的一致性影响较大。

3.8.2.1 检查外围环境条件

烧结外围环境对烧结影响非常大，应进行下列检查：温度和湿度应通过记录仪长期控制，温度应控制在 18～26 ℃；湿度应控制在（40%～60%）RH。在烧结炉房间应避免氯化溶剂，硫化物气氛。烧结炉房间应与印刷、装配焊接、以至清洗等有溶剂挥发的厂所或房间。烧结炉的气压大于周围房间的气压。

3.8.2.2 热电偶和烧结炉的初步设定

浆料印刷后，烧结之前，为了确定各种情况下的烧结方式，应考虑一下浆料的不同特性。从理论上讲，为了进行正确的烧结，确定最佳烧结温度分布曲线是必需的，温度分布曲线可以通过烧结炉相应的调整获得，这项工作由安装在烧结炉上的微处理机来保证。对已获得的温度分布曲线的检查，可借助于用标准热电偶校正过的测量热电偶来进行。标准热电偶是校准测量热电偶 TC1 和 TC2 的基本单元；测量热电偶是用于测量烧结炉内各区段实际温度的热电偶。用来检测烧结炉温度分布曲线的测量热电偶（操作热电偶），应该与标准热电偶相比较进行校正，如果测量热电偶 TC1 和 TC2 要进行校准，与标准热电偶一样选择有能力的计量院进行校准。

3.8.2.3 调整烧结炉温度分布曲线

这步操作，一般要根据具体的产品进行调整，以得到最佳温度分布曲线。根据烧结炉的温度曲线（一般在 850 ℃左右）来烧结 LTCC 浆料。

为了使温度分布曲线在 850 ℃左右具有平稳的特征，必须确定整个烧结的周期、温度曲线上升和下降的温度梯度、空气的流速和传送带的速度。温度曲线应在 850 ℃有一段平稳区域，烧结周期约 1 h。

温度分布曲线的特点：在 25～850 ℃之间，曲线上升的阶段，温度梯度为20 ℃/min。恒温阶段（曲线的平稳部分）持续时间为 10 min，温度为 850 ℃；在 850～25 ℃之间，曲线的降温阶段，温度梯度为 30 ℃/min。整个烧结周期（进口到出口），从 25 ℃到 25 ℃（环境温度）时间为 1 小时，传送带速度根据烧结炉的长度和温度分布曲线综合确定。

下列条件的满足是很重要的：有效的通风和排气设施；为了使有机物完全变成气体，并通过适当的排气设施排除，应保证足够的空气。温度曲线的轮廓不是很重要，需注意的是其结果的重复性（工艺重复性）。理想的烧结曲线较难实现，在实际生产中烧结曲线控制如下：

1）确定烧结炉温度曲线。

2）调节 850 ℃的空气流量：2 800 L/h；烧结炉启动完成对烧结炉的调整和设定后，即可开始烧结。

3）测绘实际的温度分布曲线：实际的烧结温度分布曲线，应使用预先校正过的热电偶 TC1 和 TC2 进行。测量只需要用一支热电偶，一端连接在测量仪器上，另一端固定在烧结炉内。当烧结炉处于正常工作状态时，必须放入一些物体（如未印刷的基板），才可以测绘温度分布曲线。如果烧结炉未放入物体，测绘的数据就不可靠。

将 ϕ0.5 mm 的镍铬丝固定在烧结炉内。在热电偶经过一个参考点（如经过烧结炉启动时）时，打开记录仪进行测绘，温度降到 25 ℃时，关掉记录仪。

比较最佳温度分布曲线和实际分布曲线，实际测得的温度分布曲线，与预先确定的温度分布曲线相比，有一些差异。原则上，这种差异可以通过适当调节烧结炉温度设置得到校正。

例如：如果用 TC1 测得的峰值恒温温度为 845 ℃。而 TC1 对应于标准热电偶 TCC 在 850℃校准时，测得值要低于 10℃（即 TCC－TC1＝10 ℃），也就是实际温度为 845 ℃＋10 ℃＝855 ℃。因此，为了得到标准的 850 ℃温度曲线，应进一步调整温度设置，确切地说就是烧结炉的 B_1、B_2、B_3 区的温度设置应降低。得到最佳温度分布曲线后，放入印刷好的实验样品进行烧结，以检验实际烧结的效果。

3.8.2.4 生产控制

烧结关键参数的控制：要烧结出合格产品，对于相应产品必须有一条适合此类产品的烧结曲线，则要按要求有相应的温度分布曲线和带速，并且在不同温区根据试烧数据精确控制升温梯度、高温烧结时间、均匀的降温梯度，才能较好地控制 LTCC 产品的收缩率，电容值及电阻值。特别是带有腔体的 LTCC 产品，烧结是关键中的关键，要想成功地做好带有腔体的 LTCC 产品，第一在等静压时要控制好，更重要的是在烧结时，要根据温度曲线精确控制各温区的温度。

烧结炉控制温度和带速的控制系统：以 13 温区的链式炉为例，有 7 个升温区，1 个高温烧结保温区，5 个降温区。升温区要求各温区升温梯度平滑，7 个升温区连成的曲线斜率要小；对于降温区也要求有一定梯度，不能太快。这就要求各温区的温度控制精确。整个控制系统升降温度是通过开或关各温区的加热器来控制的，系统是通过测温仪时刻准确测试各温区，在加热时通过及时测试相应温区的多点温度，再和设定标准值比较，计算此时加热强度，根据计算值适时调整加热器的加热量。特别是高温烧结区要求温度偏差不能超过 5 ℃，否则会出现 LTCC 产品在物理特性方面抗压强度降低，收缩率不一致性等问题。在第 5 个升温保温（恒温）区，要求有一段恒温保持阶段。在 5 个降温区的前 3 个区也要求温度有梯度地下降，否则会影响 LTCC 产品的物理抗弯强度，有时可能还会出现碎片或裂片；最后一个降温区（第 13 区）无加热器，靠自然冷却。整个烧结时间是通过控制链条的带速来实现的，链条的走动速度是由带动链条的步进电机的转速确定，所以通过准确控制步进电机的转速就可以控制链条走动的速度。

3.8.3 后烧对LTCC基板性能的影响

3.8.3.1 后烧对LTCC基板的介电常数、损耗的影响

本节主要对Ferro A6M基板材料进行了研究。首先LTCC基板在常规箱式炉中进行烧结，升温速度为7 ℃/min，烧结温度为850 ℃、900 ℃，保温10 min。后烧结在厚膜链式炉中进行，烧结温度为850 ℃、900 ℃，周期1 h。Ferro A6M LTCC材料在不同的烧结温度下介电常数略有变化，其变化如图3－37所示。

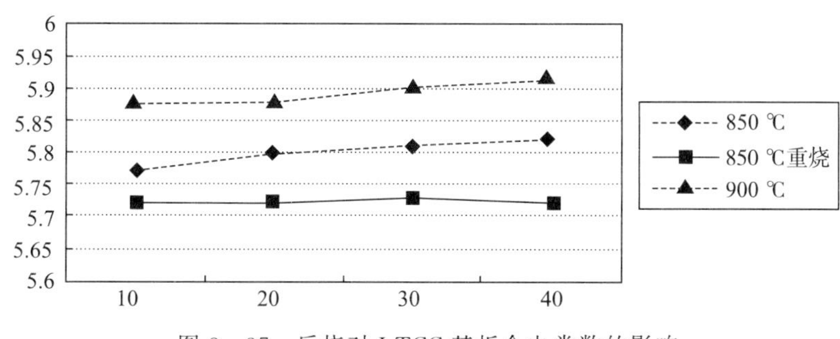

图3－37 后烧对LTCC基板介电常数的影响

由图3－37可见，在900 ℃烧结的介电常数比850 ℃烧结的大约大0.1，变化率小于2%。在微波设计中这个误差是可以接受的。后烧对介电常数也有一定的影响，后烧后基板的介电常数变小，变化率小于2%。不同的烧结温度下基板介电常数的不同是由于基板烧结后的密度不同造成的。Ferro A6M材料在900 ℃烧结的收缩率要大于850 ℃烧结的。因空气的介电常数比瓷体介电常数小，基板收缩率越大，其密度越大，内含气孔率越小，故900 ℃烧结基板的介电常数比850 ℃烧结的大。LTCC基板在后烧后介电常数略有下降，原因是后烧后基板中孔穴率增大。

不同的烧结温度以及基板后烧对LTCC基板的损耗特性影响很小，如图3－38所示。

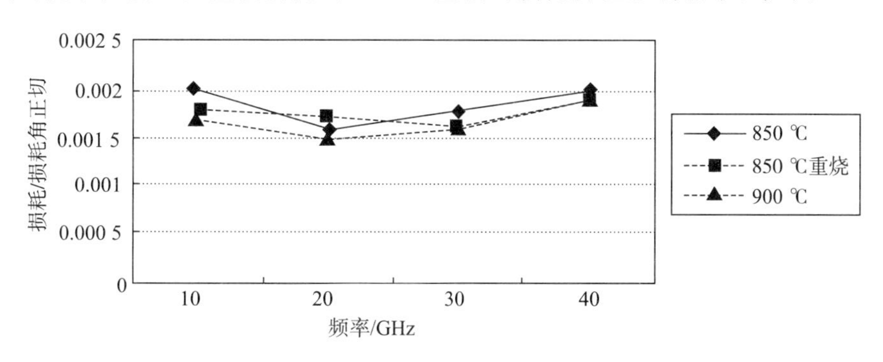

图3－38 后烧对LTCC基板介电损耗的影响

3.8.3.2 后烧对LTCC基板材料结构和机械性能的影响

(1) 后烧对LTCC基板材料结构的影响

将烧结后的LTCC样品进行后烧，对材料结构进行分析，图3-39为烧结及后烧后Dupont 951 LTCC材料X射线衍射图。

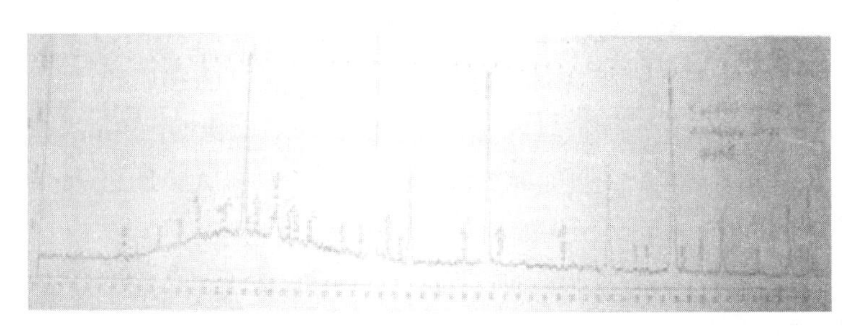

(a) 共烧后

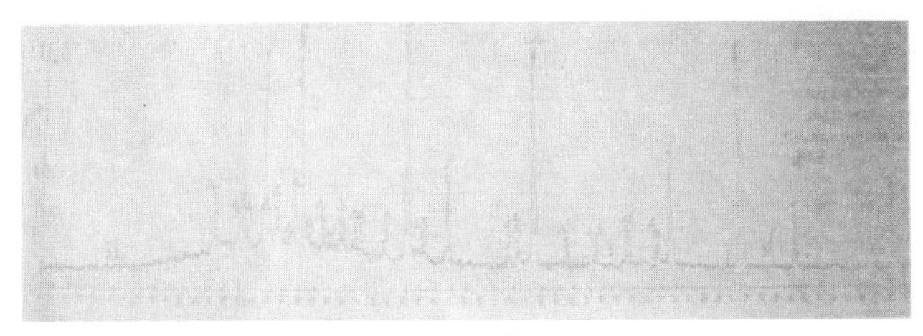

(b) 后烧后

图3-39 Dupont 951基板X射线衍射图

由图3-39(a)可见，Dupont 951 LTCC材料初次烧结后的主晶相为α-Al_2O_3和$BaAl_2Si_2O_8$。Dupont 951生瓷材料中主要是氧化铝+晶化玻璃，表明烧结时从氧化铝+晶化玻璃中析出$BaAl_2Si_2O_8$晶体。图3-39(a)中存在明显的玻璃化基底，说明基板烧结后基板中还有大量的玻璃存在。图3-39(b)中玻璃化基底减小，衍射线及衍射线强度增加，说明后烧后基板中晶相增加，又有许多$BaAl_2Si_2O_8$晶体析出。

图3-40为Dupont 951初次烧结和后烧后基板的断面扫描电镜形貌。从图3-40中可以看出，Dupont 951基板后烧后基板的玻璃含量减少，晶体含量增加；同时基扳中的孔穴率增大，晶界间有少量的微裂纹。

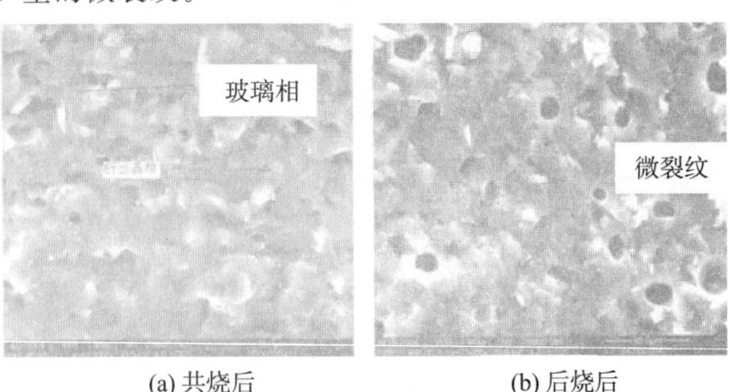

(a) 共烧后　(b) 后烧后

图3-40 Dupont 951断面扫描电镜形貌

从图 3－41 Dupont 951 基板表面电镜照片中也可以看出后烧后基板中的晶体颗粒明显增多。

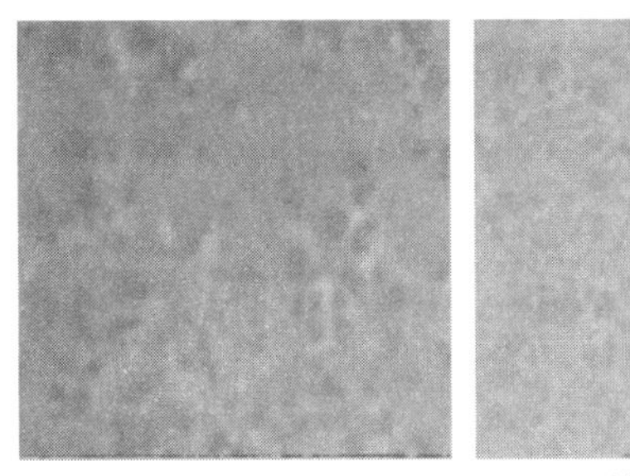
(a) 共烧后基板表面

(b) 后烧后基板表面

图 3－41　Dupont 951 烧结基板电镜扫描结果

对初次烧结和后烧的 Ferro A6M 基板进行 X 射线衍射分析，结果如图 3－42 所示。

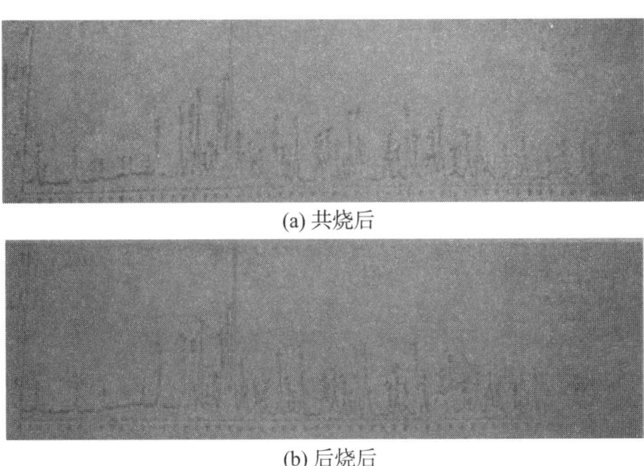
(a) 共烧后

(b) 后烧后

图 3－42　Ferro A6－M 基扳 X 射线衍射图

Ferro A6M 烧结后析出的主晶相是 $CaSiO_3$ 和 CaB_2O_4，从图 3－42 中可以看出，衍射线的位置和高度无明显变化，表明 Ferro A6M LTCC 材料共烧后基板的稳定性较好，后烧后基板几乎没有新的晶相析出。

(2) 后烧对 LTCC 基板机械性能的影响

下面研究这种材料结构上的变化对基板的抗折强度和抗机械冲击性能的影响。

实验中我们选择了 Dupont 951 空白基板和布线基板，分别对共烧后和多次后烧后的基板进行抗折性能和机械冲击性能试验。从试验结果来看，后烧对基板的抗折强度和抗机械冲击性能有一定的影响。

从图 3－43、图 3－44 可以看出多次后烧后基板的抗折强度下降。空白的基板抗折强度略有下降，而布线基板抗折强度有明显的下降。空白基板的抗折强度变化原因主要是后烧后基板中的玻璃发生再次析晶，晶体长大。布线基板抗折强度下降除了这个原因外，还有基板内部的金属导体、通孔的热膨胀系数和基板陶瓷材料相差较大而引起的应力。

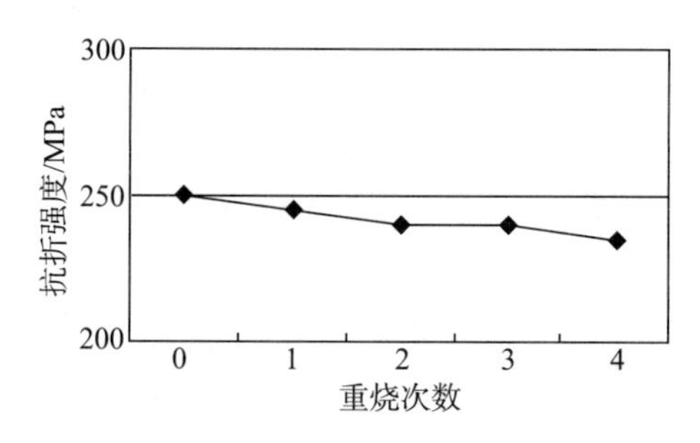

图 3-43　Dupont 951 空白基板多次后烧后抗折强度变化

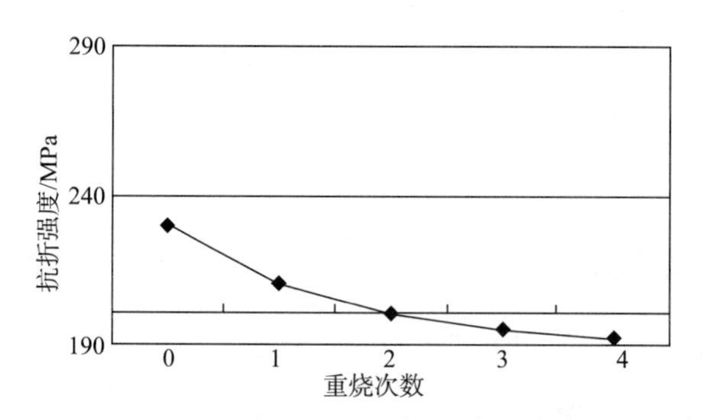

图 3-44　Dupont 951 布线基板多次后烧后抗折强度变化

（3）后烧对 LTCC 基板通孔的影响

LTCC 基板后烧对基板的通孔，特别是表面通孔会产生一定的影响。对不同材料结构的通孔产生的影响是不同的，对于堆积孔特别是银通孔和钯银通孔，LTCC 基板一次烧结后表面金属通孔凸起比较明显，如图 3-45 所示。

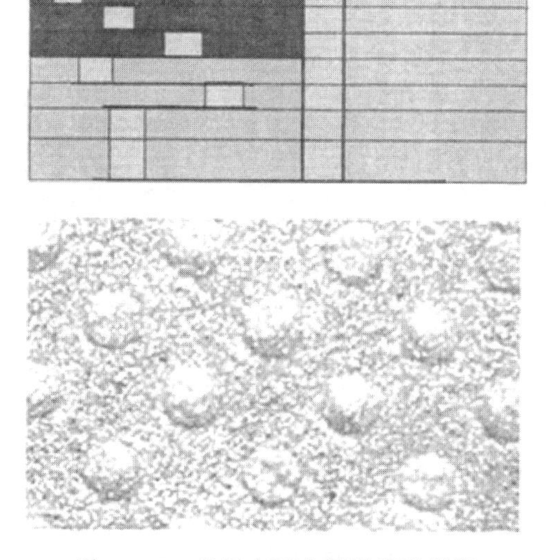

图 3-45　基板表面金属银通孔情况

表面通孔的凸起是由基板烧结时通孔 Z 向烧结收缩率要小于基板 Z 向烧结收缩率造成的，一般会高出基板表面 10～20 μm。如图 3-45 所示，随着基板的后烧结次数增加表面通孔的凸起会进一步增加，有时会造成表面导带与通孔连接处出现微裂纹。采用金系导体的 LTCC 基板表面通孔较平整，多次后烧后通孔也不会出现凸起的现象，如图 3-46 所示。对要求高可靠性的产品，最好采用全金系的导体结构。

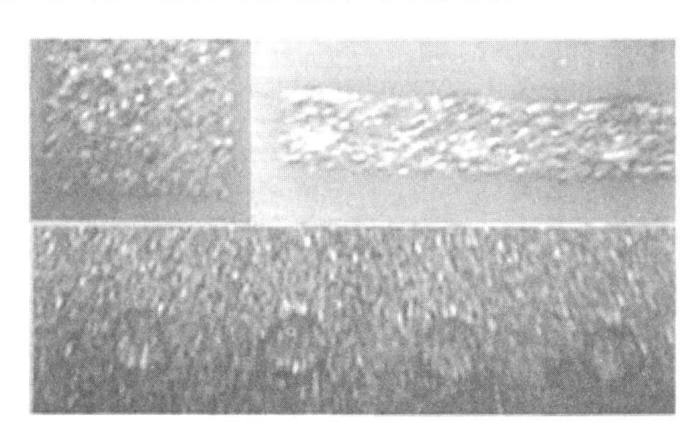

图 3-46 基板表面金通孔情况

3.8.4 小结

1）不同的烧结温度和后烧对 LTCC 基板的介电常数有一定的影响，烧结温度升高基板的介电常数略有降低，多次后烧后基板的介电常数也略有下降。

2）不同的烧结温度及后烧对 LTCC 基板的损耗几乎没有什么影响。

3）Dupont 951 材料后烧后析出晶体增加，Ferro A6M 材料较为稳定，后烧后基板材料结构没有明显变化。

4）后烧对空白 Dupont 951 基板的抗折强度影响不明显，对有布线的 LTCC 基板有较明显的影响。后烧后基板的抗折强度明显下降。

3.9 LTCC 基板砂轮划片技术

3.9.1 概述

砂轮划片是采用超薄金刚石刀片作为划切加工刃具，主轴带动刀片高速旋转，通过刀的外缘（外径）强力磨削对各种硬脆材料进行高精度开槽和分割。砂轮划片机以其较高的切割效率与切割精度、丰富的刀具类型和宽泛的工艺兼容性而被广泛地应用到了陶瓷材料划切中。

LTCC 基板自身结构复杂：基材为脆性材料，致密性与强度相对较低；背面大多会布满大面积金属图形，具有较高的韧性和延展性；金属图形与陶瓷的结合层是通过烧结过程中的固相反应形成的，存在物理性质特殊的界面。因此使用砂轮划片机划切 LTCC 基板时，容易出现背崩、翘曲等现象。需要通过优化各项划片参数，提高 LTCC 基板划片质量。

3.9.2 金刚石砂轮划片工艺简介

砂轮划片是采用超薄金刚石刀片作为划切加工刃具，主轴带动刀片高速旋转，同时承载着陶瓷片的工作台以一定速度延刀片与陶瓷片接触点的划切线方向呈直线运动。通过刀的外缘（外径）强力磨削对各种硬脆材料进行高精度开槽和分割。工艺原理图如图 3－47 所示。

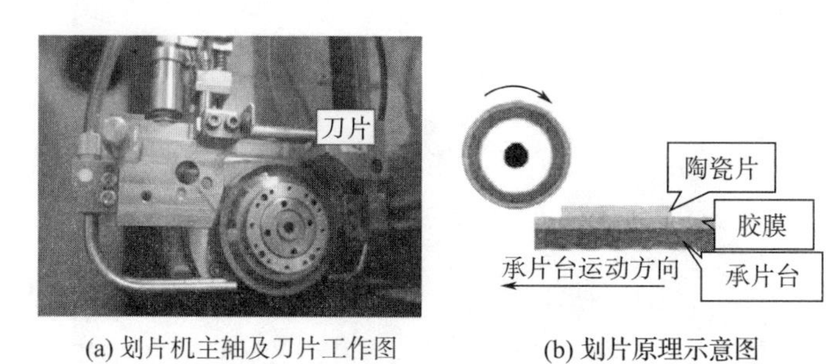

(a) 划片机主轴及刀片工作图　　(b) 划片原理示意图

图 3－47　砂轮划片原理图

砂轮划片机以其较高的切割精度、丰富的刀具类型和宽泛的工艺兼容性而被广泛地应用到陶瓷材料的外形加工中。这种方法去除陶瓷材料的主要机理是脆性断裂。而脆性断裂的去除方式是通过空隙和裂纹的形成或扩展、剥落及碎裂等方式来完成的，如图 3－48 所示。因为陶瓷是由共价键、离子键或两者混合的化学键结合的物质，在常温下对剪应力的变形阻力很大，且硬度高；并且由于陶瓷晶体离子间由化学键结合而成，化学键具有方向性，原子堆积密度低、原子间距离大，又使陶瓷有很大脆性。氧化铝陶瓷材料的高硬度及脆性使其可加工性很差，即使有很小的应力集中现象也很容易被破坏，是一种难加工的非金属材料。这种特性使得陶瓷片在砂轮磨削过程中很容易出现材料破裂及背崩等质量问题，从而增加产品的报废率。

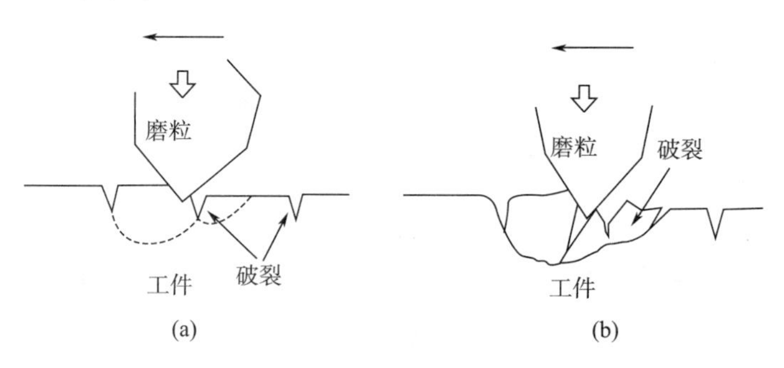

图 3－48　脆性破坏型磨削去除机理

除了设备本身的精度和功能外，影响划切质量和效率的因素包括刀具的选择和划切工艺。其中加工的表面质量受金刚石砂轮磨料粒度的影响很大，粒度较粗，加工效率可以提高，但颗粒增大后，磨削表面会变得非常粗糙，产生的裂纹也越大；若粒度较细，可以降低磨削后的表面粗糙度，但颗粒太细，砂轮磨粒之间的容屑空间容易堵塞，致使磨削力增加，会加快砂轮的磨损。金刚石磨削加工陶瓷的缺点有：砂轮磨损快，磨削效率低。而切道宽度与边缘崩边大小的主要影响因素是主轴速度、划切速度、划切深度、刀片冷却流量和冷却方式。空气静压主轴速度高，划切速度慢，划切道宽度大，崩边小；划切速度快，划切道宽度小，崩边大。

3.9.3 LTCC 基板砂轮划片质量控制

3.9.3.1 LTCC 基板砂轮划片的背崩控制

对于 LTCC 基板来说，砂轮划片存在的最大问题就是背面崩缺问题。研究表明，通过控制划片的条件，可以有效解决砂轮划片背面崩缺问题。

(1) UV 膜厚度

技术指导资料显示，采用 UV 膜方法固定加工基板时，适当地增加 UV 黏接膜的厚度和砂轮刀片切入 UV 的深度，使磨损薄弱点下移到 UV 膜中，能够有效消除因唇缘效应引起的背崩，如图 3－49 所示。

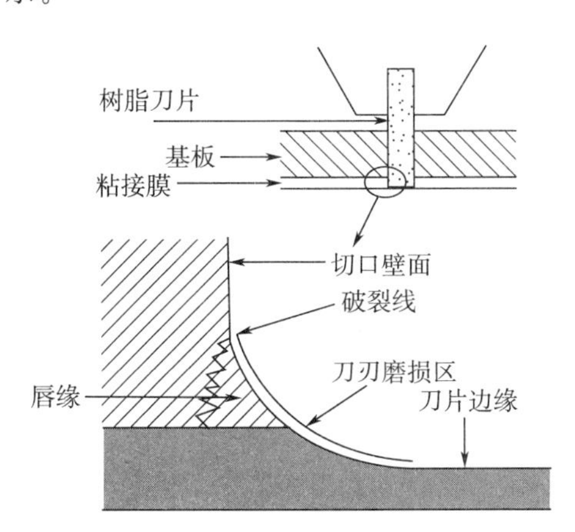

图 3－49　唇缘效应示意图

(2) 刀片选择

砂轮划片机所用刀片按形式可以分为两类：硬刀和软刀。硬刀是将刀片与法兰做成一体，软刀需用法兰盘夹紧。按结合形式可分为 3 种：镍基刀、烧结刀和树脂刀。划片机一般选用外径为 ϕ50～ϕ100 mm 的镍基刀和树脂刀。刀片的金刚石颗粒度、刃口露出量与厚度等都对划片质量有较大的影响。

①金刚砂颗粒度

金刚砂颗粒度直接影响切削品质。金刚砂颗粒度较大的刀具在划切时每次带走的切削粉末较多，切削能力强，但由于撞击严重，容易产生较大的崩裂。较大的金刚砂颗粒度还能减小刀片负荷，延长刀片寿命，能实现较高的进刀速度，但质量不佳。也有研究指出，砂轮厚度对切削性能及刀片寿命均有一定程度的影响。正交试验分析结果表明，刀具类型是影响背崩的主要因素，且 0.15 mm/35 μm 的砂轮刀片切割质量明显优于 0.25 mm/53 μm的刀片，说明砂轮刀片颗粒尺寸和厚度的适当减小能够有效改善划片质量，其原因是小的金刚砂颗粒度能够降低划片过程中的撞击程度，同时薄的刀片更加柔软，有利于改善背面崩边。

②刃口露出量与厚度

刃口露出量根据刀片的厚度和划切深度确定，厚度根据划切槽的要求确定，划切深度以露出量的1/3～1/2为最佳，同时金刚砂颗粒度和刀片厚度要匹配。厚度在0.020～0.050 mm，其刃口露出量不能超过厚度的10～15倍。刃口露出最小可获得最大刚度，若刃口露出太多，刀的刚性较差，影响划切的效果。

③镍刀体硬度

镍刀体的硬度影响划切质量、进刀速度及刀片寿命。一般分为软、中软、标准、硬4种。软刀的刀体更易于将旧的磨粒磨掉，露出新的锋利的金刚砂，有助于提高切割质量，减小刀刃粘连和加快刀片磨损；较软的刀体不易进刀；硬的刀体更耐磨损，会延长刀片寿命。划切硬材料选择刀时注意结合的媒介物不应该太软，太软会导致金刚石颗粒过早脱落，刀片磨损快。

④金刚石密度

金刚石密度通过每立方体积金刚石质量来计算，镍基刀密度是由覆镀过程控制，树脂刀和金属烧结刀是通过添加到混合剂中金刚石粉末的量来控制，高密度的金刚石刀片较硬耐磨、刀片寿命长、进刀速度快；低密度金刚石刀片软，进刀阻力大，磨损快，进刀速度慢。刀片类型、优缺点及用途见表3-5。

表3-5 刀片类型及优缺点

类型	原理	优点	缺点	用途
树脂刀	采用酚醛树脂作为刀架，金刚砂颗粒作为切割介质，经成型工艺制造而成	1)几乎能切任何材料；2)具有独特的自磨功能，不需要修刀；3)金刚砂颗粒也可覆盖一层镍合金，提高了镍刀片主体的强度，在切割过程中起到导热作用；4)低成本，可以制造任何特定的刀；5)任何厚度的刀都有	1)磨损快；2)刀边缘几何形状容易改变；3)主轴转速相对低；4)最薄的刀是0.076 mm	划切硬脆材料
镍基刀	采用镀制方式，金刚砂通过镍基结合剂镀制而形成	1)寿命长；2)刀边缘几何形状保持好；3)高精度、高质量切割；4)能制造出0.015 mm薄刀	1)需要修刀；2)最大刀厚度0.5 mm；3)成本高；4)不能划硬脆材料	划切软的材料

(3) 主轴转速

有研究指出，采用较高转速时，每颗金刚砂颗粒所承受的负载减小，可有效减小划切产生的崩裂，但超过一定速度之后，随着转速的提高，主轴的振动也会相应增加，反而降低划片品质。正交试验显示，10 000 r/min和15 000 r/min对比而言，切割转速对背面崩边影响差别不大，但极差对比中，10 000 r/min的转速略显优势。选择DuPont 9K7 LTCC基板，对比了7 000 r/min、10 000 r/min和13 000 r/min的切割背崩情况，结果显示，13 000 r/min的切割转速具有最优的整体质量。

(4) 背面图形设计

LTCC基板背面一般为大面积金属图形，具有较高的韧性和延展性。正交试验分析结果表明，当切缝区域背面没有金属图形时，背崩情况能够获得明显改善。对 DuPont 9K7 LTCC 产品进一步的实验结果显示，将 LTCC 基板背面的大面积金属图形单边内缩 $K = [0.15 + (L \times 0.3\%)]$(mm)，即可有效地规避切缝区域背面出现金属膜层的问题，其中 L 为基板边长，($L \times 0.3\%$) 是为了补偿由于烧结收缩率波动而导致的基板尺寸偏差。

(5) 磨刀

镍基刀片由于不具有自我锋利功能，所以首先要在划片机上磨刀。通过磨刀，新刀去掉浮在刀体表面的金刚砂颗粒露出新刃口，旧刀变锋利。磨刀的方法有两种：磨刀板磨刀或硅片磨刀。

3.9.3.2　切割道宽度控制

1）当主轴转速和划切深度固定时，划切进给速度减小，划切道宽度降低；

2）当划切进给速度和划切深度固定时，主轴转速增加，划切道宽度减小；

3）使用顺切模式的划切道宽度比逆切模式的划切道宽度小；

4）划片机的轴向振动等现象，也会使切割道宽度变大。

3.9.3.3　划切直线度控制

1）降低划切深度，为了保持原有的材料去除率，可以提高划切进给速度；

2）砂轮刀片的刃口两侧制作成凹槽，使砂轮的外形类似 I 字形，这样可以减小砂轮与晶片表面的接触面积，降低侧向力的产生；

3）工件平整度也影响晶片表面，改善砂轮刀片及工件的表面平整度。

3.9.3.4　划切翘曲度控制

1）翘曲是砂轮刀片偏移所造成的，其大小受砂轮刀片宽度的影响；

2）提高砂轮刀片的厚度可以降低侧向磨削力和翘曲，也会产生更大的崩边；

3）法线的切削力增加，会促进翘曲加大；

4）划切深度越浅，划切进给速度越高，对减少翘曲的形成越有帮助。

3.9.4　小结

对于 LTCC 产品，适当增加 UV 膜厚度及切入 UV 膜深度、选择较小的金刚砂颗粒度、适当减薄刀片厚度和适量收缩基板背面图形、控制主轴转速在合适的范围，可以降低基板背面的崩缺。为了获得理想切割道宽度、划切直线度及翘曲度，还需对划切深度、划切给进速度等参数进行优化。

3.10　LTCC 基板激光划片技术

3.10.1　概述

激光划片作为一种新式划片方式，于近几年得到了快速发展。激光划片是将高峰值功率的激光束经过扩束、整形后，聚焦在蓝宝石基片（或陶瓷片、硅片、SIC 基片、金刚石等材料）表面，使材料表面或内部发生高温汽化或者升华现象，从而使材料分离的一种划片方法，其本质是一种可分辨的不连续打点过程。激光划片具有以下优点：1）非接触划切，无机械应力，基本无角崩现象，切口光滑无裂纹，切割质量好，成品率较高；2）切割精度高，划槽窄，甚至可以进行无缝切割，允许器件排列更为紧密，节约成本；3）可进行线段、圆等异型线型的划切；4）消耗资源少，不需要更换刀具，不使用冷却液，既节省成本，又不污染环境。激光划片的以上优点使其特别适用于高精度、高可靠性的LTCC陶瓷基板加工。

3.10.2 激光加工的基本原理

激光辐射，简单来讲就是光，确切地说是由激光工作介质产生的一种电磁波。运用适当的技术手段，使能量传递到激光工作物质，从而提高介质的能级，这一过程被称为泵浦。基本上，原子、分子等都会努力获得低能级状态。被迫泵浦到高能级状态的激光工作物质与非激光工作物质相比有一个明显优点，就是它的高能级状态比物理期望值长（这种状态称为亚稳态），这样可使处于高能级状态的离子或分子比低能级状态的多（粒子数反转），这个原理被用于激光。

如果其中一个粒子有机会回到低能级状态（自发跃迁），那么这两种能态的能量差会以光量子（光子）的形式释放出来，如果激光器按照一定的结构设计，光子就能被适当的镜片反射回激光工作物质，受激放大，这个光子会激发激光工作物质中另一处高能级状态的粒子回到低能级状态（受激跃迁）。同样，与第一个光子具有相同能量（单频）、相同振动相位（相干）的第二个光子沿相同的光轴方向被释放出来。

依靠激光工作物质特有的放大性质，与第一个光子具有以上3个相同参数的光子在组成光学谐振腔的两面镜子间产生，并产生层叠。之后，这一过程趋于平稳，达到能量供给和消耗的平衡。图3－50所示为激光产生的原理图。

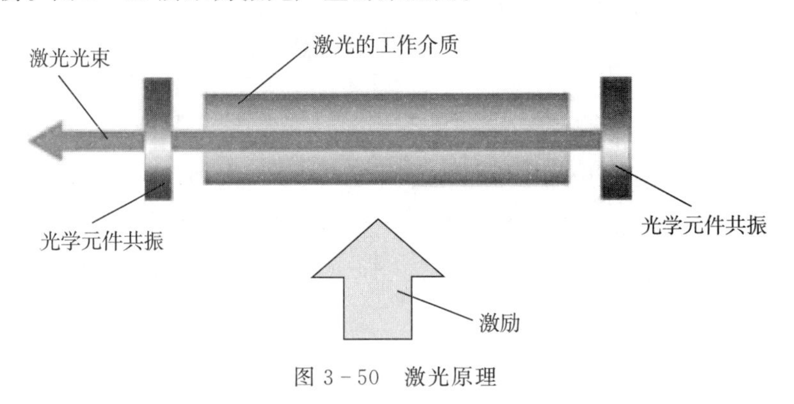

图3－50 激光原理

激光与其他光相比，具有高亮度、高方向性、高单色性和高相干性的特点。

1）高亮度：激光亮度远远高于太阳光的亮度，经透射镜聚焦后，能在焦点附近产生几千摄氏度甚至上万摄氏度的高温，因而能加工几乎所有的材料。

2）高方向性：激光的高方向性使激光能有效地传递较长距离，能聚焦得到极高的功率密度，这在激光切割和激光焊接中是至关重要的。

3）高单色性：激光的高单色性几乎完全消除了聚焦透镜的色散效应，使光束能精确地聚焦到焦点上，得到很高的功率密度，相应的功率密度可达 0.10～103 mW/cm^2，比一般的切割热源高几个数量级。

4）高相干性：激光相干性好，在较长时间内有恒定的相位差，可以形成稳定的干涉条纹。

正是由于激光具有以上所述的四大特点，才使其得到了广泛应用。激光在材料加工中的应用就是其应用的一个重要领域。

3.10.3　激光划片机的结构

激光划片机主要由激光划片光源（激光器）、扩束系统、转向系统、光束传递与聚焦系统、吹气系统、$X-Y$ 工作平台等构成。其中，激光器和光束传递与聚焦系统是其核心部件。

（1）激光划片光源——激光器

激光器作为激光划片设备的核心部件之一，通常会占据整个设备成本的40%左右。激光器的分类有多种方法，按工作物质分类，常用的加工用激光器主要有：固体激光器、CO_2激光器、准分子激光器、半导体激光器、光纤激光器等。其中，CO_2激光器输出平均功率较大，插头效率较高，在10%～15%之间，输出的光束质量较好，可以采用飞行光路系统来改变光束的指向，加工范围或方位灵活多变。且陶瓷材料对 CO_2激光器激光辐射的吸收强烈，能量利用率高，加工效率高，因此 LTCC 基板的切割普遍使用 CO_2激光器。

（2）光束传递与聚焦系统

激光是高斯光束，具有方向性好、光强度和光功率密度高的特点。激光的重复频率影响着划切槽质量，重复频率越高，效果越好，划切槽边缘越光滑。激光束的功率密度决定了激光对材料去除的能力，功率密度越大，去除能力越强。但由于激光光束有一定的发散角（通常在毫弧度量级）和出口光斑大小（通常直径为 1 mm 左右）的限制，不能满足划片对光斑直径及功率密度的应用需求，需要采用聚焦透镜对光束进行进一步聚焦，以满足划片对激光功率密度及光斑大小的需要。当入射激光束腰至透镜的距离 l 远大于透镜焦距 F 时，满足式（3-2），即透镜后焦平面上的光斑半径为

$$\omega_0{}' \approx \lambda F/\pi\omega(l) \tag{3-2}$$

式中　$\omega(l)$——入射在透镜表面的高斯光束光斑半径；

　　λ——入射激光的波长。

激光波长越短，入射光斑半径越大，聚焦后光斑越小。要获得良好的聚焦光点和提高功率密度，应尽量采用短波长激光器、短焦距透镜和压缩扩散角。压缩扩散角可以通过扩束器来实现，它的作用除了压缩光束的发散角外，同时增大光束的直径，以减小聚焦光斑尺寸。采用扩束装置，压缩激光束的发散角，减小聚焦光斑直径，可以提高激光功率密度，效果显著。由此可见，激光功率密度与光斑直径的平方成反比。光斑直径越小，功率

密度越大，增大功率密度可以增强激光加工的能力。实际应用中可根据不同的划切材料和要求设计不同的光斑直径、焦深及功率密度等系统参数，从而得到符合要求的划痕。

3.10.4 LTCC基板激光划片关键技术

CO_2激光器激光切割陶瓷材料有两种方法：1）划痕切割：由于陶瓷是脆性材料，不需要完全切透，采用脉冲激光在陶瓷上沿直线打一系列互相衔接的盲孔，孔的深度只需要陶瓷厚度的1/3～1/4，由于应力集中，稍加力，陶瓷材料很容易准确地沿此线折断，切割速度很高，这就是所谓的陶瓷激光划片，此法适于高速直线切割；2）穿透切割：采用脉冲和连续激光，可按通常方法切割陶瓷，由于陶瓷耐高温，切割速度比较低，激光打孔即使用穿透切割。

划切单位面积断面所需的激光能量（有效功率密度）与划线宽度成正比，并决定材料的密度及热物理性质。对每一种特定的基板材料，它为一特定的常数值。划线速度越高，则要求激光平均功率越大。需要指出的是，同样组分的材料由于不同的烧结工艺，会引起材料致密性、晶粒大小、气孔分布等微观结构的差异。如果某种基板的有效功率密度较高，则为了满足划线质量的要求必须提高功率或牺牲划线速度：激光划线的缝宽越细，则有效功率密度越小。

划缝宽、划缝深是划片质量的两个主要参数，它们都与激光的光束质量和聚焦特性有着直接的关系。总的来说，模式越差，光束发散角越大，则光斑尺寸就越大，焦深则变短，而焦深直接影响划缝深度。光斑尺寸不仅影响缝宽，也影响所得的功率密度和热作用区域。因此改善激光模式，减小发散角能有效改善划片质量（缝宽和缝深）。

要达到一定的缝深，必须选择足够高的峰值功率。研究发现，如果峰值功率不够，材料不能达到熔化和汽化温度，表面呈黄色线斑，但没有深度。

在同一频率下，尽量选择较小的激光脉宽（即占空比较小）进行划片。脉宽越小，峰值功率越大，陶瓷的汽化比例越大，加热时间越短，热影响区越小。一般我们使用的占空比均在10%左右。

3.10.5 LTCC基板划片的技术难题及解决办法

尽管激光划片具有诸多优点，但在实际应用中也容易产生一些问题，主要有粉尘等异物的不良影响、热效应引起的“飞溅物”及“不定向断裂”等。粉尘容易掉落并粘连在器件表面而影响器件可靠性，热效应使划切槽边缘发生化学和物理性质的变化，形成飞溅物或加工裂纹。飞溅物堆积将使划线表面毛糙。不定向断裂是在划片后受到很小的外力或高温烘烤后出现的无规则断裂和炸裂，这些现象都会对LTCC产品的制造带来困难和损失，对器件性能产生不良影响。对于热效应问题，即使使用单个光子能量极高的紫外激光束进行划片加工，也不能完全避免热的产生，有报道称：只有在激光脉冲宽度达到皮秒级或者更短的情况下才能够完全避免，但目前皮秒激光器价格昂贵，设备成本成倍增加。因此，为了解决上述问题，并进一步优化激光划片的效率及生产工艺问题，需要在加工工艺上做文章，以减小粉尘或者热效应等不良影响。

为减小粉尘等异物对器件性能造成的不良影响，可于划片之前在基片表面涂覆一层水溶性保护膜，这样一来，划切时产生的粉尘或其他异物会掉落在保护膜上，而不会粘附在晶粒上，划切后再利用纯水冲洗干净。这种方法可以大幅度减少异物粘附，增强器件可靠性。

造成飞溅物堆积的原因主要有以下 3 个：1）划片所选的功率密度超过了最佳范围（如平均功率过大，划片速度过慢），被汽化的陶瓷材料在饱和蒸汽压下结霜而形成熔凝层；2）在同一划线区重复刻划，第一刀留在缝隙中的粉尘被第二刀的高温烧结形成熔凝层；3）由于激光模式造成光斑尺寸变大，光斑能量不均匀，使划线区既有汽化又有显著的熔化，结果在划线表面覆盖有熔凝玻璃化变质层，表现为“飞溅物”并造成不定向微裂纹。以上 3 个原因同样会造成不定向断裂的结果，因为它们都会引起破坏性的不定向裂痕性缺陷，因此，有效避免上述三种现象的发生，是划片质量的重要保证。解决的办法有 3 种：1）加保护气体；2）在同一频率下，尽量选择较小的激光脉宽（即占空比较小）进行划片；3）使用扩束镜压缩光束的发散角，减小聚焦镜焦平面处的光斑尺寸，同时尽量使激光束垂直照射到陶瓷加工表面。

3.10.6　小结

激光划片效率高、成本低、划切精度高、可以划切任意形状的 LTCC 产品，是 LTCC 基板划片不可或缺的工艺技术之一。但该技术在应用中还存在飞溅物、不定向微裂纹等问题，需根据实际应用需求对其工艺进行摸索与优化。

参 考 文 献

[1] 康连生，等．LTCC叠片工艺技术研究．电子工业专用设备，2010，39（05）：42-45.

[2] 唐小平，等．提高LTCC叠片精度的工艺研究．电子工艺技术，2013（04）：220-222.

[3] 王学军，等．LTCC低温共烧陶瓷热切刀体控制探讨．电子工业专用设备，2008，37（07）：33-36.

[4] 曾超，等．热切缺陷对陶瓷封装可靠性的影响和一种结构设计新概念．哈尔滨：哈尔滨工业大学，2007.

[5] 吴金水，等．MCM技术和LTCC基板的制作．合肥：第十二届全国混合集成电路学术会议，2001.

[6] 岳帅旗，等．LTCC基板砂轮划片工艺研究．电子工艺技术，2014.

[7] 文贇，等．浅析砂轮划片机划切工艺．电子工业专用设备，2010.

[8] 姚道俊．砂轮划片工艺的实践与提高．集成电路通信，2005.

[9] 甄万财．砂轮划片机划切硬脆性材料的工艺研究．武汉：华中科技大学硕士学位论文，2006.

[10] 罗芬公司（ROFIN-SINAR）．工业激光设备及其应用．田志宏，等，译．北京四达东方，2005.

[11] 曹凤国，等．激光加工．北京：化学工业出版社，2015.

[12] 许贵军，等．多层LTCC基板的匹配性调制．材料导报，2008.

[13] 杨金，等．LTCC零收缩控制技术研究进展．电子工业专用设备，2014.

[14] 颜秀文，等．LTCC专用烧结炉的应用及发展趋势．材料制造设备与工艺，2012.

[15] 李林军．LTCC产品设计及制作工艺研究．重庆：重庆大学硕士论文，2006.

[16] 孙木．多温区加热炉燃烧系统控制技术．合肥：合肥工业大学硕士论文，2014.

[17] 董兆文，等．重烧对LTCC基板性能的影响．2008年中国电子学会第十五届电子元器件学术年会，2008.

[18] 陈兴宇，等．玻璃/陶瓷体系低温共烧陶瓷的研究进展．知识讲座，2008.

[19] 史义，等．LTCC丝网印刷技术的研究．第十七届全国混合集成电路学术会议，2011.

[20] 王志勤，等．LTCC互连基板金属化孔工艺研究．电子与封装，2014.

[21] 陈军．X0930激光切割机设计及关键技术研究．上海：上海大学硕士论文，2007.

[22] 孟彦强．FPC激光切割中CCD自动定位系统的研究．武汉：华中科技大学硕士论文，2008.

[23] 杨春辉．基于FANUC机器人的激光切割工艺研究．沈阳：东北大学硕士论文，2010.

[24] 彭铁军．高功率CO_2激光切割机床设备的研究．武汉：华中科技大学硕士论文，2003.

[25] 侯廉平．射频CO_2激光陶瓷基板划片机．激光杂志，2002.

[26] 韩微微，等．半导体封装领域的晶圆激光划片概述．电子工业专用设备，2010.

第4章　检　测

4.1　概述

在LTCC生产中，检测是一个重要方面，在生产中的各个阶段都需要进行检测。例如冲孔完成后需要检查其圆度、直径、位置和距离；填孔后需要检测是否有漏填或填充不饱满等；当对生瓷片进行丝网印刷后同样要进行检测，观察印刷线条是否存在印制缺陷。各层印制完毕后，需要对其进行叠层、热压和切片等，然后烧结，在整个生产过程中，由于基板暴露在不同的环境及会有不同程度的收缩，因此在基板烧结完成后需要对基板的尺寸进行测量，以确保基板的收缩在允许的范围内。在烧结完成之后，还需要进行电气检测，以验证基板在标准条件下的功能是否正确。

4.2　LTCC自动光学检测技术

自动光学检测（AOI）技术主要用于机械冲孔、填孔和丝网印刷线条后的LTCC生瓷片的检测，剔除有缺陷的生瓷片，避免其流入下道工序从而影响生产效率并造成更大的损失，如图4-1所示。与传统的手工检测方法相比，AOI技术是一种非接触性检测技术，精度及可靠性高，是LTCC基板制作流程中不可或缺的检测手段。

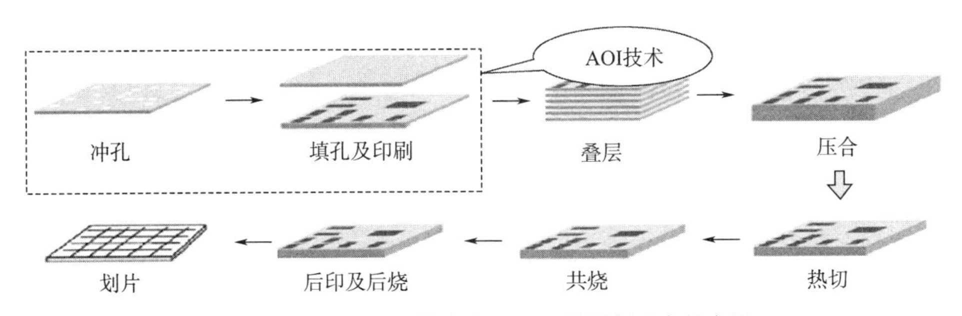

图4-1　AOI技术技术在LTCC基板制造中的应用

4.2.1　LTCC自动光学检测技术简介

低温共烧陶瓷技术是一种多学科交叉的整合组装技术，特别是在小型化和无源集成方面具有明显的优势，目前已广泛应用于无线局域网络、地面数字广播、全球定位系统接收器组件、数字信号处理器及其他组装基板中。与传统厚膜工艺相比，其最大的难点是对工艺参数的敏感性，即对图形精度要求很高。因此，对LTCC的图形检测尤为重要。LTCC

图形检测最早采用人工方式，但是人工检测存在各种主观因素，使得检测标准不一致，而且存在劳动强度大的缺点。随着技术的不断进步，基板的布线密度越来越高，过孔和线条间距越来越小，孔径和线宽也越来越小，这使得人工检测难度加大，同时考虑到 LTCC 工序的复杂性，制备过程中需要对其进行多次检测，人工检测就越来越不能满足高速和高可靠性的要求，从而逐渐被各种新型的自动检测技术所取代。自动光学检测正是为了满足这种高通量检测需求而开发的一种非接触式、无损和快速准确的检测技术。

4.2.2 LTCC 制备与 AOI

4.2.2.1 AOI 设备选择

要选择一台适合自己的 AOI 产品，我们首先了解 AOI 的基本构架和组成。AOI 由视觉系统、机械系统、软件系统和操作平台组成。视觉系统主要是执行图像采集功能；机械系统主要是将所检测物体传送到指定的检测点；软件系统主要是将所采集的图像进行分析和处理。这几大系统的整合是由软件系统来完成的，因此软件的优劣，是 AOI 的检测能力强弱的重要因素。

（1）要素一：视觉系统的选择

AOI 的视觉系统由相机和光源组成。

①相机的选择

AOI 的相机按摄取图像的模式分为面阵相机和线阵相机。面阵相机是采用拍摄一幅一幅图片的方式取像；线阵相机以逐行扫描方式取像，面阵相机的优点是图像的还原性较好，打光角度容易调整，容易得到较清晰的图像，因而市面上的 AOI 绝大多数厂商使用这类相机。线阵相机的图像还原性较差，打光的角度难以调整，是目前误判率最高的 AOI，采用这类相机的 AOI 的唯一优点是检测的速度相对快一点，但检测小板时它的检测速度又相对而言慢一些，因此，对相机的选择最好选择面阵相机。面阵相机又分模拟相机和数字相机（CCD）两类。模拟相机目前在 AOI 的市面上应用最多。因为模拟相机的价格较便宜。但由于模拟相机在对图像处理时，要经过多次 A/D、D/A 转换，因而图像容易失帧，从而造成图像处理障碍，导致误差。大量使用数字相机是 AOI 发展的必然趋势，数字相机的最大优点在于图像的还原性好，便于软件对图像分析和处理，但价格较高。判别模拟相机和数字相机的主要方法是看这一相机在对图像采集时是否需要图像采集卡。需要图像采集卡的相机是模拟相机，另外，模拟相机的外形尺寸也比数字相机大得多。

②光源的选择

光源是 AOI 的眼睛，光源的好坏是决定 AOI 检测能力强弱的第一步。现在流行的 AOI 光源一般分为普通荧光灯和同轴光源两种。使用普通荧光灯光源的 AOI 一般为采用线阵相机的 AOI，这类 AOI 目前在逐步淘汰。同轴光源又分彩色同轴光源和单色同轴光源。相对而言，彩色同轴光源要好一些，因为采用彩色同轴光源所得到的图像比较逼真。同轴光源还可分塔状同轴光源和碗状同轴光源。相对而言同轴光源的光线较柔和均匀一些，因而不会产生晕光现象。

(2) 要素二：机械系统的选择

机械系统由马达和传动装置构成。

①马达的选择

AOI目前使用的马达分线性马达、伺服马达和步进马达3种，市面上以伺服马达和步进马达为主。

线性马达精确度高，但价格昂贵。伺服马达的精确度仅次于线性马达。步进马达的精确度较低，但价格十分便宜，采用步进马达作为驱动装置的AOI，检测的质量是不可信的，但其价格是有优势的。因此对马达的选择要按性价比来进行考量的话，应选择伺服马达作为驱动装置的AOI。

②传动装置的选择

使用伺服马达的AOI传动装置一般由丝杆和导轨组成。好的丝杆的精度较高，能满足AOI检测的精度要求。

(3) 要素三：软件系统

软件系统是AOI的灵魂。软件算法的优劣直接影响检测效果。软件考量的标准大致有以下几点。

①软件的开发环境

软件的开发环境对AOI程序控制非常重要。根据实际工作经验来看，用VC＋＋语言开发的AOI应用软件，程序稳定可靠，其他语言开发的AOI应用程序，稳定性要差很多。

②软件的运算法则

软件的运算法则是多种多样的，每一种运算法则既有优点也有缺点，关键看检测效果。软件运算法则有灰度相关法（又叫灰度提取法）、边缘识别法、固态建模法、统计外形建模法和拓扑法等。

灰度相关法的缺点在于受光线明暗度的影响较大，容易产生误判。但随着光源设计的日益完善，这一影响现在较小。

边缘识别法的缺点在于被检测物的边缘往往不是一条标准的直线，只有通过降低像元尺寸来达到提高检测效果的目的，但其效果也不十分理想。

固态建模法是将几个二维图像合并成一个三维图像。但拼接部分往往出现重叠，因而对软件分析会造成干扰，从而影响检测效果。

统计外形建模法是采用学习统计的方法，从而发现被检物件的外形规律，来建成一个标准的数学模型，借以实现其检测的目的的方法，该方法存在一定的不确定性，可能会影响到检测的质量。但该方法效率较高。

拓扑法是一种前沿的研究物体点、线、面和体积的多维动态图像变化规律的方法，这一算法代表着AOI的发展方向。

AOI软件运算法则虽有多种，但以灰度相关法和统计外形建模法最为常用，一般好的AOI设备往往具两种或几种运算法则的叠加运用。

③软件的稳定性

软件的稳定性是 AOI 的核心。软件的稳定性包括：检测时会不会发生死机；检测框是否会发生不明原因的偏移；检测时是否会发生系统崩溃；检测过程中系统是否会出现文件丢失；随着检测时间延长，误判是否会相应增多等，这些都是软件不稳定的重要标志。

检测 AOI 程序是否稳定最简单而又有效的方法是：将一块问题基板反复检测，看每次检测出 NG 数的振幅是否过大，其一致性是否良好，也就是 AOI 的可重复性如何。

一般来讲 AOI 的可重复性越高，AOI 的软件分析处理能力也就越强，软件的稳定性也就越高。

可重复性是软件优劣的重要指标。现市面上流行的 AOI 的可重复性在 20%～30%之间，也就是说将一块问题基板进行 100 次反复检测，最好的 AOI 同一个 NG 数出现 20～30 次，其他 NG 数均表现为无规律的振荡。

④软件操作的便利性

软件操作的便利性分为制程的便利性和人工确定的便利性。好的 AOI 软件系统的制程相当人性化，且易学易用。

现市面上的 AOI 的制程分调试型和学习型两种。

1）调试型：这类 AOI 在程序编制完成后，将已做好的程序进行必要的调试后方能进行正常的检测运行，这一调试过程少则五六个小时，多则几天，甚至几十天，只有待程序相对稳定后，才能投入正常的运行，这类 AOI 的至命弱点在于调试的参数很难确定，很难找到一个理想的标准值，表现的特征为：参数值如果太宽，就会产生漏判；参数值如果过严，就会造成误判大幅攀升，让操作员无法接受。检测效率较低。国外 AOI 属于这一类型。

2）学习型：这类 AOI 在程序编制完成后，要进行一段时间的学习预测，这样让程序自动寻找待测物的变化规律，从而建立待测物的标准的数学模型。这一过程往往需要 20 块以上的基板进行学习建库，这一过程也需要两个小时以上才能完成。这类 AOI 的至命弱点在于学习过程，如果将有缺陷的待测物一不小心学习到程序里去了，那么该类待测物的缺陷将被视为良品，从而无法检出。国产 AOI 属于这一类型。

无论是调试型的 AOI，还是学习型的 AOI，它们有一个共同的缺陷——正确与错误之间是非常接近的，也是很难调整的。所以它们的程序也很难稳定。因此，要提高 AOI 设备的检测速度及检测准确性，需攻克程序一次性确定及可重复性的问题。

（4）软件来源的选择

目前市面上 AOI 的软件的来源分为以下几种：

1）自主开发的拥有完全知识产权的 AOI 软件。这种软件不存在侵权问题。这种软件可根据客户的需求灵活地应付市场的变化，它更新换代快，处理问题迅速，服务质量高。

2）由大学或科研所开发的软件。这种软件应用起来复杂，理论较多，往往脱离实际，实际应用的效果也往往不尽人意，更新换代也较慢。

3）购买的 AOI 软件。这种软件市场节奏慢，因为别人不可能将先进的技术给你。

4）盗版的 AOI 软件。这种软件存在侵权问题，有很大的商业风险，因为是商业投机行为，因而售后服务质量也很差。

因此，AOI软件来源也就不难选择了。

（5）功能选择

①分辨率的选择

AOI的分辨率应以像元的尺寸大小作为判别的条件，也就是以空间分辨率来衡量。像素的大小不是判别AOI检出能力的标准，准确地讲，像素大是决定单位面积像元尺寸大小的因素。如果单位面积不同，像素再高也没有可比性。比如一台AOI的FOV为12 mm×16 mm，如果这台AOI采用的是30万像素的相机，那么这台AOI的分辨率只有25 μm，它只能检测0402以上封装尺寸的元件。但如果这台AOI采用的是200万像素的相机，那么这台AOI的分辨率就变为10 μm，就可以检测01005以上封装尺寸的元件。反之，如果这台AOI使用的是200万像素的相机，如果它的FOV为24 μm×32 μm，那么它的分辨率只有20 μm，这样虽然其像素较高，但只能检测0402以上封装尺寸的元件。

一般来讲，对元件是0402以上封装尺寸的基板，所需AOI的分辨率最少要为20 μm。对元件是0201以上封装尺寸的基板的检测，所需AOI的分辨率至少要为15 μm，对元件是01005以上封装尺寸的基板的检测，所需的AOI的分辨率至少要为10 μm。

②特殊功能的选择

如果你要对多连板的基板进行检测，就一定要选择有跳板功能的AOI，也就是有区域选择功能的AOI。

如果你将AOI用作质量的过程控制，那么，在选择AOI时，一定要选择具有RPC功能的AOI，也就是具有实时工艺过程控制的AOI。

③CAD的选择

现在大多数AOI都有CAD数据导入功能，但这一功能的使用，对器件较少的电路板的使用效率不是很好，而对元器件较多的电路板的使用则能起到事半功倍的效果。

④SPC的选择

SPC是过程统计控制。统计控制没有RPC重要，RPC不但能进行实时的统计分析，还可以进行预警，这样能使生产线长期保持正常工作状态。

⑤可重复性、误判率和漏判率的选择

可重复性越高，AOI的性能越稳定，但由于AOI技术还不十分成熟，市面上AOI的可重复性一般为20%～30%。

误判率越低越好，最好的AOI的误判率只有0.5%左右（按点算）。

漏判率也是越低越好，最好的AOI的漏判率只有0.5%左右（按不良点算）。

总之，一台性价比较优的AOI必须具备以下几个条件：

1）相机是真正的面阵数字相机（CCD），这种相机不需要图像采集卡；

2）光源最好是同轴碗状光源；

3）机械系统最好是用伺服马达为驱动，用丝杆和导轨为传动装置；

4）软件系统的开发语言最好为VC++；

5）软件的可重复性要高；

6）软件的可操作性要人性化；

7）软件的来源一定要明确，绝对不能选择有产权纠纷的 AOI 软件产品；

8）误判率和漏判率要低；

9）检测功能要全；

10）要能与 RPC 实时工艺控制软件进行对接。

4.2.3 AOI 检测流程

采用的自动光学检测设备主要包含精密机械、电气控制、视觉（CCD 摄像）系统和软件系统四大部分。其中精密机械主要用于相机的 X、Y 轴向运动和 Z 轴光学镜头的自动调焦。CCD 摄像系统主要由摄像头、图像卡和 LED 程控光源组成。电气控制主要完成 X、Y 精密运动控制、Z 向（CCD 摄像系统）运动控制、图像采集和真空电磁阀自动控制等功能。

测试时首先需要将 Protel 和 Cadence 等 CAD 设计软件设计的文件输出为 Gerber 数据，导入到 AOI 设备中生成标准图形，然后放入待检测 LTCC 生瓷片。LED 光源的光线照射到待检测的基板上，反射后的光线经光学镜头折射后，在摄像机的光电传感器上成像。然后图像被转换成电信号，电信号经图像采集卡进行模数转换后保存到主控机。主控机运行控制软件根据采集的图像数据，与标准模板图像进行对比，并显示出它们之间的差异即缺陷（包括缺陷类型、位置和数量等）。然后主控机对相机进行高精度 X、Y 移动控制，采集下一个检测区域的图像数据并做出检测判断。若确认检测到的缺陷会影响到最终产品的电气性能和信号传输性能等，则需要对此缺陷进行人工检修。完整的检测流程如图 4－2 所示。

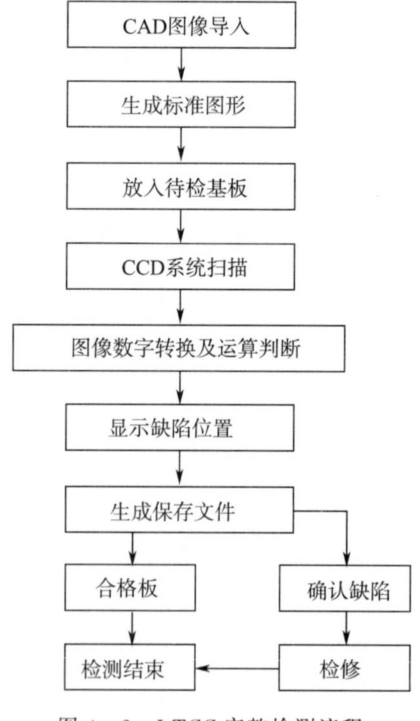

图 4－2 LTCC 完整检测流程

4.2.4 结果及分析

4.2.4.1 AOI检出率的关键影响因素

自动光学检测是采用光学成像技术获取被测目标的图像，再经过快速图像处理与图形识别算法对图像进行检测、分析和判断，从摄取图像中获取目标的尺寸、位置、方向、光谱特征、结构及缺陷等信息。影响缺陷检出率的因素很多，这里主要考虑了光源选择、生瓷片平整度及误差限设置的影响。

(1) 光源

在自动光学检测中，光源照明技术涉及照明方法与打光技巧，它决定了自动光学检测系统能够摄取目标的信息种类。在检测中，照明的改变（如光强与方位的变化）会严重影响摄像机对缺陷信息的灵敏度与分辨能力。实验中通过改变光源的三基色光组成和光强、光增益及曝光时间等获得4种不同光源，不同光源具体参数设置见表4-1。对同一图形分别使用表4-1中的4种光源进行检测，检测图如图4-3所示。从图中可以看出，通过设定不同的三色光组成、强度及曝光时间和增益，显示图形差异较大，其灰度差值见表4-1。对于当前填充孔和印刷线条来说，采用蓝绿混合光时，孔与背底之间的灰度差异最明显，能分辨的细节也就最多，相应的缺陷检测也就最准确。

表4-1 不同光源具体参数设置

光源编号	光源组成	强度 I/cd	增益/dB	曝光时间 t/ms	灰度差
a	R	1 200	200	50	145
	G	1 200			
	B	1 200			
b	R	0	200	50	169
	G	1 500			
	B	1 500			
c	R	1 200	300	100	121
	G	0			
	B	1 200			
d	R	1 000	400	150	115
	G	1 000			
	B	0			

注：光源组成中R为红光；G为绿光；B为蓝光。灰度差为生瓷片上线条与基底的灰度值(256阶)之差。

(2) 生瓷片平整度

在LTCC自动光学检测时，生瓷片的平整度对检测结果影响很大。一方面，如果生瓷片在冲孔、填孔和印刷过程中由于设备或操作原因出现起皱或拉伸，则图形的实际位置与由CAD模板生成的标准模板上的位置就会出现偏差，从而影响LTCC检测结果，严重时会影响到后续的叠片精度。另一方面，当生瓷片上出现凸起或凹陷等变形时，一

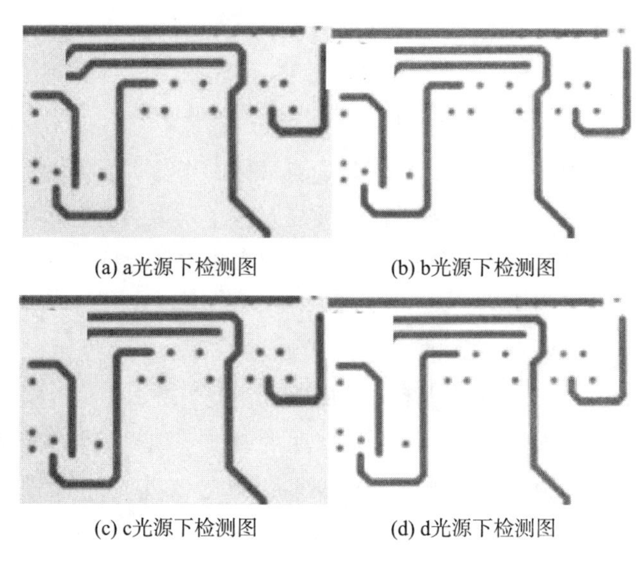

(a) a光源下检测图　(b) b光源下检测图

(c) c光源下检测图　(d) d光源下检测图

图 4-3　不同检测光源下的对比图

般情况下通过肉眼根本无法观察到这种变形，但是对于高精度测量的光学仪器来说却很明显。这些凸起或凹陷的地方曲率变化较大，对光源的反射和吸收都不同，因此在识别时会出现失真，从而造成漏检或错检。图 4-4 所示为未使用真空吸附时生瓷片上局部不平整区域的检测照片，其中灰色部分为 CAD 模板图形，其边缘黑色图形为实际印刷线条，通过 AOI 后显示出大片区域性缺陷。这主要是由于在未使用真空时，生瓷片上会出现很多微小的起伏，经过放大后与标准图形进行对比，就会出现区域性偏移，从而形成大面积缺陷，同时由于起伏的出现，也会造成生瓷片不同区域内图形的清晰度不同。这种缺陷是可以预先消除的，如通过真空吸附和物理固定等，因此它是假缺陷，对后续的叠片等工序不会产生影响。但是在检测前应当尽量减少假缺陷的发生，以保证检测的准确性和有效性。

图 4-4　生瓷片不平整时的检测照片

(3) 误差限的影响

在自动光学检测中，对检出率影响比较大的另一个影响因素是误差限的设置。在冲孔和填孔过程中，可能会由于冲针的磨损等原因造成实际孔径大小和设计值不一致，特别是在填孔时的浆料溢出，使得孔周围出现一圈较浅的浆料。在印刷过程中，由于网版图形制作及丝印机参数设置可能会造成实际线条图形与设计图形存在一些差异，如边缘内缩、放大及位置偏移等。通常根据工艺及可靠性设计要求，对这些缺陷有一定的容忍范围。

误差限的调整通常有两种方式：

1) 图形灰度的容忍限设置。由于自动光学检测是通过图形的灰度差异来进行识别的，因此适当地调整灰度容忍值，可以保证检出缺陷的有效性。如果灰度容忍值设置过大，则有可能会忽略掉一些有用的信息，从而造成缺陷漏检；而如果灰度容忍值设置过小，则由于制备工艺造成的微小溢出或缺失都将显示为缺陷，从而造成误报。

2) 对图形进行调整的幅度大小进行控制，包括孔和图形的放大缩小等。这主要是受加工工艺的控制，由于网版制作、冲孔机和丝印机等都存在固有的加工精度，这就造成实际印刷图形和设计图形间存在一定的尺寸差异，此时可以通过设定尺寸误差限来检测不满足设计精度要求的尺寸缺陷。

4.2.4.2 AOI检出缺陷分析及处理方法

通常在生瓷片制备、储存和移动过程中可能会产生一些缺陷，如针孔和破损等。在制造过程中，由于网版制作和印刷等因素常造成如短路、断路、溢出、缺损、尺寸或位置错误等缺陷，如图 4-5 所示，这些都是 AOI 的重要对象。

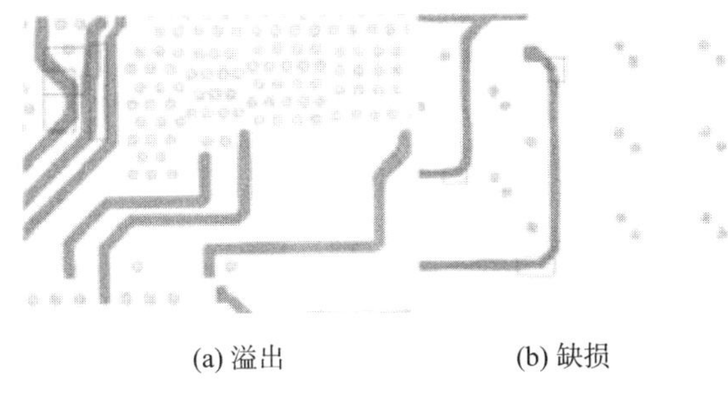

(a) 溢出　　(b) 缺损

图 4-5　AOI 中常见的溢出与缺损缺陷

(1) 缺陷产生原因分析

缺陷通常是伴随着生瓷片的加工过程而产生的，即在生瓷片预处理、冲孔、填孔和印刷加工时，由于设备、环境和人为因素通常会带来各种缺陷。

①预处理缺陷

对于切割分片之后的方片及填孔和丝印后的生瓷片通常需要进行烘干，使生瓷片和浆料中的部分有机载体得以挥发，同时释放生瓷片压力。由于对烘箱的温度和时间设置不同，烘干后的 LTCC 基板质量也会有很大不同。对于打孔前的预处理烘干，如果烘干温度过高，时间过长，通常会使生瓷片起皱，会影响后续的打孔精度。而在填孔和丝印后，由于生瓷片上某些区域沉积的金属导体材料较多，经常会出现塌陷和边缘破损等问题。

②打孔过程缺陷

采用机械冲孔的方式对生瓷片进行加工，有时会由于机器的偶然因素造成漏打等缺陷，而且在加工过程中真空吸附如果出现异常，通常会造成冲孔位置偏移。由于机械冲孔是通过冲针对生瓷片进行加工的，因此使用一段时间后冲针会出现不同程度的磨损，从而造成孔的尺寸和形状等出现异常。同时，在加工后也会出现未排干净的碎屑附着在生瓷片表面的现象，如果后续导体印刷于这些残渣上则将出现断路的情况。

③填孔过程的缺陷

微孔填充过程中的缺陷主要表现为漏孔和填充不饱满。出现漏孔现象的主要原因是浆料中有气泡存在，当浆料由金属掩膜板压入片上的微孔时就极有可能出现漏填的现象。同时，由于浆料黏度过大，堵塞部分网版孔，也是造成漏孔的主要原因之一。在进行生瓷片微孔的填充时，有时还会出现浆料不能完全地进入孔内，导致孔内浆料不饱满存在空隙的现象。通常出现填充不饱满的现象主要存在两方面的原因：1）设备的气动压力不足；2）浆料放置时间过长、太干燥所造成。

④印刷过程缺陷

丝网印制过程中通常出现的问题包括溢出、断线和残线等。造成印刷缺陷的主要因素有浆料黏度、丝网张力和印刷工作台压力等。其中由浆料因素造成的残线或断线，主要是由于浆料过于干燥，造成其流动性变差，在浆料通过丝网时不能很均匀地附着在生瓷片的相应位置上，从而造成较细线的断开或者存在残次线条。而印刷溢出通常是由于浆料黏度过低或印刷工作台压力过大所造成。

（2）缺陷预防与处理方法

对于烘干处理过程中所产生的缺陷，通常可以通过生瓷片加框、限制其收缩或者在烘干过程中对生瓷片上下表面施加一定的压力来避免生皱和塌陷等缺陷的产生。在冲孔过程中出现的表面附着残渣，只需要利用软毛刷将飞溅至生瓷片表面的残渣刷去即可。而填孔过程中出现的填充不饱满和漏孔现象通常需要在检查浆料和填孔设备后重新进行二次甚至多次填孔，一般情况下会使生瓷片最终符合要求。对于丝网印刷中出现的溢出、断线及残线等缺陷，如果是由于浆料黏度和设备参数原因造成的大量线条缺失可以在调整之后进行二次印刷，而少量的溢出、断线及残线则可通过手工进行修补。

4.2.5 小结

由于 LTCC 陶瓷基片的制备过程工序较多，从网版制作到冲孔和线条的印刷等，任何微小的环境和参数变化都会造成实际图形和性能与设计图形和期望性能之间存在差异。同时，人为的主观因素也会产生一些不必要的差异甚至缺陷。本节通过对冲孔、填孔和丝网印刷后的 LTCC 生瓷片的 AOI 研究，分析了自动光学检测中影响检出率和正确率的关键因素，并结合实际情况，详细分析了这些缺陷产生的原因及解决方法。当然 AOI 针对的主要是利用可见光对基板表面做整体检测，而对于叠片后的 LTCC 来说 AOI 就显得无能为力了，叠片和烧结所产生的内部缺陷就无法检测出，因此，LTCC 自动光学检测的发展趋势应该是 AOI 与具有透射功能的 X 射线自动检测（AXI）相结合的综合检测系统，它将两者加以综合就能够实现全面的高自动化检测。

4.3　LTCC 飞针测试

飞针检测技术主要用于 LTCC 基板组装前的通断检测，如图 4－6 所示。LTCC 组件模块造价成本高，尤其是芯片和元器件的成本占大部分，因此 LTCC 基板在组装芯片和元器件之前，必须进行电路通断检测，筛选出不合格的基板，避免组装以后造成更大的经济损失。

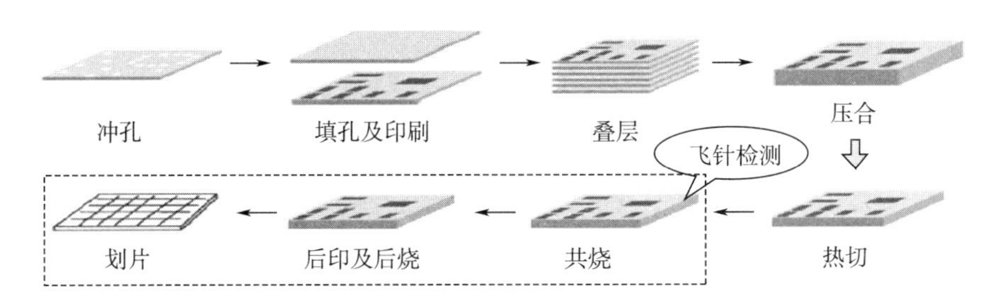

图 4－6　飞针检测技术在 LTCC 基板制造中的应用

4.3.1　LTCC 飞针测试工艺简介

LTCC 技术是在厚膜印刷基础上发展起来的电路和无源元件集成技术，其主要工艺过程包括生瓷带流延、冲孔、填孔、印刷图形、叠层和层压、烧结等工艺。采用 LTCC 技术制作的电路基板与普通 PCB 相比，具有集成密度高、RF 性能好、数字响应快、生产周期短、耐高温高湿度等优点，广泛应用于集成电路封装、多芯片模块、微电子机械系统等，应用领域涉及通信、航空航天、军事、汽车电子、医疗等。由于 LTCC 材料主要是由陶瓷-玻璃或微晶玻璃组成的，并且烧结的温度较低（一般低于 900 ℃），因此 LTCC 基板普遍存在强度低、金层较软、有一定的收缩率误差等缺点，这也使得 LTCC 基板飞针测试难度要远大于 PCB。飞针检测内容包括不同网络导体间是否存在短路，相同网络导体内是否存在断路及测量埋置元件值等。检测的设备为飞针测试机。与普通的 PCB 飞针检测相比，LTCC 基板的飞针检测主要具有以下特点：

1）扎痕要求小；

2）基板有一定收缩率误差；

3）有的基板带有腔体；

4）需要测量埋置元件值。

因此，LTCC 基板的电路检测具有一定的难度，必须经过特别的设计才能实现。

4.3.2　飞针测试原理

LTCC 的飞针测试泛指短路、开路测试，它是利用皮带传动，光栅尺定位，通过 $X-Y$ 机构上可快速移动或旋转的探针同基板的焊盘进行接触来进行测量。测试人员把设计的 CAD 数据转换成可供设备识别的文件，这些文件包含了需要测试焊盘的坐标值及网络值，据此驱动各个探针的移动。飞针测试示意图如图 4－7 所示。

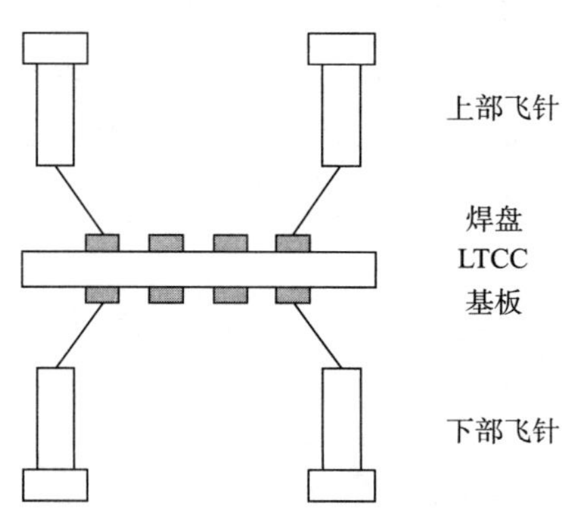

图 4－7　飞针测试示意图

（1）开路测试原理和方法

开路测试包括电阻测试法和电场测试法。

电阻测试法如图 4－8 所示。开路测试时，两支飞针头同时接触同一网络中的两个焊盘，若两个焊盘间无开路发生，则电阻值较小（电阻大小可以根据需要设定），若 P_5 与其他焊盘之间存在开路则电阻值非常大，通过电阻值的大小可以判断是否存在开路。

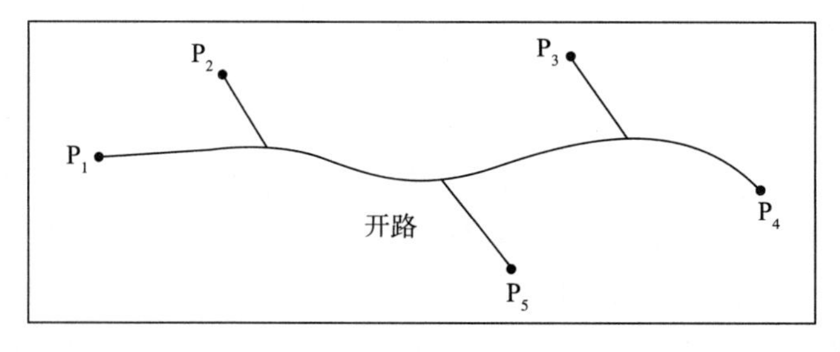

图 4－8　电阻测试法

开路电场测试法如图 4－9 所示。以基板上最大的网络（称之为天线，一般为电源层或地层）为基准，每一个网络相对于天线都有一个电容值存在，如果没有开路发生，则同一个网络所有焊盘上测得的电容值都相同，如果 P_2 有开路发生，则该焊盘上测得的电容值非常小，通过电容值的大小可以判断是否存在开路。

（2）短路测试原理和方法

短路测试方法包括相邻值法和电场测试法。

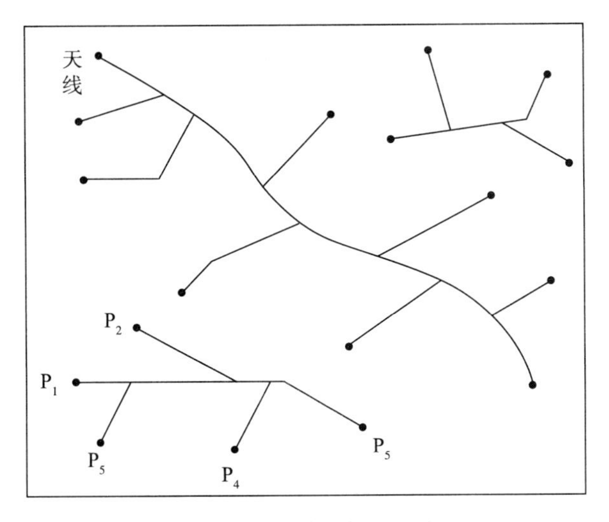

图 4－9 开路电场测试法

相邻值法其实就是改进了的电阻法，它只测量相邻距离小于某一固定值的网络之间是否存在短路，对于相邻距离大于该值的网络之间则不进行测量。判断短路的依据就是电阻值的大小。相邻值法相对电阻法可大大缩短测试的时间。

电场测试法原理如下：某一支飞针接触天线，在天线上施加一个稳定的电讯号，然后用其他的飞针接触别的网络，测量接收到的讯号，对比接收到的讯号的相位和幅度，如果发现不同网络间出现相同的波形，就可以判定两个网络间存在短路。短路电场测试法如图 4－10 所示。

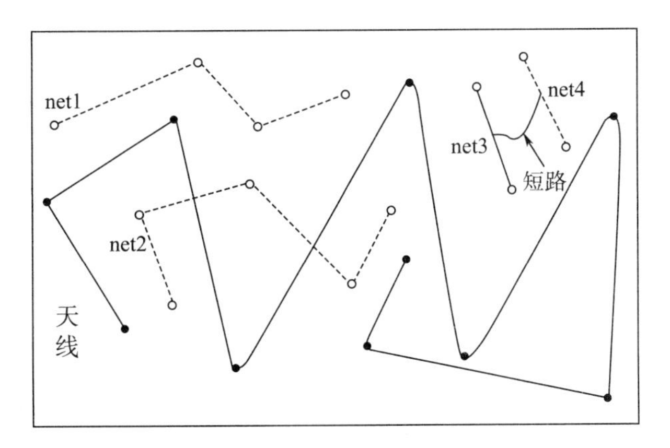

图 4－10 短路电场测试法

（3）绝缘性测试

测试被测基板的绝缘性还有一种电容测试法，这种方法适用于对同一品种的基片进行大批量测试，测试速度快，节省时间，但是对于坏片不能查出具体的短路焊盘点，所以需要用电阻法复测，这种方法不适用小批量的基片测试。飞针测试时，操作人员手工打开夹具，把待测 LTCC 基板竖直固定到夹具（或测片工装）上，进行正式测试。软件系统驱动 4 个完全独立的移动测针（由 $X-Y$ 工作台和 Z 轴机构组成）在被测基板两面（前后各 2 根测针）进行三维运动，按设定的次序和方式接触到待测点，此时测试仪通过给特定探针施加一定的电压、电流，得到不同的测试信号，然后采集数据，根据用户设定的参数给出测试结果。

4.3.3 飞针测试工艺过程

飞针测试主要包括测试文件的制作和测试过程两方面的工作。

4.3.3.1 测试文件的制作

测试文件的制作主要是将原始的图形文件（包括图形文件和钻孔文件，由 Protel、PowerPCB、Cadence 等 CAD 设计软件输出 Gerber 和 Drill 数据）。

在基板制作过程中，同一层的图形，有导体、焊盘、电阻、键合等用途，由于采用的浆料不同，需要分成多个图形层，并且多次印刷，而对于飞针测试来说不管其用途如何，都只视为同一层图形，因此在制作文件之前，首先要将这些分立的图形层进行合并。

如果有腔体的话，则需将腔体内的图形复制到表层，然后在它们之间增加相应的通孔，并假设表层图形和腔体内的图形通过这些通孔进行连接。

如果需要测量埋置元件的话，则需在表面图形待测电阻的两个焊盘之间增加虚拟的元件。通过通孔层将每层图形一一正确导通就形成了网络文件。网络文件生成以后，要对同一焊盘上的多个测点进行适当的优化，而对于较长的线条或焊盘则要适当地增加一些测点，避免漏测。文件制作完以后输出标准的 IPC－D－356A 格式的文件。IPC 文件是飞针测试的源文件，其主要信息包含了需要测试的每个焊点的坐标及焊点在 PCB 中的网络值。测试时，每次读取的坐标与当前探针所在坐标之差决定 X、Y 轴电机的移动方向和距离，网络值决定是否驱动 Z 轴电机。IPC 文件最终要为测试软件所识别，还需要经过 DPS 软件转换。DPS 的主要作用是确定基板的置板位置、选择对位点、选择天线及标示埋置元件等，通过这些参数的设定，可以提高基板测试的准确性和测试的效率。

4.3.3.2 测试过程

（1）测试过程分析

LTCC 基板的测试过程如图 4－11 所示。

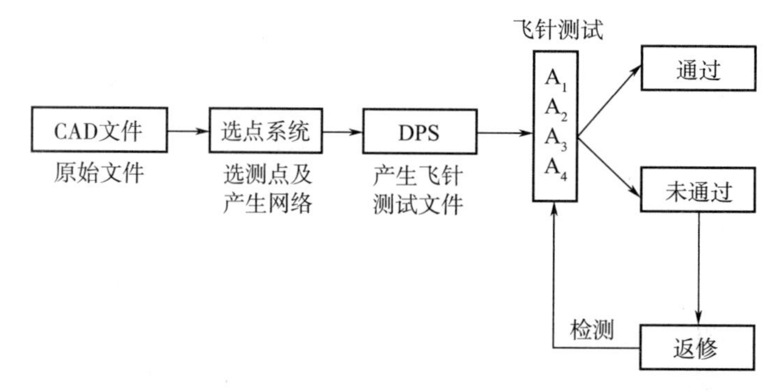

图 4－11 LTCC 基板测试过程示意图

DPS文件生成以后，导入测试软件，并设定开路和短路的测试方法、测试的速度和压力等参数。如果有埋置元件的话，则需测量该元件。如果有腔体的话，则需要设定飞针的抬起高度，其最小抬起高度要超过腔体的高度，否则飞针可能撞到腔体的边沿，造成飞针的弯曲甚至断裂。

由于LTCC基板镀金层较软，因此测试时应尽量选用较低的测试压力，但是压力太低的话则会造成探针与焊盘的接触不良，产生很多“虚开”，实践中LTCC基板一般选取的测试压力约10 g，这样能保证焊盘在40倍显微镜下无扎痕，又能避免“虚开”的产生。

由于材料本身的原因，LTCC基板在制作过程中存在着不超过±0.3%的尺寸误差。按照一般的工艺水平，对于外形100 mm×100 mm的基板，其焊盘最大的位置偏差在0.3 mm左右。对于飞针测试来说，如果焊盘的尺寸小于0.3 mm就有可能在目标位置检测不到焊盘，造成“虚开”的现象产生。为了避免此现象，可采用飞针机的自动重测功能，它可以在目标位置周围一定的范围内，按照一定的步进移动，检测需要测量的焊盘。

前面提到，开路测试的方法有电阻法和电场法。短路测试的方法有相邻值法和电场法。无论是测试开路还是短路，电场法的测试速度要远远高于其他的测试速度，例如一块普通的LTCC基板，电阻法测量需要5 min，而电场法测试只需要1 min左右。为了测试的准确性，测试结果有不良以后，一般都会采用电阻法或相邻值法进行补测。因此一般上述几种方法会配合使用，以确保测试的准确性。

(2) 具体测试步骤

具体测试过程如下：

1) 设备初始化：发送初始化信号，各电机回归机械零位，检查电气单元，设备处于待测试状态。

2) 坐标系统一：每次设备开机上电都必须进行，4个测针分别去找测试金圆的中心，然后按计算好的距离回到电气原点，此时4个测针的坐标系为同一坐标系。

3) 摄像头校准：每次换针后都要进行，主要校准1号针针尖与CCD十字中心的距离，使得CCD摄像头能够实时观测测针的测试状态。

4) 基本参数配置：根据基片的工艺参数要求输入导通测试上限、绝缘测试下限、测试电压、Z向抬升高度、基片正背面的膨胀率及背面偏移量等工艺参数。

5) 基准点选取：选择基准点的一般原则是：选择实心的方形或圆形焊盘，并且两个焊盘分别分布在被测板上相对距离较远的对角线上。同时在CAM 350中的测试点选取时需要将测试位置放到基准点的中心上。如果选取4个基准点，则可以对基板进行探高，以检测其垂直高度（立式飞针）。

6) 基准点对准：将对位光标移到所选基准点中心位置，此时针尖位置、CCD十字中心和被测点中心的坐标就统一了。

7) 飞针测试：根据基片特点选择测试方法，系统会依照各测试点的位置进行配针，合理的配针方案能够有效地缩短测试时间。

8）错误复测与手动验证：根据首次测试结果可以选择自动减速复测，如果复测点较少也可以选择手动复测的方式。

9）测试结束：打印错误结果或查看错误网络。

在测试过程中需要注意的几个问题：根据不同基片的要求设置测针压力，调整针痕达到良好的电气信号接触，防止待测片由于空气潮湿结膜，高压测试短路时绝缘度变低。

4.3.4 测试不良原因分析

LTCC 基板测试的不良情况有两种：开路和短路。

（1）开路原因分析

一般来说，造成基板开路的原因主要包括线条断开，孔不导通等（如图 4－12 所示）。造成线条断开的因素则主要是制网和印刷的原因，如制网时有堵网现象，印刷时线条断开，也有可能是在印刷过程中浆料中的有机物挥发过快，堵网造成的。造成孔不导通的原因主要是填孔时孔不饱满，造成孔与孔之间的连接不牢靠。实际开路缺陷如图 4－13 所示。

图 4－12 可能造成开路的原因

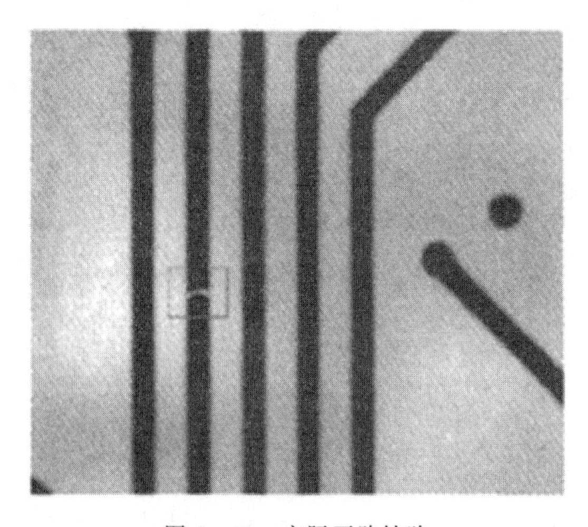

图 4－13 实际开路缺陷

为了避免上述不良情况的产生，要加强基板制造过程中的检查，及时发现缺陷，并想办法弥补，例如人工修补断线和孔不导通等缺陷。

(2) 短路原因分析

一般来说，造成短路的原因是线条与线条之间、线条与孔之间，或者孔与孔之间互连在一起，而互连则是由于浆料的污染造成的。如果设计时线条或孔之间的距离太窄，则在印刷过程中，由于丝网的原因或者印刷本身的原因，造成浆料污染到了旁边的线条或孔，则会造成不该互连的孔或线条连在一起，常见的情形如图 4-14 所示，实际短路缺陷如图 4-15 所示。

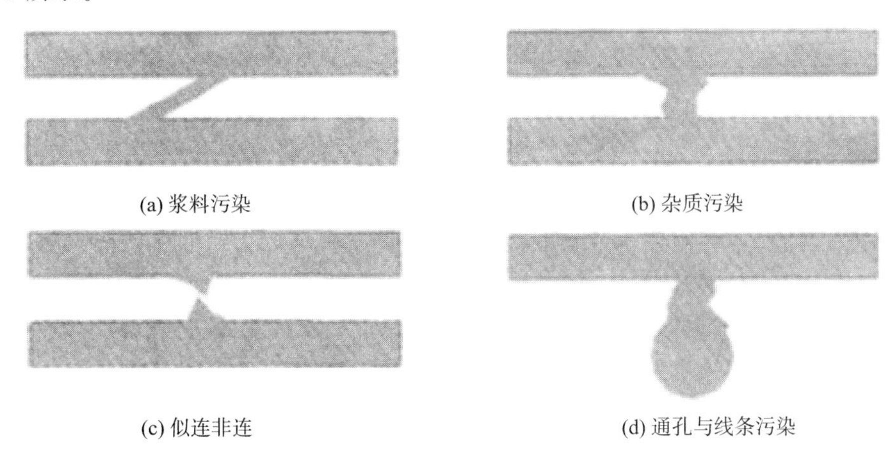

(a) 浆料污染　(b) 杂质污染

(c) 似连非连　(d) 通孔与线条污染

图 4-14　可能造成短路的缺陷

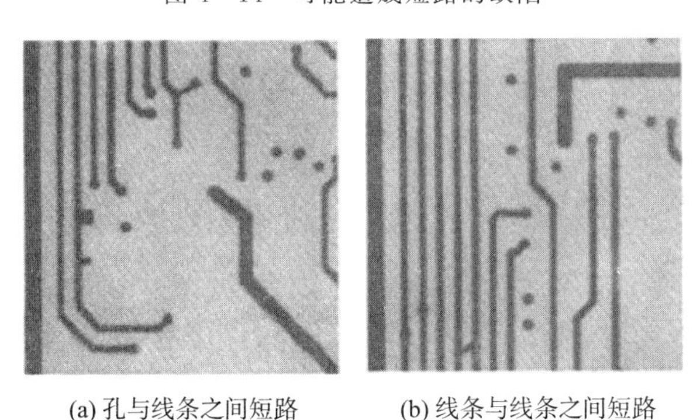

(a) 孔与线条之间短路　(b) 线条与线条之间短路

图 4-15　实际短路缺陷

飞针测试只能对 LTCC 基板制造结果进行监控和筛查，要提高基板的成品率，避免短路和开路的产生，重要的是加强过程中的控制和检查。目前检查线条和通孔的质量通常都采用 AOI 检测仪，它可以及时发现线条的缺口、针孔、断开、污染等缺陷，以及通孔的不饱满、污染等缺陷，并通过人工修补，避免基板断路和短路的情况发生。

4.3.5　小结

LTCC 陶瓷基片在整个工艺流程中会出现多个技术难点，例如单层多次印刷的基准点位置偏差，共烧后背面图形膨胀系数与基片不一致及基片与布线共烧时的收缩率及热膨胀系数匹配问题都会影响飞针的测试效率。在飞针的系统软件中要充分考虑到这些因素，进行有效的补偿，避免飞针测试时出现不必要的测针与焊盘点的位置偏差。

4.4 LTCC 基板可靠性评估

4.4.1 可靠性试验

LTCC 基板的典型可靠性试验有：

1）温度循环试验：条件为−55～125 ℃，产品在高温或低温下搁置时间为 15 min，循环次数为 125 次，高低温转换时间小于 1 min。

2）高温存储试验：将所要考核的样片放在高温试验箱内，从室温起开始升温，到达 150 ℃后，保持 96 h，然后降至室温。

通过可靠性试验，可以暴露出 LTCC 基板表面膜层的附着力、层间结合强度等问题，从而起到初步筛选的作用。

4.4.2 可靠性评价

4.4.2.1 基板特性参数测定

基板的特性参数主要包括基板密度、机械强度、介电常数、介质损耗、介质耐压、绝缘电阻、热膨胀系数等，这些参数对基板性能有决定性的影响。由于 LTCC 工艺工序流程复杂，其中有很多环节会对基板的特性参数造成影响。如烧结工序的烧结曲线将直接决定基板的致密程度，从而影响基板的密度、机械强度及介电常数等参数。因此，当工艺条件发生重大变化时，有必要对基板的特性参数进行检测，以确保产品的可靠性。

4.4.2.2 膜层可靠性评价

LTCC 膜层结构复杂，不同的组装方式需使用不同的浆料，因此不同膜层可靠性评价的方式也不尽相同。航天用 LTCC 基板涉及的膜层主要可分为三类：键合膜层、铅锡焊膜层及金锡焊膜层。

（1）膜层附着力考核

不管是哪类膜层，考核其可靠性最重要的指标是膜层附着力。按照厚膜相关标准要求，合格的表面金属膜层的附着力应在 0.5 kg/mm^2 以上。考核膜层附着力的方式主要有：

①胶带粘拉法（对所有膜层有效）

按照“GJB 1209—91《微电路生产线认证用试验方法和程序》中方法 4500 金属化层附着强度的测试方法”，即将 3M 250 号胶带（或 3M 610 号胶带）贴在金属膜层表面保持 30 min，然后拿住胶带的悬空端使之与样片成 60～90°，迅速将胶带从金属膜层表面剥下，在显微镜下观察金属层表面状况。

②胶粘拉力测量法（对所有膜层有效）

使用附着力测试仪。事先将测试拉力柱用环氧胶垂直粘在测试点上，并完成固化，如图 4-16 所示。在每个测试点上施加垂直拉力，待拉力柱脱落时记录实际的拉力数值 F，并在显微镜下观察测试点的膜层状态。

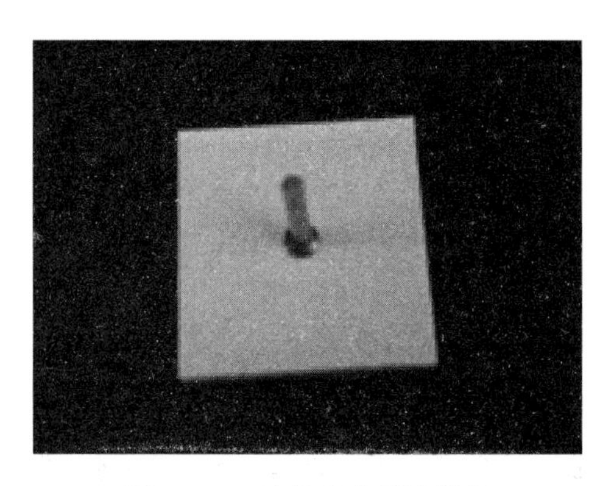

图 4-16 胶粘拉力测试样片

③剪切力实验（耐焊接膜层）

按 GJB 548B 方法 2019.2 的规定，将样片切成一定尺寸的小块，并采用再流焊方式将基板背面焊接在适当的试验基板上（如 99%的氧化铝基板，基板及基板表面金属化层强度应满足试验需要），进行剪切力实验。

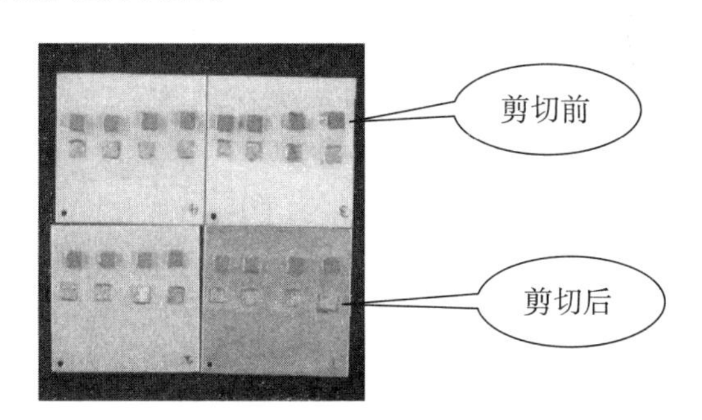

图 4-17 剪切力试验结果

④焊环拉力测试实验（耐焊接膜层）

在测试样片上制作出 1 mm×1 mm 的方形测试点，用镀银丝做成拉环，将一端焊接到测试点上，另一端用剪切力测试仪进行拉力测试。

(2) 键合膜层考核

键合膜层除了考核膜层附着力之外，还需对其可键合性及键合强度进行考核。LTCC 膜层上键合工艺主要有：金丝键合、硅铝丝键合及金带键合。以 LTCC 基板的航天应用为例，金丝（直径 25 μm）及硅铝丝（直径 32 μm）键合的破坏性拉脱力应在 5 g 以上，金带（厚度 25 μm，宽度 250 μm）键合的破坏性拉脱力应在 30 g 以上，且试验后键合点不应存在起皮、剥落或暴露底层的现象。

4.4.2.3 内部结构评价

LTCC 基板结构特殊，由于它是由多层生瓷片叠压烧制而成的，其内部结构的可靠性考核难度很大。考核 LTCC 内部结构可靠性的手段主要有声扫、X 射线检查及制样镜检等。其中声扫及 X 射线扫描是非破坏性的，声扫主要用于全面检查基板内部是否存在空洞、分层等失效现象，但存在一定的误判概率，如图 4－18 所示。X 射线主要用于全面检查基板内部的孔重叠率及金属导体缺陷，如图 4－19 所示。制样镜检为破坏性的检测手段，通过对基板进行磨抛制样及镜检，可以局部检查基板内部是否有分层、空隙及介质不均匀等现象，以及过孔连接是否可靠有效，如图 4－20 所示。LTCC 基板的层间是通过金属化孔进行连接的，连接孔的状态直接决定了 LTCC 基板各层之间是否有效连接，以及这种连接的长期可靠性。可靠的互连孔相邻层间及顶层与底层过孔之间的孔重叠率应达到一定的比例，过孔中的裂纹、空隙长度不能超过一定的比例。

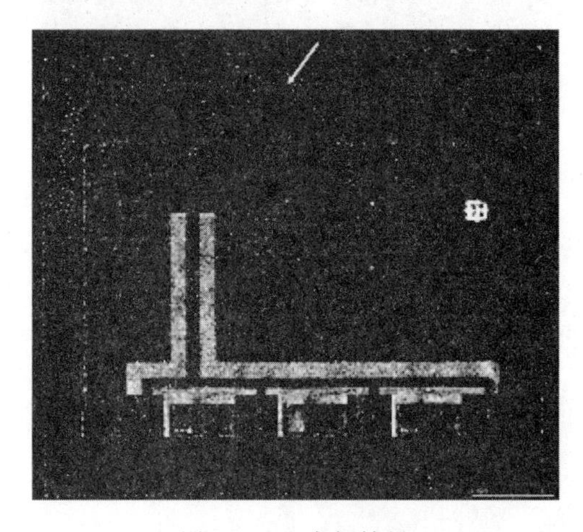

图 4－18　声扫结果

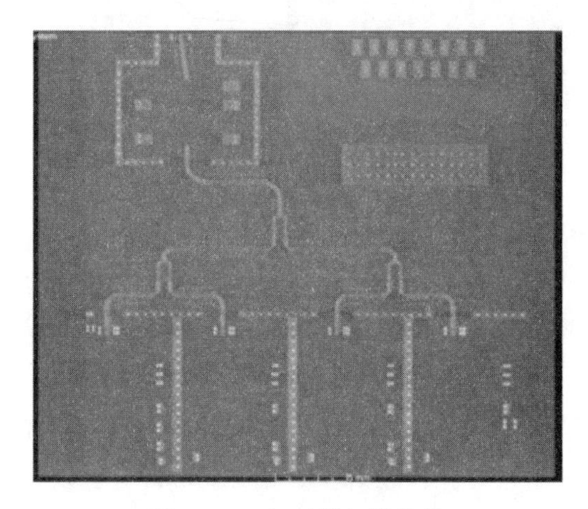

图 4－19　X 射线扫描结果

4.4.2.4　电阻可靠性评价

LTCC 电阻属于厚膜电阻的范畴，其可靠性考核的方式也类似。常见的考核项目有：1）长期稳定性测试，常用测试条件为 150 ℃，1000 h；2）电阻温度稳定性测试；3）稳态寿命测试。

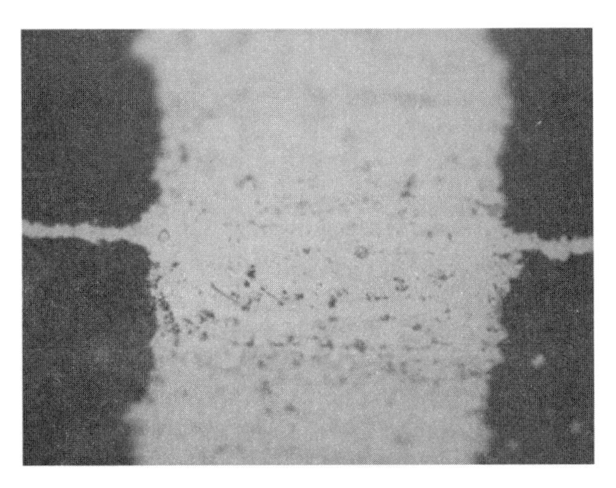

图 4-20　制样镜检结果

4.5　小结

由于 LTCC 基板结构复杂，普通的检测手段不能完全暴露基板所存在的问题，因此有必要依赖可靠性评估的相关手段，对成品 LTCC 基板的质量与可靠性进行全面的检测。

参考文献

[1] 张孔，等．LTCC自动光学检测技术研究．电子工艺技术，2013（01）：14－17.

[2] 严仕新．AOI的选择方法．西安：2008中国高端SMT学术会议，2008.

[3] 王洪宇．LTCC基片的飞针测试工艺研究．电子工业专用设备，2010.

[4] 侯清健，等．LTCC基板飞针测试及不良分析．合肥：第十七届全国混合集成电路学术会议，2011年9月.

第 5 章　LTCC 关键技术

5.1　基板收缩率

5.1.1　基板收缩率控制工艺简介

LTCC 基板的共烧收缩均匀性受材料和加工工艺的影响较大，使烧成基板的平面尺寸难以精确控制，成为 LTCC 基板实现高性能应用的一大障碍，需要重点突破。目前，行业内主要采用两种方法提高 LTCC 最终烧成基板的外形尺寸精度：

1）采用零收缩材料或 *XY* 方向零收缩压烧技术；

2）采用工艺版图补偿，工艺过程控制收缩一致性，最终确保产品烧成后的尺寸特性。

5.1.2　自约束零收缩材料

2000 年，德国的 Heraeus 公司开发出自约束零收缩的 LTCC 材料。其原理如下：生瓷带的结构是三层的“三明治”形式（如图 5-1 所示）。中间层是在高温烧结时不会收缩的多孔介质，称为锁紧层，两侧是玻璃材料。LTCC 在烧结时两侧的玻璃熔化渗透到锁紧层的多孔结构中，实现整个基板的致密化。最后得到致密化的、零收缩的 LTCC 基板。

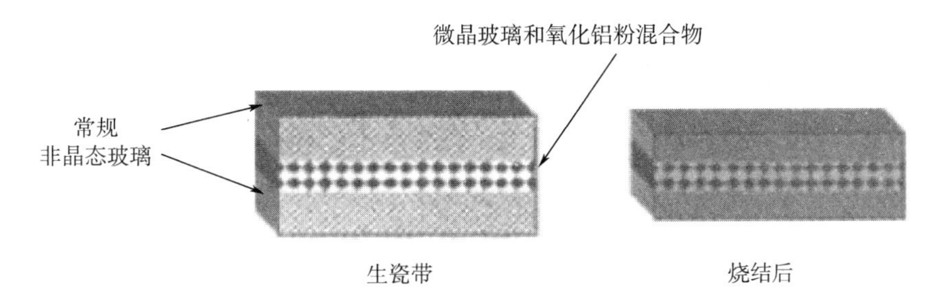

图 5-1　具有三层结构的自约束零收缩的 LTCC 生瓷带示意图

传统的 LTCC 材料，在烧结的时候会产生收缩，由此产生收缩应力。常规玻璃高温熔化后，产生的收缩应力也有 11 kPa。这就要求锁紧层的微晶玻璃结晶温度相对较低，形成的氧化铝-微晶玻璃复合物的熔点高、高温强度高，能够抵抗常规玻璃高温熔化后出现的收缩应力。同时，还要为常规玻璃熔融后渗透进入锁紧层留下足够的空间。

对锁紧层的研究发现，在微晶玻璃与氧化铝粉的质量比小于 1%的情况下，微晶玻璃分布不均匀，有的氧化铝颗粒之间没有玻璃粘结，锁紧层的强度低；质量比大于 3.5%，微晶玻璃又多了，会促使锁紧层收缩，且会产生翘曲；质量比在 1%～3%之间，锁紧层的收缩和翘曲要轻微些，但是烧结效果不稳定，不存在一个最佳的比例。

基于具备的工艺条件，特别是因自约束零收缩材料具有材料可获得、无需专用烧结炉、不涉及引用专利技术、工艺方法与常规 LTCC 工艺完全相同从而可操作性好、平面尺寸收缩率不均匀度较小等优点，对该零收缩材料进行工艺加工，然后对产品性能情况进行评估如下：

1）平面（X、Y 向）烧结收缩率（η_x、η_y）：（0.2%～0.4%）±0.04%；

2）互连网络通路率：100%；

3）烧后密度：3.0±0.3 g/cm^3（考虑到内部印刷有 Au、Ag 等导体材料，所以实际产品的密度会略大于 LTCC 基板材料本身）；

4）目检：20～30 倍显微镜检查，基板应无分层、平整无变形、无凸起、无裂纹、无翘曲。

5.1.3 平面零收缩工艺技术

LTCC 基板制造工艺的一大难点是：由于常规 LTCC 生瓷材料经共烧后平面尺寸的收缩量不但会超过 10%，而且尺寸收缩的不均匀度一般又至少会达到±0.3%～±0.4%，从而造成同一产品的同批各块基板及不同批次基板在相同位置上的电路图形（互连通孔、导电带等）很难准确、精确地控制，使制作超高密度 MCM - C 极为困难。

所谓平面零收缩 LTCC 基板制作工艺技术，是指使 LTCC 生瓷基板（生瓷块）在烧结过程中仅厚度发生改变，而平面方向（X 向、Y 向）的尺寸不改变或只发生微小变化，特别是能使生瓷基板烧结时在平面方向的收缩不均匀度成量级地降低。

1）压力辅助烧结（PAS，Pressure Assistant Sintering）法。采用常规三维收缩 LTCC 生瓷带（如 DuPont 951PT）制作 LTCC 生瓷块，送入烧结过程中在厚度方向（Z 向）可施加压力的专用 LTCC 烧结炉中进行共烧，以强制加压的方式限制 LTCC 基板在 X、Y 平面方向上的收缩，使烧结后 LTCC 基板的平面尺寸与烧结前生瓷块的平面尺寸相同，从而实现平面零收缩或无收缩的烧结，可使 LTCC 基板的平面尺寸烧结收缩率控制在 0.01%±0.008%之内。

2）无压力辅助烧结（PLAS，Pressure - less Assistant Sintering）法。采用常规三维收缩 LTCC 生瓷带制作生瓷块后，再用 DuPont 公司拥有专利技术的配套专用氧化铝带作为牺牲层在上、下面夹持住生瓷块，送到常规 LTCC 烧结炉中 UCS 烧结，在不借助任何外部压力的情况下通过牺牲层与 LTCC 层之间的摩擦力抑制 LTCC 基板的平面收缩，烧结完成后研磨掉上、下面夹持用的氧化铝层，得到平面零收缩的 LTCC 基板，可使 LTCC 基板的平面尺寸烧结收缩率控制在 0.1%±0.05%之内。

3）复合板共同压烧法。采用 ESL 公司专利技术的 Tranfer Tape（转移生瓷带），叠片为多层生瓷坯后，放在陶瓷或不锈钢的衬垫板上共同层压将 LTCC 生瓷坯压实为生瓷体，再一起送到常规 LTCC 烧结炉中 UCS 烧结，LTCC 基板与衬垫板烧制成一体，烧结过程中由于衬垫板的限制作用使其上的 LTCC 基板在平面方向上实现零收缩，可使 LTCC 的平面尺寸烧结收缩率减小到约 0.1%。

5.1.4　影响收缩率的因素

虽然有自约束零收缩材料、平面零收缩工艺技术，但是这些都存在固有的应用问题，并没有广泛使用。行业内使用最广的还是版图补偿法，也就是承认并接受生瓷这种"收缩"的固有特性，并让材料制造商来控制材料的稳定性，加工工艺过程仅需要保证每次收缩的比例是一个相对确定的数值即可，通过将这个收缩率补偿到初始版图中，来保证最终制造出来的 LTCC 产品尺寸与理论尺寸的符合性。

但是 LTCC 生产流程较长，过程中生瓷可能会发生收缩，大部分生产流程中，每层生瓷片的背面都有 Mylar 膜支撑，其形变、收缩相对较小，在去除 Mylar 膜的时候，一般会发生较大的收缩和形变，在最终的共烧过程中，瓷片才会完全烧结成型，这也是 LTCC 发生最明显收缩的过程。因此，收缩最为明显的两个步骤就是：去除 Mylar 膜、共烧。

Mylar 膜的去除过程一般是在叠层前或者叠层过程中进行，这时各层生瓷片必须要进行精准对位和堆叠，形成生瓷堆叠体，这时 Mylar 膜不应留在其中了。选择这种去膜时机是为了让各单层生瓷片在制造过程中尽可能位于 Mylar 膜的保护下，在必须去除的时候才进行去除，尽可能地减小生产过程中材料的不确定收缩。这种方法是较为传统的制作方法，但是在一些材料领域该方法存在一定的问题，主要是因为一些材料（例如 Ferro A6M）在撕去 Mylar 膜的瞬间会发生较大形变、收缩，导致工艺可控性下降，近年来，有一种新型的工艺方法，在冲孔前，就将 Mylar 膜撕去，进行瓷片老化，然后做其他工艺流程，这种方法将瓷片的形变、收缩前移到生产之初，有效地防止了生产过程中的瓷片形变。但是这种工艺难度也非常大，存在瓷片污染等风险。

共烧过程是 LTCC 生产最为重要的工序之一，在 3.7.2 节详细讲述了其烧结过程。这里重点介绍烧结曲线对收缩率的影响，如图 3－34 和图 3－35 所示，需要控制 LTCC 共烧过程的升温、保温、降温才能获得质量优良的烧结产品。如图 3－34 所示，在 450 ℃之前的曲线范围是用于排除水气、有机物等，在该阶段希望升温速率慢一些，一般不超过 1 ℃/min；450 ℃的保温过程是为了彻底排除有机物并且使瓷体致密化，所烧结的材料越多、厚度越大，该段保温时间就应该越长；450～850 ℃的过程中是瓷体烧结成为熟瓷的过程，这个过程影响到收缩率，需要严格控制升温速率，一般为 6～7 ℃/min，生瓷材料类型不同，开始收缩的温度点会有所差异，大都在 500～600 ℃之间开始收缩，收缩不完全会导致烧成后的熟瓷密度不够，高频特性不佳。

5.1.5　小结

LTCC 生瓷材料普遍存在收缩率问题，目前有多种方法实现收缩率的控制，以满足产品质量要求。其中主流的方法仍是通过控制收缩的一致性、补偿设计来确保最终产品的几何尺寸，但自约束零收缩材料的不断升级和优化，将为 LTCC 行业带来巨大改进。

5.2 基片平整度控制

5.2.1 基片平整度控制工艺简介

电磁兼容性、收缩一致性和平整度问题一直是LTCC产品研发和应用的瓶颈。对于西安分院微波产品来说，希望基板尽可能平整，以便满足可靠装配。平整度问题是LTCC产品研发中必须解决的关键问题之一，但是影响最终平整度的并非某一制作工序，它是多工序综合影响的结果。

5.2.2 影响LTCC平整度的因素

5.2.2.1 电路图形排布

众所周知，金属浆料的收缩率比生瓷片的收缩率高出许多，因此，如果电路图形排布不规则，或者频繁出现大面积金属化图形，会导致产品应力分布不均匀，从而造成产品翘曲。或者在某个垂直方向的电路部分，多层间均有印刷图形的累积，在整体产品上表现出局部鼓凸。

在布局方面，需要电路设计者在设计LTCC电路图形时减少某层大面积图形的情况，版图设计者应根据具体尺寸在8英寸基板上均匀排版。

5.2.2.2 腔体影响

腔体情况在微波LTCC电路中非常常见，大多是深度为0.1 mm、0.2 mm的盲腔，也有一些是尺寸较为悬殊的深腔体，如果基板总厚度较薄，而表面腔体数量较多，就容易产生上下收缩率的不一致，导致产品平整度下降。

另外，个别产品还有通腔的情况，若采用先开腔工艺，腔体尺寸相对较大时，容易在产品中产生收缩或者形变的不一致，导致产品翘曲。因此，工艺流程设计者在遇到大通腔的情况，应选择后切割处理。

5.2.2.3 压合工序控制

压合过程是将叠放好的生瓷片堆叠体，通过一定的压力和温度，压成一个生瓷坯体的过程。在该过程中希望生瓷堆叠体各方向能够均匀受力，压合后的生瓷坯体才能平整。但是由于设备原因和产品具体特点，使得其往往不能均匀受力。

设备方面需要采用水浴加热，让整个产品浸入水中，通过对水加温、加压，让温度和压力通过水媒质传到产品上，从而达到均匀受力。另外，基板水浴前，需要对其进行抽真空包装，并且在背面垫一个非常平整的硬板子，保证水压能将生瓷片平整地压合。

对于有腔体产品的压合，需要在腔体部位填充一些物体，可以是陶瓷、硅胶、塑料等，保证受力过程中，腔体内部的状态和其他生瓷部位尽可能的一致。

5.2.2.4 共烧工序控制

烧结是LTCC生产工艺流程中重要的一环，它是将经过层压的多层基板坯体放入烧结炉，进行排胶和烧结成型。排胶是有机黏合剂汽化和烧除的过程，排胶工艺对 LTCC 基板的质量有着较大影响。共烧温度曲线中，一般都会在 400 ℃左右进行停留，目的是让 LTCC 基板中的有机物成分充分排出，根据材料具体特点其排胶温度会略有变化。如果排胶不充分，会导致产品在接下来的升温过程中有大量有机气体溢出，造成产品分层、起泡，基板的不平整。

在共烧过程中，需要用到的关键设备就是烧结炉，将被烧结的 LTCC 基板放置于烧结炉内的基片架上，如果基片架材质不好，易与基板发生粘合，就容易在烧结过程中使基板上下应力不一致，导致基板翘曲，如图 5-2 所示。

如果基片架与基板本身贴合较紧，使得 LTCC 基板在排胶阶段背面的有机物气体难以排出，导致局部排胶不充分，在烧结过程中产生的应力分布不均匀，导致基板翘曲。

图 5-2 烧后起翘的基板

5.2.2.5 其他

虽然翘曲是在烧结后发现的，但是发生翘曲的原因往往不一定是烧结本身。浆料与瓷片间的匹配性是影响产品翘曲、平整度的最大原因，例如 Ferro A6M 材料体系中的 FX-080、020 材料在基板较薄的情况下，容易导致产品翘曲；Dupont 951 材料体系中的 5739、6146 等浆料在厚度控制不当或者正反面图形差异过大的情况下也容易发生翘曲。

5.2.3 小结

基板平整度影响到 LTCC 产品的质量，需要研发产品时重点考虑，而影响平整度的因素较多，可以说是一个综合的结果，因此，西安分院应在 LTCC 产品研发时制定指导性的布局布线规则，以及一系列过程控制方法。

5.3 LTCC 腔体制作技术

5.3.1 LTCC 腔体制作工艺简介

现代电子设备正朝着小型、轻便、高性能和低成本方向发展，特别是受限载荷电子装备及便携式电子产品对体积、质量和可靠性的要求越来越苛刻，要求不断提高电子产品的组装和互连的密度，因此 3D 高密度组装技术应用日益广泛。LTCC 多层陶瓷是实现 3D 立体组装的较为理想的基板材料。可直接埋置电阻、电容和电感等无源器件，也可在基板上直接制作腔体结构，将 MMICs 和 ASICs 直接封装在腔体中，进一步减小体积，提高电路性能和可靠性，减小体积、质量。而有些腔体却是为了实现一定功能，如压力、位移等传感器应用。也可在 LTCC 基板上直接制作微流道、气隙（air - gap）结构，实现散热、冷却等功能。常见的腔体结构主要有空腔型（Window）和埋置型（Cavity）两种，如图 5 - 3 所示。

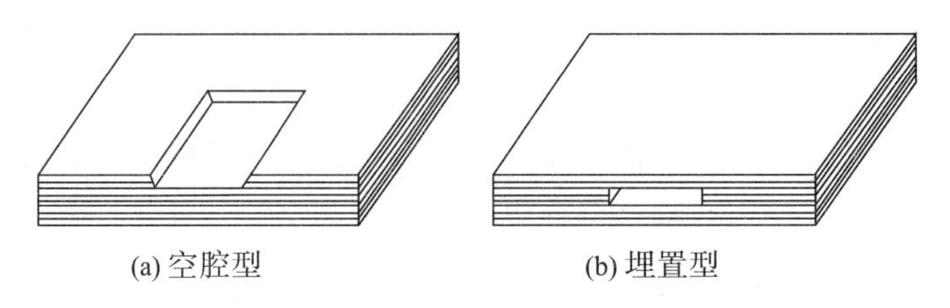

(a) 空腔型　　(b) 埋置型

图 5 - 3　LTCC 多层基板腔体

5.3.2　LTCC 基板腔体及微流道制作工艺

在 LTCC 基板上可制作各种腔体及微流道，如腔体（Cavity）、信道（Channel）、隔膜（Membrane）等。LTCC 腔体及微流道一般由下面几种方式形成。

5.3.2.1　机械加工（Mechanical Machining）

LTCC 生瓷带通常采用机械冲孔机形成互连通孔，冲孔设备在计算机控制下驱动执行机构（如气动冲孔组件或电动冲孔组件），在 LTCC 基板上打出互连通孔或散热功能孔等。如图 5 - 4（a）所示，冲孔单元由冲针及下凹模组成，常用的冲针有圆形和方形两种。圆形冲针直径常为 ϕ0.1～ϕ4 mm，方形冲针为 0.5 mm×0.5 mm～35 mm×35 mm。圆形冲针用于打定位孔、互连通孔、散热孔等。方形冲针用于打方孔，如制作 LTCC 空腔、简单的直线型微流道等。对于空腔面积较大及复杂结构的微流道的制作，采用 CNC 磨削加工，简便而且精度较高，如图 5 - 4（b）所示。

(a) 机械冲孔单元

(b) CNC磨削单元

图 5 - 4　机械加工

5.3.2.2 激光打孔（Laser Cutting）

激光切割打孔的特点是不受机械打孔的冲孔单元模具的限制，可切割出任意形状的孔，如圆形、方形、矩形及异形孔，激光切割设备示意如图5－5（a）所示。最小孔径达10 μm。制作较大型的空腔结构、较复杂的微流道结构比机械冲孔工作效率高。激光打孔的主要问题：目前LTCC生瓷带打孔一般采用真空吸附的无框工艺（其生瓷带利用率较高）。打孔时生瓷带下面的Mylar膜还在，对于有Mylar膜的单片LTCC基片激光切割通孔时效果还不是很理想，边缘有熔蚀现象，如图5－5（b）所示。

(a) 激光切割设备

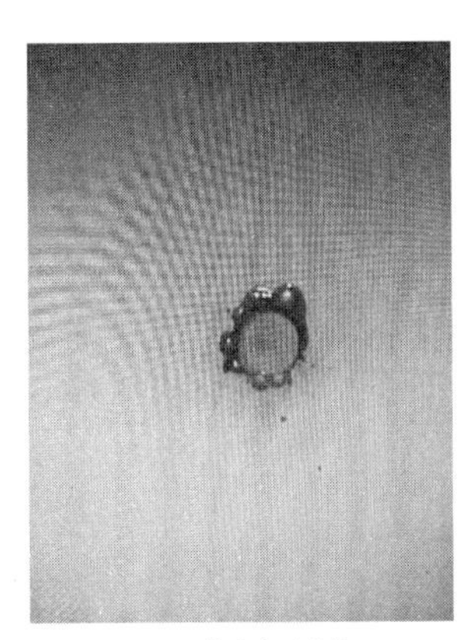

(b) 激光切割孔

图5－5 激光打孔

5.3.2.3 喷射气相刻蚀JVE（Jet Vapor Etching）

液态溶剂受热汽化，在高压泵作用下通过微型喷嘴喷出，刻蚀LTCC基板复合材料中黏合剂中的有机部分，去除基板填料中的陶瓷颗粒。通过这种技术，有可能制作出更加细微、复杂几何形状的结构，采用丙酮作溶剂刻蚀LTCC生瓷带的深腔结构或图形线条时，可制作出最小10 μm的微型线条。JVE的优点是可制作局部腔体和比机械加工更长的信道，而且设备的成本也比机械打孔机低。JVE干法刻蚀的LTCC基板可用于传统的LTCC叠压，烧结工艺，是一种很有发展前途的新型腔体和微流道成型工艺技术。

5.3.3 LTCC腔体结构的无变形控制技术

LTCC腔体有些是为了内嵌IC器件、缩小体积之用，但有些腔体则需实现特定的功能，如压力、位移传感器等，其对腔体的结构和尺寸有严格的要求，然而LTCC腔体在经过高压层压和共烧这两道工序后，产生变形是不可避免的。据报导，通过研究探索已经找到一些行之有效的控制LTCC腔体变形的方法，如采用填充材料对空腔层压时进行物理支撑，采用易挥发性的牺牲层材料限制埋置腔的变形等。

5.3.3.1 LTCC腔体层压和烧结变形

LTCC多层基板的等静压层压工艺一般是在约21 MPa（3 000 psi）、水温70 ℃下加压10 min，使LTCC多层基板热压形成叠层基板，然后按LTCC基板材料特性进行烧结形成整体的 LTCC 多层基板。LTCC 制作的腔体和微流道在高压层压和烧结时，腔体会产生变形，如图 5－6、图 5－7 所示。

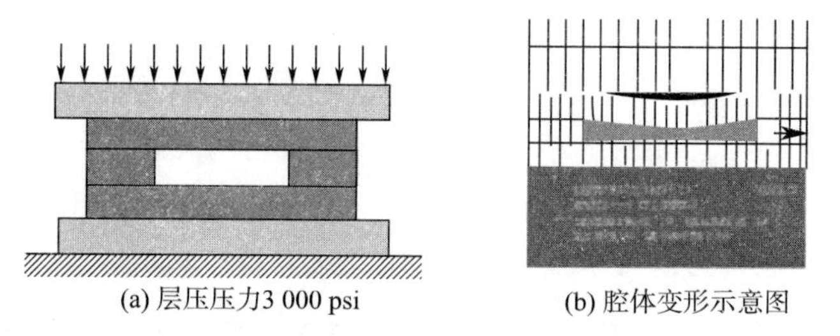

图 5－6　LTCC 腔体在层压时的变形

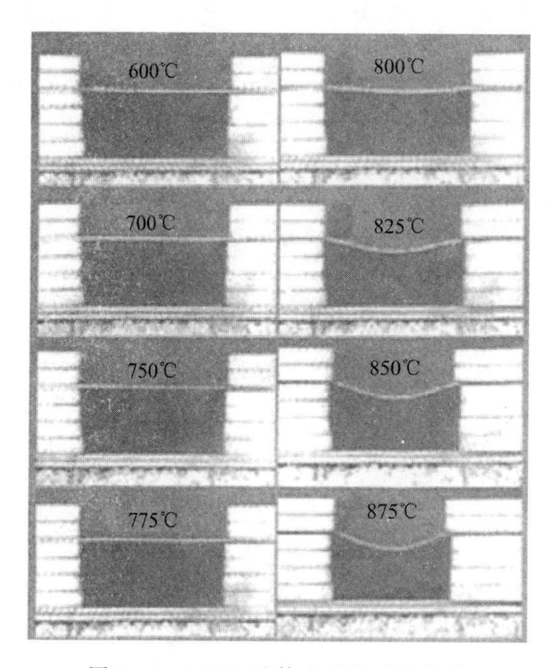

图 5－7　LTCC 腔体在共烧时的变形

5.3.3.2　LTCC 空腔变形的控制

对于 LTCC 空腔，因腔体结构是开放的，在层压和烧结后，腔体填充材料易于取出。对于填充材料考虑的重点是保证层压时腔体不变形及在烧结时与 LTCC 基板的 CTE 匹配问题。LTCC 空腔填充材料与电路设计和功能相关。对于 LTCC 气密性空腔，有人提出采用同种材料制作的嵌件（在 25%、1 000 psi 下制作的嵌体变形最小）用于 LTCC 层压工艺。还有一些与 MEMS 器件制作兼容的采用 LTCC 基板的空气桥、梁等结构，一些文献报导采用矿物牺牲层（MSM，Mineral Sacrificial Materials）制作 LTCC 空腔的方法，LTCC 基板采用 Dupont 951、Heraeus HeraLock 2000 及 800（HL2000、HL800）。烧结后 MSM 中的有机物挥发后，残留的物质通过醋酸化学腐蚀去除。通过实验比较，HL800 制作效果较好。采用 MSP13（$CaB_2O_4 \cdot 2H_2O$ ∶ MgO 比例 1 ∶ 3）矿物牺牲层制作的流量计电路桥（图 5-8 上部分）和机械结构（图 5-8 下部分），如图 5-8 所示。

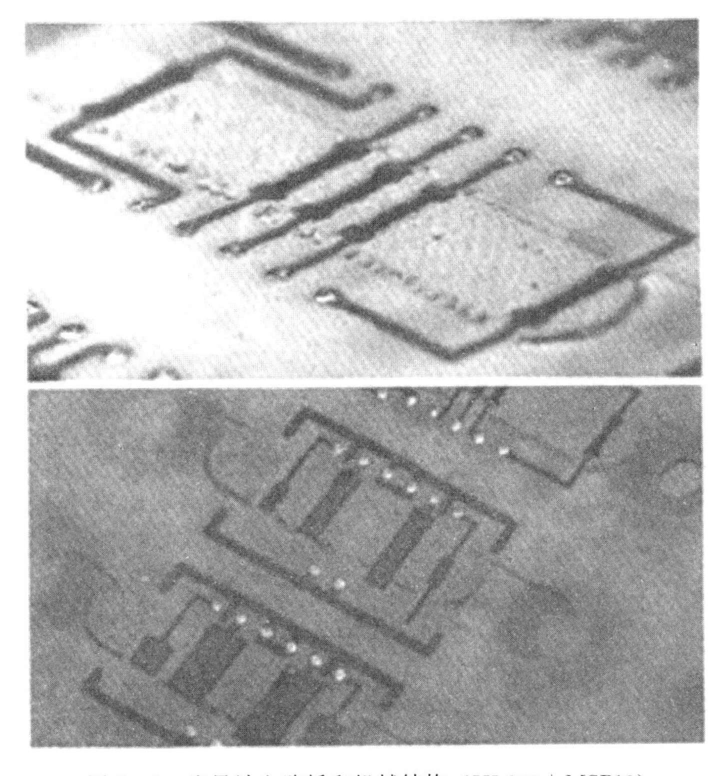

图 5-8　流量计电路桥和机械结构（HL800＋MSP13）

5.3.3.3　LTCC 内埋腔变形的控制

对于 LTCC 内埋腔体，在层压和烧结后，腔体中的填充材料无法取出，由于是封闭腔体，也无法采用化学腐蚀或干法刻蚀的方法去除，因此采用在 LTCC 基板烧结时易于挥发性的牺牲材料作为填充材料是一种比较理想的工艺方法。牺牲材料与 LTCC 基板 CTE 匹配，在烧结时牺牲材料体积不膨胀、不对腔体造成受压，因此牺牲材料必须满足以下要求：

1）在层压和烧结时能对 LTCC 空腔结构提供物理支撑；

2）LTCC 基板无变形；

3）可易用于丝网印刷工艺；

4）烧结后易于去除（通过分解或其他方式）。

符合上述要求的材料主要有石蜡（Waxes）、聚合材料（Polymeric Material）及碳基牺牲材料（carbon Material）等，石蜡主要用于铸造行业，石蜡的熔点一般为 57～63 ℃（低熔点），高熔点石蜡的熔点也仅在 120 ℃左右，聚合物材料的熔点一般在 200～400 ℃之间，而 LTCC 多层基板烧结时在 600 ℃以上才明显收缩，这时牺牲层材料早已挥发掉了，失去支撑的腔体还是会变形，而碳基牺牲材料在 800 ℃时才能烧尽，在 600～800 ℃时对腔体的支撑作用尚在，因此碳基牺牲材料很适合 LTCC 腔体的制作工艺。

碳基牺牲材料的特点：1）精细结构；2）在烧结时“氧化”。

作为牺牲材料比较理想的 LTCC 易挥发材料是碳材料，作为 LTCC 牺牲材料主要有两种形式：一种是碳黑膏（carbon - black Paste），一种是碳带，如图 5 - 9 所示。碳带 LTCC 主要用于方形腔体的填充，由于碳带不必制作丝网掩膜板，大小、形状任意裁剪，且不会污染 LTCC 基板；缺点是碳带尺寸与腔体尺寸的匹配问题，尺寸太小层压时产生变形及潜在的裂纹，尺寸太大特别是厚度方向在层压时会产生凸起。尺寸控制较难，经过多次试验才能确定合适的尺寸。

碳黑膏适用于各种图形的填充，如圆形腔体、弯曲微流道等。缺点是需做图形掩膜板，通过印刷机丝网印刷，要求碳黑的颗粒度达到微米级。

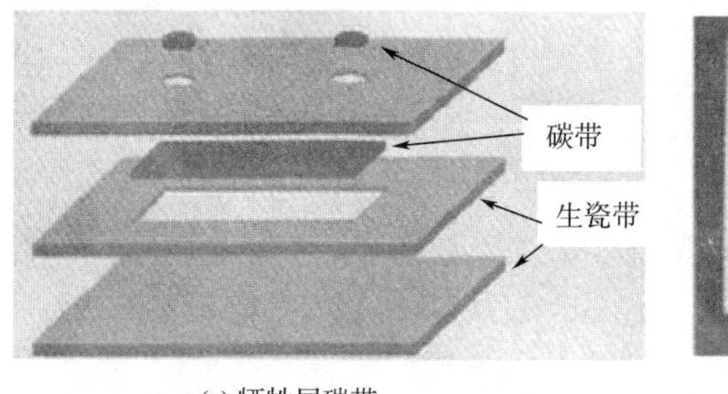

(a) 牺牲层碳带　　(b) 碳黑膏

图 5 - 9　碳基牺牲材料

碳黑牺牲膏的组分表明，碳黑膏在烧结时烧尽，形成无变形的 LTCC 内埋腔体，而且对 LTCC 基板没有腐蚀性。

图 5 - 10 所示为碳黑牺牲膏与 LTCC 基板烧结时的曲线图。图 5 - 10（a）所示为碳黑牺牲膏质量随烧结温度减小的曲线，从图中看出，在 600～800 ℃时，碳黑膏质量快速减小。图 5 - 10（b）所示为 DP951 - AX LTCC 基板在 670～875 ℃快速收缩达－15％。在这一温度内，碳黑膏在 800 ℃时烧尽，而 LTCC 基板已收缩 10％。因此，碳黑膏是一种比较理想的内腔体支撑及牺牲材料。基于上述理论，制作了 5 层 Dupont 951PT 空腔基板，通过不断地调整工艺参数，可以获得较好的结果，如图 5 - 11 所示。

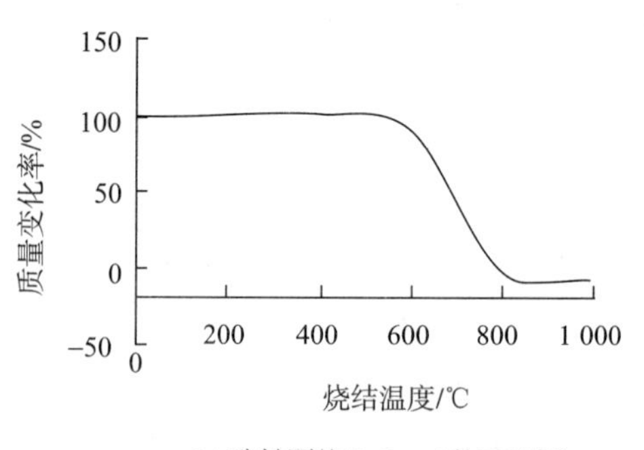

(a) 碳粉颗粒(1~2 μm)的TGA图　　(b) LTCC颗粒的致密度曲线

图 5 - 10　碳黑牺牲膏与 LTCC 基板烧结时的曲线图

(a) 变形

(b) 腔体成型

图 5－11　碳黑膏填充腔体

5.3.4　小结

碳黑膏是一种目前较理想的制作埋置腔体牺牲层的材料，但腔体制作的效果与基板材料、工艺设备和工艺步骤及参数等因素有关，特别是层压和烧结工艺影响最大，如层压时的施压方式、大小及层压的步骤，共烧时的烧结曲线、工艺气氛等。需通过大量的工艺试验、研究，不断提高腔体的制作水平，才能达到优良的制作效果。

5.4　RLC 制作技术

随着现代信息技术的迅速发展，小型化、集成化、高频化成为电子线路的发展要求与必然趋势。这就对电子元件提出了小型、轻量、薄型、高频、低功耗、多功能、高性能的要求。片式化、小型化已成为衡量电子元件技术发展水平的重要标志之一。为了适应电子信息技术的发展，满足市场需求，出现了新型的组件整合技术，如多芯片组件技术（MCM，Multi－Chip Module）、芯片尺寸封装技术（CSP，Chip Scale Package）等。

低温共烧陶瓷技术作为一种新型的封装技术，可将电路中的各种无源器件，如电容、电感、电阻、滤波器、耦合器、双工器等完全掩埋在介质中，以三维多层电路结构的形式实现小型化贴片产品，同时可与有源器件相结合用于研制各种高集成度、低成本的小功率射频与微波功能模块。掩埋在介质基板内的滤波器、耦合器、双工器等三维射频无源器件不同于常规的微带板无源器件，它们更能充分地利用三维空间。LTCC 以高集成度和高频特性好等优良的电子、机械、热性能，成为目前电子元件集成化的主流发展方向，广泛应用于电子通信、航天航空、汽车制造、计算机和医疗等领域。

在目前基于 LTCC 的多芯片组件（MCM－C）和 SiP 封装中，电阻器、电容器、电感器、IC 芯片等，一般组装在基板表面。数字电路中使用的 R、L、C 较少，模拟电路和微波电路大量使用 R、L、C，且 R、L、C 占用基板表面比例可以达到 70%以上，对系统的进一步小型化造成障碍，同时增加组装的复杂性及成本，降低系统的可靠性。LTCC 可以将部分或全部的R、L、C埋置在基板中，基板表面可以有更大的空间来组装有源器件，简化组装工艺，提高系统可靠性，减小封装体积。

5.4.1 LTCC上电阻的制作

5.4.1.1 厚膜电阻浆料特点

厚膜电路中的电阻器必须稳定可靠，在激光调阻、温度波动、环境湿热变化及加电负荷情况下稳定。在制作工艺过程中要有低的工艺敏感性，如电阻浆料的烧结温度及时间、再烧结、包封等过程阻值及温度系数等性能不能有太大的变化。电阻浆料主要由导电相、无机粘结相、改性剂、有机载体4部分组成。

厚膜电阻浆料是由导电相、玻璃相、有机载体和其他氧化物组成的复合材料体系，广泛应用于集成电路。厚膜电阻的导电机制与其导电相的体积分数有关，当导电相粒子的体积分数较高时，导电相粒子可相互接触，形成连续的导电通路，导电机制为金属链导电；当导电相粒子的体积分数较低时，导电相粒子之间并不是直接互相接触，而是由一层极薄的玻璃层隔开，此时的导电机制为隧道效应导电。导电相材料为二氧化钌或钌酸盐的钌系厚膜电阻浆料，其以优良的电气性能、工艺重复性及稳定性好、阻值范围宽和可在大气中烧成等一系列优点，成为应用最广泛的厚膜电阻浆料。

依据电阻在LTCC基板上的位置及制造工艺的差别，电阻主要可以分为两种：共烧电阻、后烧电阻。表层电阻可以采用后烧和共烧两种方式，后烧是通常采用的方法，其优点是可以通过改变丝网印刷机的参数调整电阻膜厚的方法来调整阻值，成品率高，缺点是共烧后的不规则陶瓷表面难以获得均匀正确的电阻膜厚，当制作面积小的电阻时这个问题尤为突出。内埋置电阻可以大幅度减少基板表面的表贴电阻数量，提高LTCC基板的集成度，由于无法采用激光修调，电阻精度较差。

5.4.1.2 后烧电阻

后烧电阻指电阻的印刷、烧结调值全部在烧结后的LTCC基板表面进行，通常采用小批量试样的方式，确定电阻的印刷参数，最后经过激光调值，可以得到高精度的电阻（电阻精度≤±1%）。后烧电阻精度较高，其主要由浆料方阻精度、丝网印刷控制精度、烧结条件、激光调值工艺等决定。

电阻浆料依据厂家、电阻系列的不同，性能也会有所不同，例如DuPont公司的后烧电阻有17××系列、19××系列、20××系列，目前主要应用的是19××系列和20××系列，由于20××系列的组织覆盖范围广、电阻稳定性好，目前在LTCC后烧工艺中得到越来越多的应用。20××系列的详细参数见表5-1。

表5-1 DuPont 20××系列电阻的详细参数

测试	2004R	2009	2004	2019	2011	2015	2021	2031	2041	2051	2061	2071
表电阻/(Ω/□)	4	10		100	10	50	100	1 k	10 k	100 k	1 M	10 M
值偏	±10%	±10%	±10%	±10%	±10%	±10%	±10%	±10%	±10%	±10%	±10%	±20%

续表

测试	2004R	2009	2004	2019	2011	2015	2021	2031	2041	2051	2061	2071
HTCR(ppm/℃)	0～50	≤50	0～50	≤50	≤50	≤50	≤50	≤50	≤50	≤50	≤50	≤125
CTCR(ppm/℃)	≥−100	≤100	≥−100	≤75	≤100	≤75	≤75	≤75	≤75	≤75	≤75	≤100
Quan Tech Noise,(dB)[3]	−24	−32	−25	−32	−35	−35	−31	−20	−17	−9	9	—
STOL(V/mm)[4]	3	7.5	5	25	6	17	28	80	165	370	350	275
SWV,(V/·mm)[5]	1.2	3.0	2	10	2.4	6.8	11	32	66	148	140	110
MRPD,(m/W/mm²)[6]	241	600	573	650	430	660	870	570	240	150	9	0.9
ESD(%ΔR after 1×5 kV pulse)[7]	<0.1	<0.2	<0.1	<0.1	<0.5	<0.1	<0.1	<2	<0.5	<0.1	<0.5	<0.1

后烧电阻通常需要采用激光调值工艺提高精度，因此后烧电阻的阻值通常控制到设计值的 80%，然后采用激光调值的方式，提高电阻的精度。

5.4.1.3　共烧电阻

共烧电阻指电阻的烧结与 LTCC 基板同时进行，通常应用于基板的内部和腔体底部等无法进行后烧电阻制作的部位，如图 5-12 所示。不经过激光调值的共烧电阻精度较低，共烧电阻精度主要由浆料方阻精度、丝网印刷控制精度、烧结条件等决定。

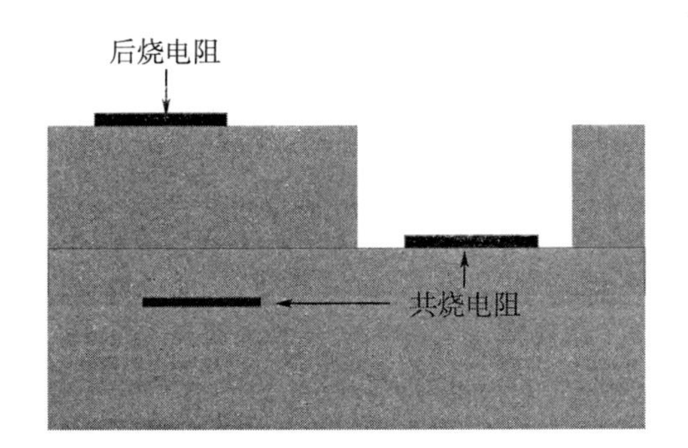

图 5-12　基板的内部和腔体底部电阻只能共烧制作

共烧电阻阻值的计算公式为

$$R = \rho L/(tw) \tag{5-1}$$

式中　ρ——材料体电阻率；

L，t，w——电阻长度、厚度及宽度。

电阻阻值 R 是 ρ、L、w、t 的函数即

$$R = f(\rho, L, w, t) \tag{5-2}$$

ρ 是浆料本身的特征，它决定了电阻的准确度和可重复性，对于特定的浆料而言是一个定值，而 L、w、t 这 3 个变量是由浆料和丝网的一些特性决定的。它们界定了电阻的分辨率和可重复性的范围，这就意味着电阻的厚度和丝网分辨率成为影响电阻公差的决定因素。根据厚膜电阻的一般规则，ρ、L、w、t 的变化范围分别为 ±10%、±2%、±2%、±10%，所以式（5-1）可表征为

$$R=[(\rho \pm 10\%)\times(L \pm 2\%)]/[(t \pm 10\%)\times(w \pm 2\%)] \quad (5-3)$$

从式（5-3）可以计算出 R 的范围应为：$[(1-10\%)\times(1-2\%)]/[(1+10\%)\times(1+2\%)]\sim[(1+10\%)\times(1+2\%)]/[(1-10\%)\times(1-2\%)]=0.7861\sim1.2721$，即 R 的偏差一般可控制为－21.39％～＋27.21％，此偏差可以大致折合为±27％，也就是说按常规的厚膜工艺技术在不进行激光微调的情况下共烧电阻的控制精度≤±27％。

目前应用较多的共烧电阻浆料分别是 DuPont 951 系统配套的 CF0××系列及 Ferro A6M 材料系统配套的 FX87 系列。DuPont 951 材料系统匹配的共烧浆料是 CF0××系列，共包含 4 种方阻，每种电阻的性能见表 5-2。

表 5-2 DuPont CF0××系列电阻性能列表

测试	Properties			
CF 系列	CF011	CF021	CF031	CF041
表电阻/(Ω/sq)[3]	10	100	1 000	10 000
值偏/(％)[4]	±20	±20	±20	±20
1 次重烧后值偏/(％)	＋5～10	0～－1	－4～－6	－8～－9
2 次重烧后值偏/(％)	＋5～10	0～－1	－4～－6	－15～－18
3 次重烧后值偏/(％)	＋15～20	0～－2	－4～－6	－25～－30
高温电阻温度系数(25－125 ℃,HTCR)	±200	±200	±200	±200
低温电阻温度系数(－55－125 ℃,CTCR)	±200	±200	±200	±200
CTCR and HTCR w/3x refires	±200	±200	±200	±200
静电(1 次 5 kV 脉冲)(％)	＜0.2	－0.01	－0.01	－5.1～－7
Quantech noise(dB)	－40～－35	－40～－35	－25～－20	－5～0
STOL(V/mm)		17～18	50～55	100～120

Ferro A6M 材料系统匹配的共烧浆料是 FX87 系列，共包含 4 种方阻，依据电阻位于基板内部或表面分为内埋置共烧电阻和表面共烧电阻，每种电阻的性能见表 5-3。

表 5-3 Ferro A6M FX87 系列电阻性能列表

Typical Composition Properties				
型号	FX87-011	FX87-101	FX87-102	FX87-103
电阻(Ω/sq)	10	100	1 K	10 K
误差	±30％	±30％	±30％	±30％
电阻温度系数/(PM/℃)	N/A	±450	±200	±200
瞬时过载电压/(V/mm^2)	5	22	54	60
静电放电偏差	＜0.5％	＜0.5％	＜0.8％	＜0.8％

内埋置共烧电阻通常还需要经过叠片、层压、烧结工序，不同的工艺参数对电阻值有不同的影响，因此需要积累或总结出内埋置共烧电阻印刷后各工序典型工艺参数的变化对电阻阻值的影响曲线，以供内埋置共烧电阻设计时进行版图的修正。

5.4.1.4　工艺参数对电阻值的影响

(1) 埋置深度对电阻值的影响

图 5-13 给出了 FX87 系列电阻的值与所在层的关系，可见阻值随层的变化不大。图 5-14、图 5-15 分别给出了 FX87-103、FX87-102 两种内埋置共烧电阻在不同层的温度系数变化情况。

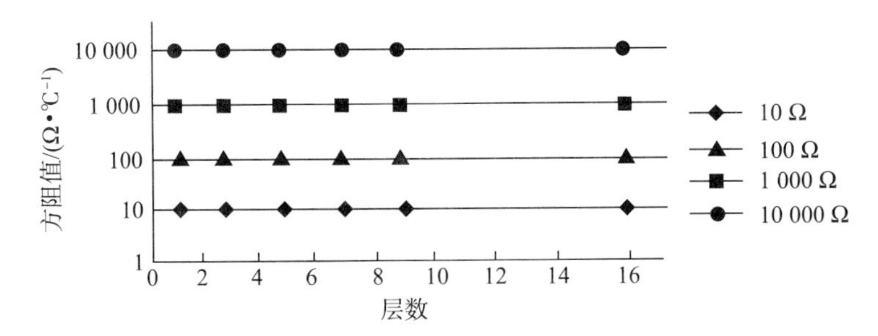

图 5-13　FX87 系列电阻阻值与电阻所在层的关系

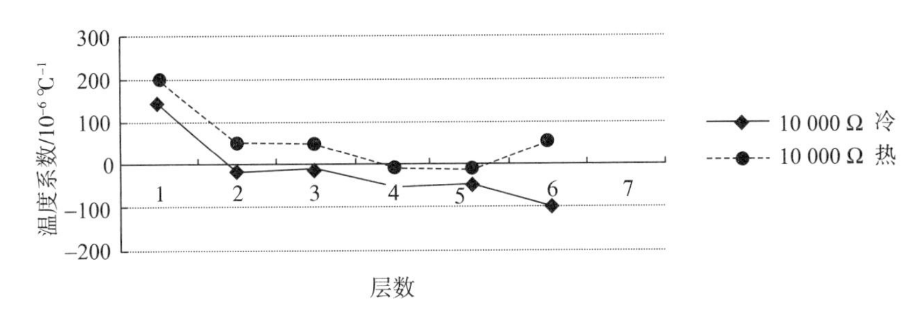

图 5-14　FX87-103 电阻的温度系数随埋层层数的变化曲线

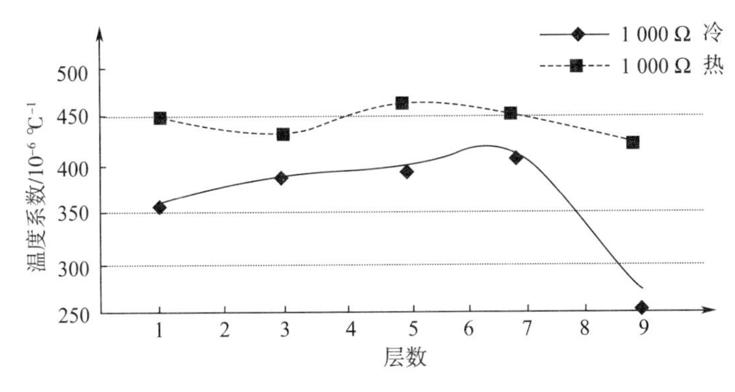

图 5-15　FX87-102 电阻的温度系数随埋层层数的变化曲线

(2) 层压参数对电阻值的影响

层压参数主要包括压力、温度、时间等，主要是通过影响电阻膜厚来影响电阻阻值。图 5-16 所示为在 50℃下，标称值为 1 kΩ 的内埋置共烧电阻在不同热压力下的阻值及基板的收缩率。实验中观察到，压力较低时，基板烧结后表面不平整，并出现分层现象；当压力大于 8 MPa（即 8 N/mm^2）时，基板光洁平整。

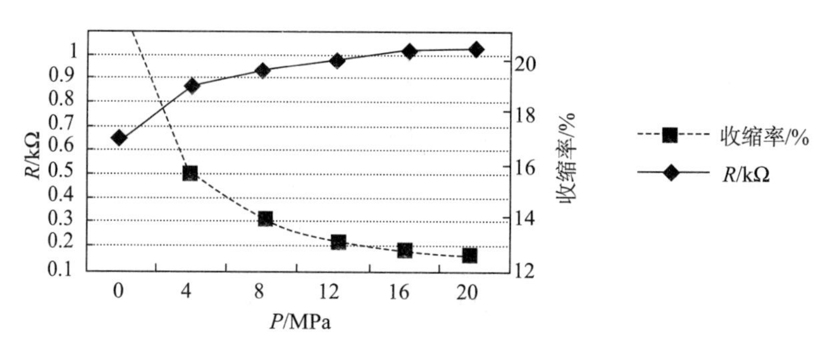

图 5-16　内埋置共烧电阻阻值与层压压力的关系

由图 5-16 可见，当压力较小时，阻值较小，基板收缩率较大。随着压力增大，阻值不断增大，基板的收缩率逐渐减小。这是因为随着热压力的增大，LTCC 生瓷片的气孔率减小，密度提高，利于致密烧结，因此收缩率减小。当基板收缩率较大时（基板的纵横向收缩基本一致），厚膜电阻的收缩率也相应大，其膜厚相对增加，电阻的阻值减小。而当基板的收缩率减小时，电阻的膜厚增加少，阻值相对增大。当压力大于 12 MPa 时，基板收缩率变化极小，阻值随压力变化也就不明显了。

（3）烧结参数对电阻值的影响

由于烧结过程是不可逆的，所以烧结过程决定产品成败。烧结参数主要有峰值温度、保温时间、升降温速率、烧结气氛等，要获得最佳阻值，必须对这些参数进行严格的控制。采用可编程箱式炉进行排胶、烧结，其曲线如图 5-17 所示。

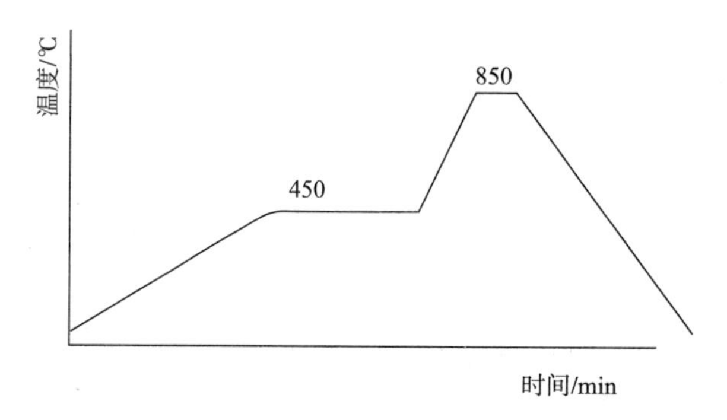

图 5-17　LTCC 排胶、烧结曲线

电阻通常设计为矩形，由于采用丝网印刷工艺，其电阻浆料印刷厚度随几何形状的不同而变化，由于不同电阻浆料的印刷特性不同，因此需要对不同几何尺寸下的每种方阻进行测试，测试数据用于对电阻版图设计进行修正。更加准确地命中目标值。

（4）高精度电阻的获取方法

由于厚膜电阻成分复杂、影响电阻阻值的参数多，为了获得高精度的可预期电阻，通常需要对每种方阻浆料的长度效应、厚度效应、混料效应、返烧次数以及对应的温度系数进行测试，以实现高精度电阻的设计，如图 5-18～图 5-21 所示。

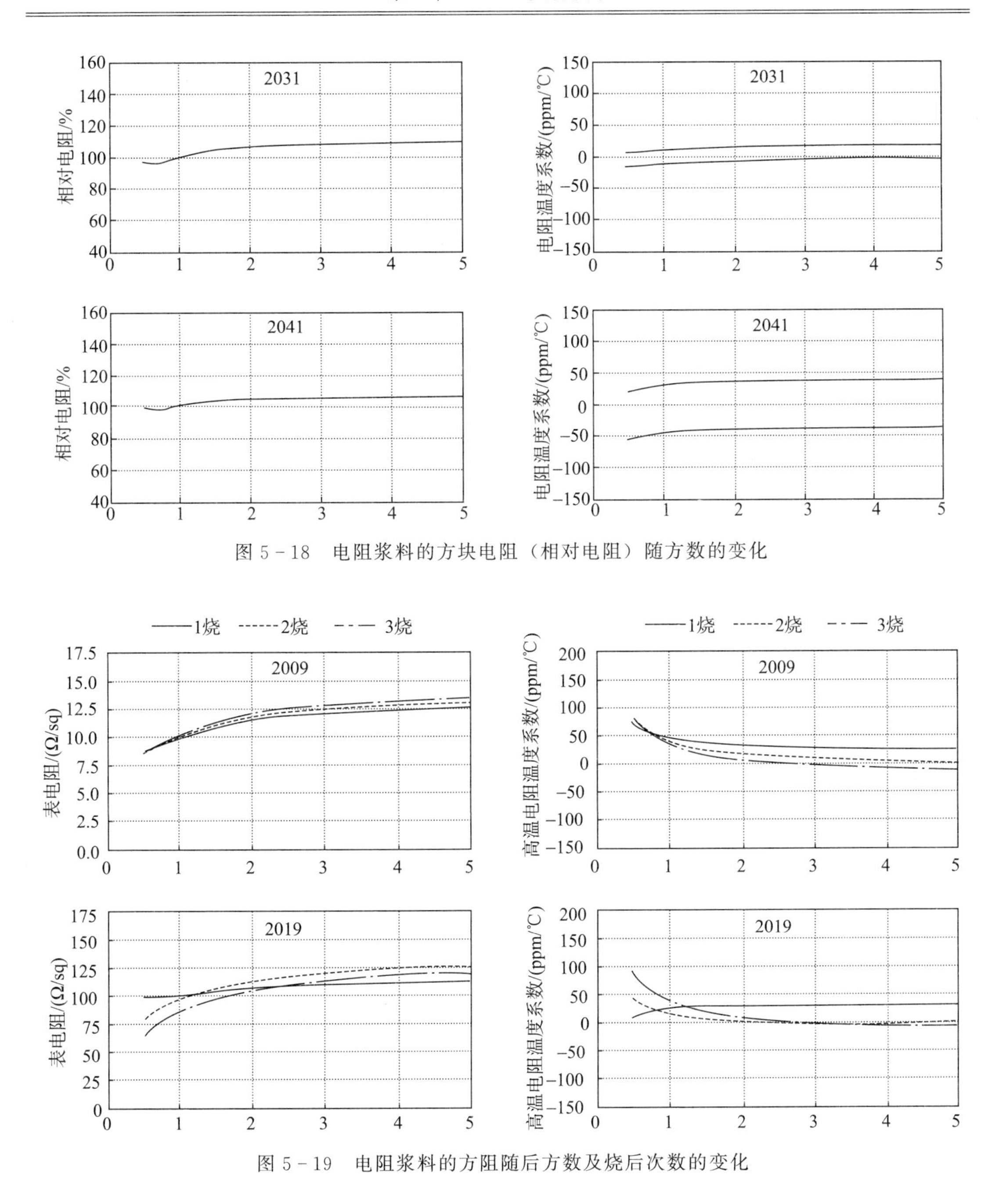

图 5 - 18　电阻浆料的方块电阻（相对电阻）随方数的变化

图 5 - 19　电阻浆料的方阻随后方数及烧后次数的变化

5.4.1.5　电阻版图的设计

由于电阻阻值的影响因素众多，LTCC 基板工艺流程通常将电阻放到偏后的工序，同时电阻的版图设计参照实验得出的各种曲线进行修正，可以快速得出电阻的合适设计尺寸。对于厚膜电阻，由于印刷精度及丝网分辨率的存在，通常会给出电阻设计的基本要求，以满足电阻加工的工艺。图 5 - 22、图 5 - 23 列出了 LTCC 基板上制作的厚膜电阻的基本几何形状及尺寸要求。

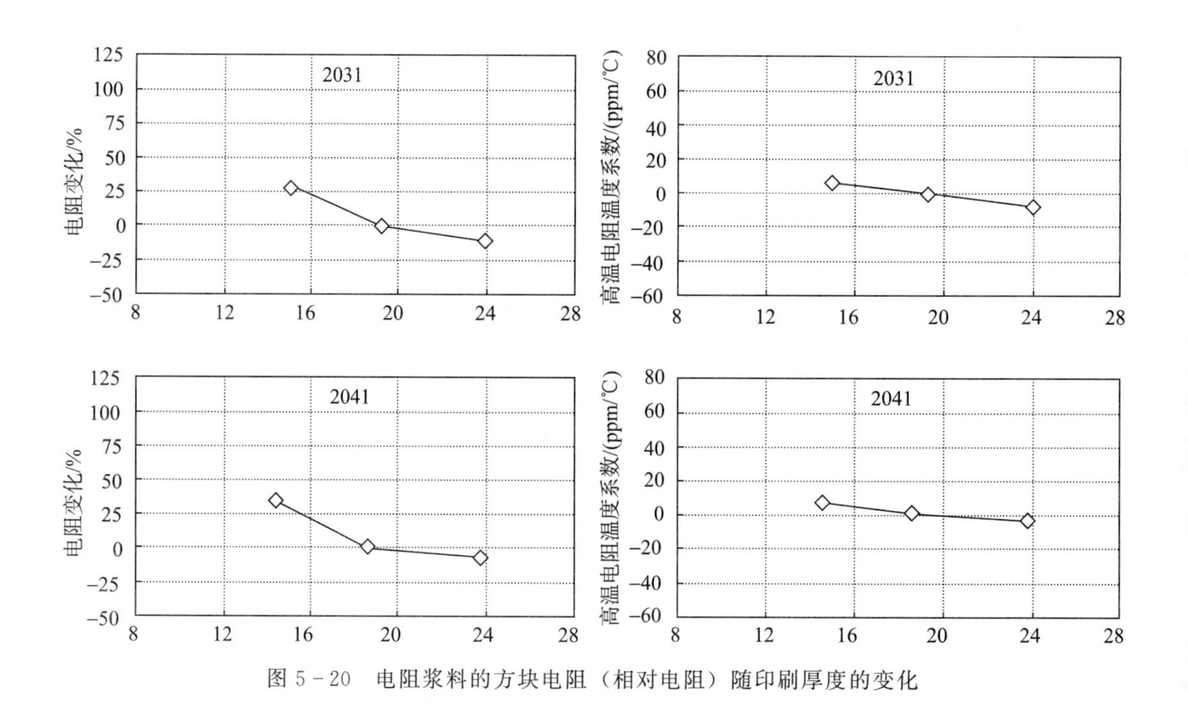

图 5-20　电阻浆料的方块电阻（相对电阻）随印刷厚度的变化

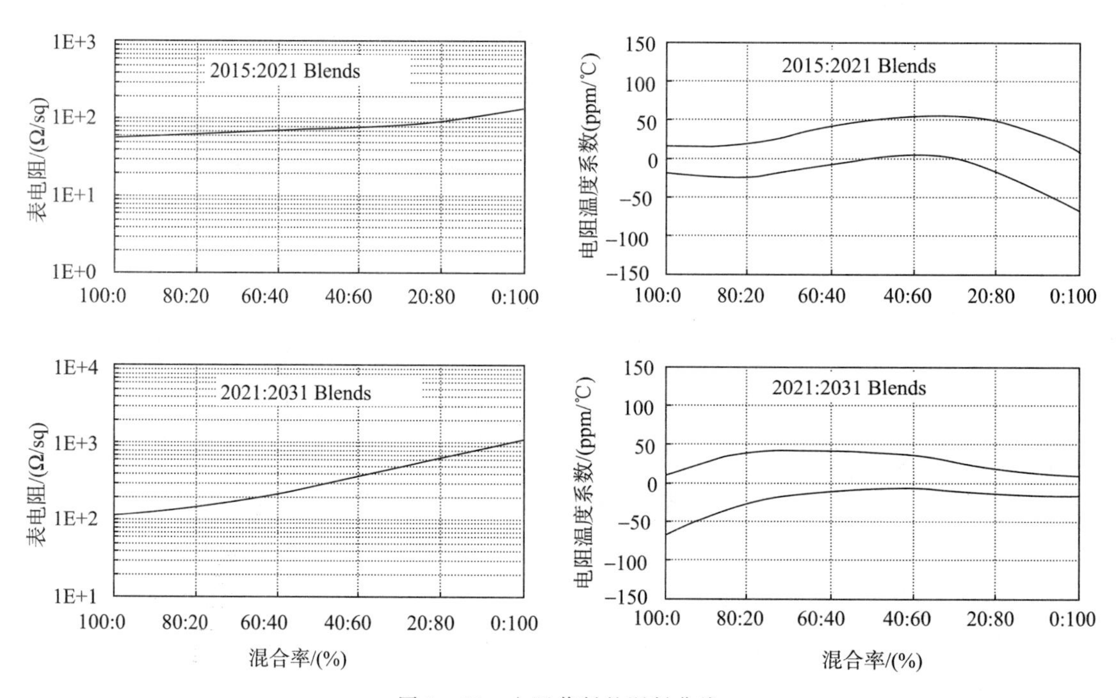

图 5-21　电阻浆料的混料曲线

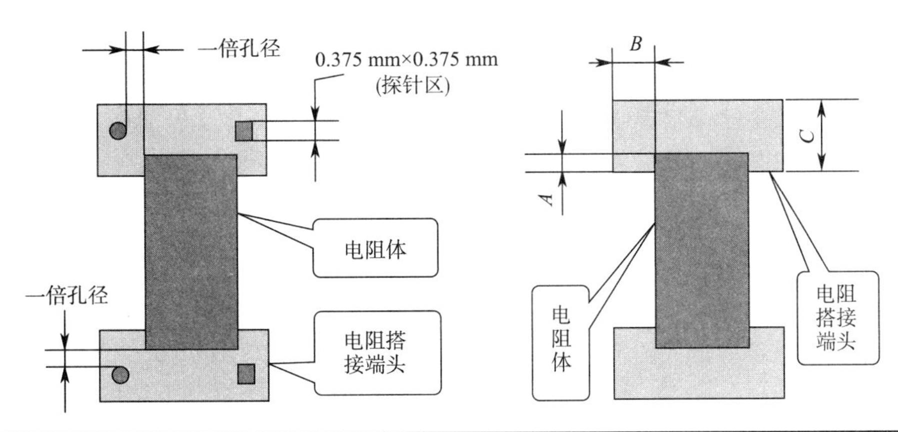

尺寸	A(最小值)/mm	B(最小值)/mm	C(最小值)/mm
试剂	0.125	0.125	0.250
小批量	0.250	0.250	0.375
大批量	0.250	0.250	0.375

图 5－22　电阻图形及端头基本尺寸

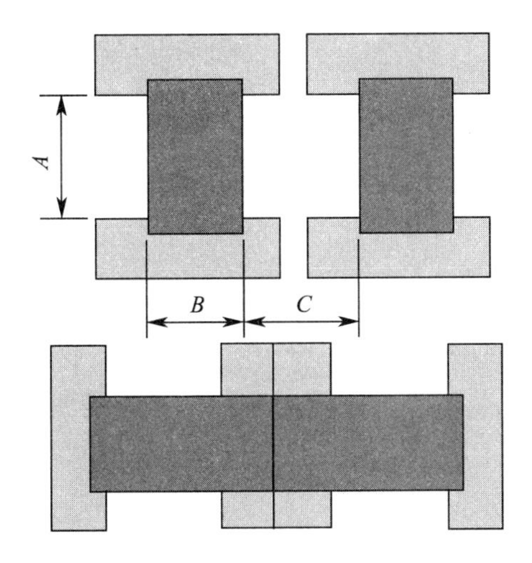

尺寸	A(最小值)/mm	B(最小值)/mm	C(最小值)/mm
试剂	0.375	0.375	0.750
小批量	0.500	0.500	1.00
大批量	0.750	0.750	1.250

图 5－23　LTCC 电阻几何尺寸要求

5.4.2 LTCC 上电容的制作

电容在微波射频电路中是不可缺少的元件，被广泛用于阻隔直流、旁路去耦、滤波、耦合、调谐、整流等。

5.4.2.1 同质电容的设计和制作

国际上主流 LTCC 陶瓷是 DuPont 951 和 Ferro A6M，这两种陶瓷的介电常数分别是 7.8 和 5.9，两种陶瓷分别有不同的单层厚度。使用导体浆料作为电容的电极，LTCC 陶瓷作为介电材料，可以形成典型的 MIM 平行板电容器结构，通过设计不同的电极面积和电容层数，构建内埋置的电容，其典型结构如图 5-24 所示。

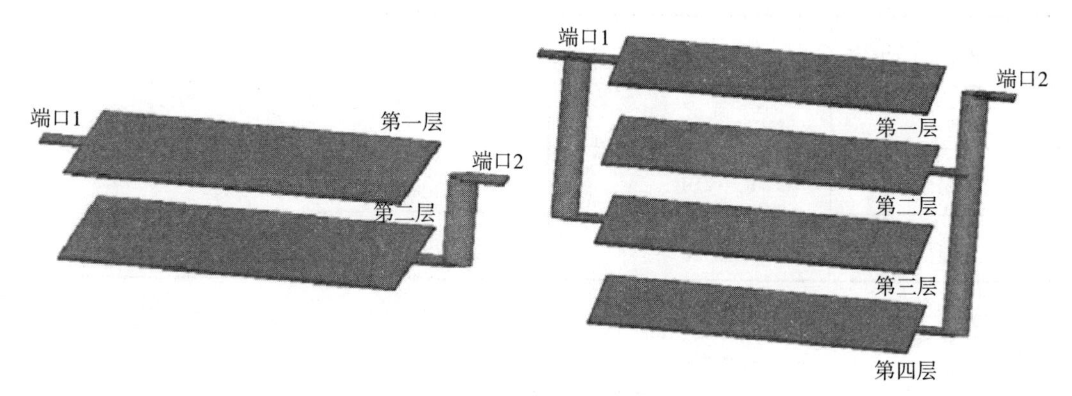

图 5-24 单层介质电容和多层介质电容

对于电容制作来说，LTCC 陶瓷的介电常数较小，且单层 LTCC 陶瓷厚度一般仅有几十 μm～几百 μm，因此使用 LTCC 陶瓷作为电容介质，可制作的电容容量通常不大于 100 pF。当需要在 LTCC 基板内部制作更大容值的电容时，就需要提高介质的介电常数，减小电极之间的厚度。

5.4.2.2 异质电容的设计和制作

采用 LTCC 作为介电材料提供的电容密度很小，当需要提高电容密度时，需要使用高介电常数材料和较小的极板间距离。DuPont 公司可以提供介电常数为 60 的介质，该介质的状态为浆料，可以采用丝网印刷的方式，将电极间距降低到 20 μm。与 LTCC 介质相比可以提供较高的电容密度，但电容值还是限制于皮法量级内。

目前在研制的介质浆料介电常数达到 1 800，采用丝网印刷的方式，极板间距控制到 20 μm，可以在 LTCC 内部制作纳法量级的电容。可以极大地增强 LTCC 内埋置电容的集成能力，为电容的集成提供有力的解决方案。

高 k 介质浆料的使用，一般采用多次印刷的方式完成，基本流程是：电极 1 印刷→高 k 介质印刷→电极 2 印刷。高 k 介质采用丝网印刷的方式，由于印刷厚度存在一定的变化，因此会造成电容值精度较低，电容值的加工精度≤±20%。

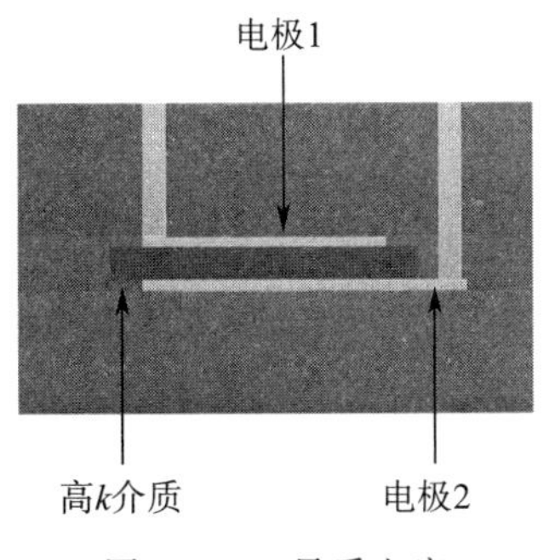

图5-25　异质电容

5.4.3　LTCC上电感的制作

电路中的电感、电容元件可以用来网络匹配、构成LC振荡回路、作RF扼流块、集总参数的滤波器、集总参数的耦合器等。

5.4.3.1　同质电感的设计和制作

LTCC陶瓷的主要成分是氧化铝和玻璃，使用LTCC陶瓷作为介质材料，用金属导体作为导线，由于覆盖电感线圈的材质和基板材质一样，称其为同质电感。由于相对磁导率$\mu=1$，电感量均较小，通常小于50 nH，主要用于构建高频电感。

图5-26为LTCC内埋置电感的典型结构，(a)至(c)为平面电感，其中，(a)为正方形螺旋折线式电感，(b)为八边形螺旋折线式电感，(c)为圆形折线式电感；(d)至(f)为常用的立体电感的几种形式，分别是位移式、层叠式、螺旋式立体电感。

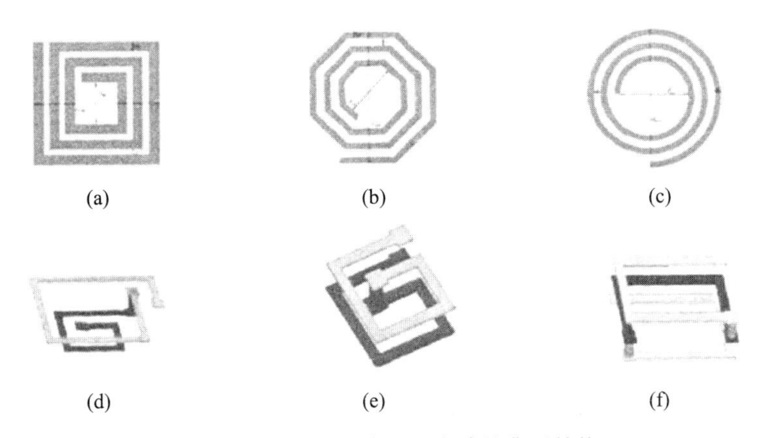

图5-26　LTCC内埋置电感的典型结构

一般来讲，立体电感与平面电感相比，在相同电感值下占用面积小，自谐振频率高以及Q值大。但是平面电感制作工艺相对简单，基本不用考虑电感本身的层间互连对电感的影响。立体电感中螺旋电感性能更为优良，其所占面积最小，而且具有较好的品质因数，自谐振频率f_{SRF}最高。但是所需层数较多，工艺相对复杂。

5.4.3.2 异质电感的设计和制作

随着LTCC技术的发展，铁氧体陶瓷材料的烧结温度已经降至900 ℃，通过材料配方的调节及使用流延工艺，制作成生瓷带，实现与常规LTCC材料的共烧。由于铁氧体材料具有高的磁导率（$\mu \geqslant 500$），与同样布线结构的同质电感相比，电感量得到极大的提升。这种电感通常应用于功率电感，可以极大地减小电源类产品的体积，提高其功率密度和可靠性。

异质电感在LTCC中有两种集成方式，图5-27所示为铁氧体构成的电感内嵌到LTCC中，图5-28所示为铁氧体电感构成平面，与LTCC可以实现共烧。

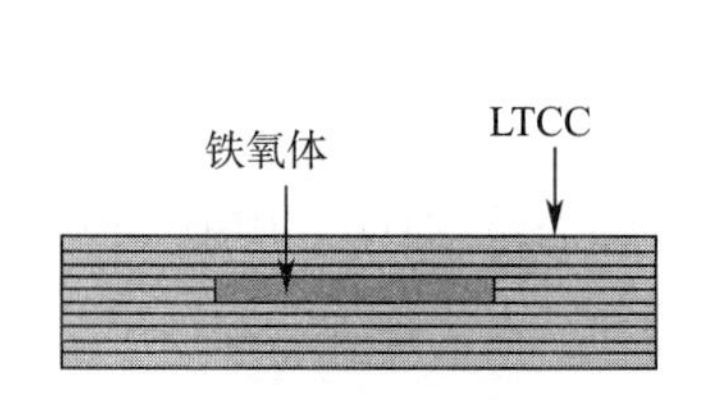

图5-27 异质电感内嵌到LTCC中

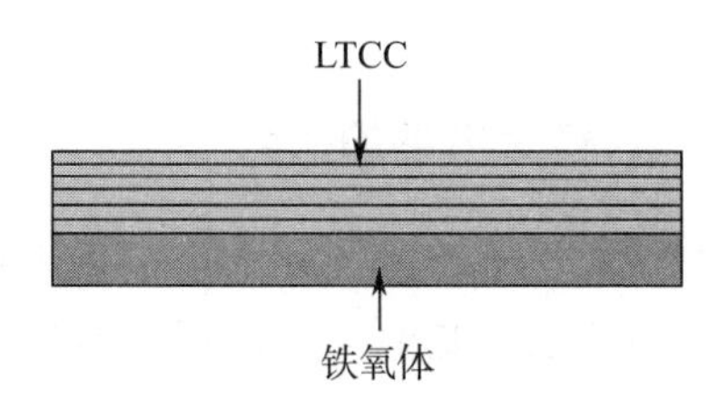

图5-28 异质电感和LTCC共烧

通过采用异质电感制作的工艺，设计初级线圈和次级线圈，可以构成片式变压器，同样可以内嵌到LTCC基板内。由于变压器线圈和铁氧体之间无空气隙，因此铁氧体片式变压器的效率较高，同时可以提高变压器的开关频率，与常规变压器的体积相比可以得到有效的缩小。

通过使用不同的材料，采用异质共烧的方式，将电阻、电容、电感全部集成到基板中，实现了无源元件的集成，为系统小型化、高密度化提供了有效的解决手段。随着工艺加工水平和原材料技术的进步，无源元件的特征尺寸也将从毫米量级发展为微米量级，从设计及工艺方面也将从SiP发展到SOP，为系统集成的技术发展起到巨大的推动作用。

5.5 LTCC调阻

5.5.1 调阻工艺简介

LTCC产品烧结后在产品的表面层印的厚膜电阻，一般设计得比所需标准值小，为了达到标准值，现最常用的办法就是激光修调的办法。激光调阻技术是实现高性能厚膜混合电路的重要手段，是厚膜电路最精密的阻值调整方法，与其他调阻技术相比，激光调阻精度高、速度快、效率高，因此，广泛地应用于混合电路的制造工业中，具有举足轻重的作用。激光修调系统是程控的自动调阻系统，其调阻过程：调阻系统对每一电阻两端加一定的恒流，测试电阻上的电压，算出对应的初始值，然后控制激光把电阻切割掉一部分（边测试边切割）以改变电阻的宽度，使其阻值增大到程序定义值。

5.5.2　激光调阻机理

激光调阻是把激光器输出的脉冲激光束聚焦成很小的光点，从而产生高能量密度的激光脉冲对电阻体印刷浆料进行轰击，使被切割的电阻浆料迅速汽化掉，从而有效地改变了长宽比，最终达到把低于目标值的电阻体阻值修调到目标阻值允许的允差范围内，达到精确调整电阻体阻值的目的。

印刷电阻值＝外观系数（即长宽比 L/W）×（浆料阻值/单位面积）。激光调阻是通过有效地提高 L/W 比值，从而提高电阻值的。调阻机理示意图如图 5－29 所示。

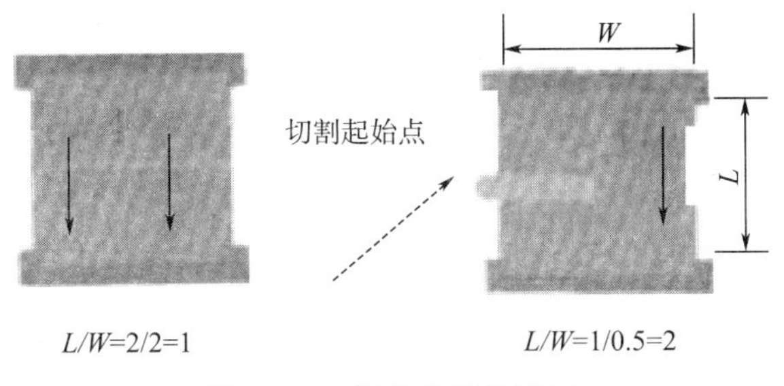

图 5－29　调阻机理示意图

激光切口是由连续重叠的激光脉冲加工而成。激光切口俯视图如图 5－30 所示。为了产生稳定的电阻值，控制激光束功率是很重要的。必须产生一清洁的边缘和整齐的切口，而又不损坏邻近的电阻材料。切口中的剩余材料会造成电流的并联路径使电阻不稳定。

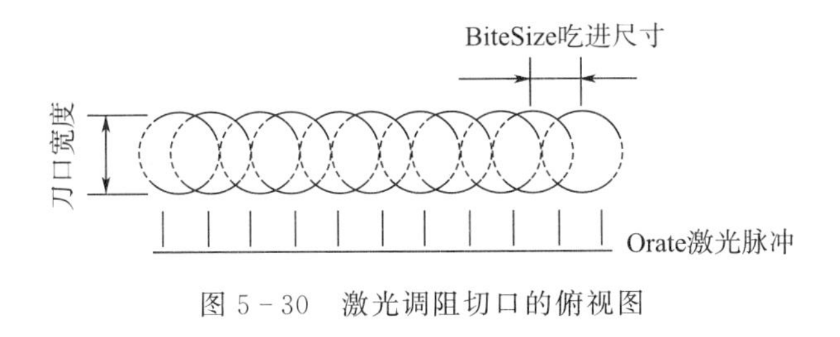

图 5－30　激光调阻切口的俯视图

5.5.3　激光调阻系统

激光调阻系统是一个由计算机控制，利用激光对厚、薄膜混合电路中的导线和电阻材料进行激光修正的精密微调系统。可用于电子元器件、传感器、厚薄膜电路中的膜电阻及相关参数的精密调节。

激光调阻系统主要由计算机控制的激光器、光束定位系统、测量系统、图像显示及识别定位系统等组成。它可快速、精确地修调电阻到预定值，这一过程通过计算机控制所有运动部件及激光，使得激光束在电阻上移动而切割电阻来完成。

激光器是一种有效的调阻工具，它能进行高速切割。混合电路调阻用的激光器主要有二氧化碳激光器、Nd：YAG（钇铝石榴石）激光器、氙激光器和半导体激光器等。计算机的功能主要是控制激光器和电阻修调程序，通过光束定位后，由计算机控制的激光束按预定的路线行进，将行进轨迹上的电阻和电极材料烧灼汽化。激光器每发出一个脉冲，激光束向前移动一定距离，打出一个光点，由这些连续重叠的激光脉冲便构成激光切口。

光束定位系统主要有两种基本形式：线性马达式和检流计式。线性马达式定位系统能提供一个精确的光斑尺寸和形状，与激光束位置无关，这种系统微调均匀性好。检流计式定位系统，是目前先进的激光调阻系统普遍采用的方式，具有调阻速度快、一致性好、无故障工作时间长，用于高速、大批量微调中。

测量系统是在调阻过程中进行工作的，在激光切割的同时，用探针、测量系统监控阻值变化，并与设定基准值进行比较，当测量值与设定基准值一致时，激光脉冲就自动停止了，然后，激光束转移到下一个需要修调的电阻上。

5.5.4　调阻工艺及参数

5.5.4.1　调阻工艺

由于单纯利用成膜工艺来控制阻值精度是难以实现的，所以厚、薄膜电阻都需要采用微调工艺来实现阻值的高精度控制。采用激光调阻工艺对电阻进行微调，能使其中的电阻精度比半导体集成电路的体电阻精度高得多，这也是厚、薄膜电路的重要优点之一。激光调阻工艺是利用激光束打击电阻膜，在瞬间产生极高温度，使局部电阻膜材料汽化蒸发，这种方法微调速度快、精度高（可达 0.01%～0.1%）、阻值调整范围广（0.1 Ω～10 000 MΩ）、定位准确、速度快、效率高，对周围元件的特性无影响，对厚膜和薄膜均适用，较适合大批量生产。

5.5.4.2　工艺参数

激光调阻的工艺参数直接影响调阻的精度，因此确定适宜的工艺参数十分重要。主要工艺参数包括激光输出功率、激光器的步进尺寸、重复率、光斑尺寸等。

（1）激光输出功率 P

激光输出功率是十分重要的指标。必须产生一个清洁的边缘整齐的切口，而又不损坏邻近的电阻材料。功率过大，因为热熔区和热影响区的存在，故可能在电阻体表面产生龟裂（影响最大的为垂直电流方向部分），且可能产生“飞溅”现象，加上切口造成局部电流过于集中，不可避免地产生调阻后的阻值漂移和电阻噪声。功率过小，又不能保证切口干净，残留电阻材料产生桥联，影响电阻稳定性。所以，为了产生稳定的电阻值，选择合适的激光器输出功率至关重要。

（2）激光器的步进尺寸（BS）

步进尺寸表示每个脉冲去除材料的尺寸。BS（激光器的步进尺寸）= *speed*（切割速率）/QR（重复率）。许多连续的激光脉冲产生的切割点重叠便形成一条切割线（如图 5 - 30 所示）。步进尺寸的大小直接影响切槽质量和调阻精度，如果步进尺寸太大，会造成切槽不清晰、边缘粗糙，呈锯齿状；如步进尺寸适宜，则产生的切槽边缘光滑、整齐。一般每个激光脉冲产生的切割点重叠为 40%～50%可获得光滑整齐的边缘。

(3) 重复率 QR

重复率是指每秒的激光脉冲数。重复率的控制与微调速度有关。QR 过大时，可能会造成单个光点的能量不足，峰值下降。故 QR 的选取要考虑光点能量的一致性，不能过大。

(4) 光斑尺寸（Spot Size）

光斑尺寸是单个脉冲所去掉面积的直径。光斑尺寸是可变化的，厚膜电阻的光斑尺寸一般为 50～100 μm，薄膜电阻的光斑尺寸一般为 20～40 μm。调阻时，调阻参数的控制调整均可采用计算机编程实现。通过精确地控制激光的输出功率、重复率、微调速度等关键参数（当然电阻膜厚度的均匀性、微调图形等也是影响激光调阻质量的重要因素），可减少微裂等现象的发生，提高阻值稳定性，有效地提高调阻质量。

5.5.5　工作程序

整个调阻过程是通过计算机编程来控制实现的。工作程序可用于控制测量系统设定、连接电阻与测量系统、定位激光束、移动并发射激光脉冲、测量微调电阻值等。工作程序一般由 4 个部分组成：定义电阻参数、微调前电阻测量、设定和微调和最终测量。

5.5.5.1　定义电阻参数

定义电阻参数用于定义电阻目标值、连接探针卡。

典型命令：DEFR＃（目标值）HP＃ LP＃（GPW）；

R＃：R1－R255；

HP＃：高探针号；

LP＃：低探针号；

GP＃：开路接点（视探针卡而定）。

5.5.5.2　微调前电阻测量

微调前电阻测量用于决定是否可调。

典型命令：PT（电阻名称）（下限）（上限）。

上限值和下限值以百分数表示，即目标值的＋/－％。

小于下限不能加工到目标值，大于上限则超出了规定的允差范围，这两种情况都无须再经过微调加工。

5.5.5.3　设定和微调

用于设定激光参数、将光束定位在加工的起始位置、设定测量系统、对电阻进行微调。

典型命令：

QR（表达式）：激光每秒发射出的激光脉冲数；

BS（表达式）：光斑之间圆心距；

XY（X 轴位置）（Y 轴位置）：将光束定位到开始微调位置；

ST R#—X%：设定测量系统；

TRIM UP YMILS：对电阻进行直线修调。

5.5.5.4 最终测量

用于测量微调电阻值，判定是否在目标值规定的允差范围内。

典型命令：FT（电阻名称）（下限）（上限）。

上限值和下限值以百分数表示，即目标值的+/-%。

微调电阻值在上、下限规定的允差范围内视为合格，否则不合格。

需要说明的是，上述工作程序中的典型命令适用于ESI-4990型激光调阻系统，对于其他类型的激光调阻系统，需根据系统的具体工作程序类型，做适当调整。

5.5.6 切割类型

多种切割类型可用于电阻微调，但最常用的类型有直线切割、L形切割、J形切割、U形切割、蛇形切割等。各种切割图形的设计都是为了提高电阻值并使之达到目标值允许的允差范围内。常见的切割类型如图5-31所示。

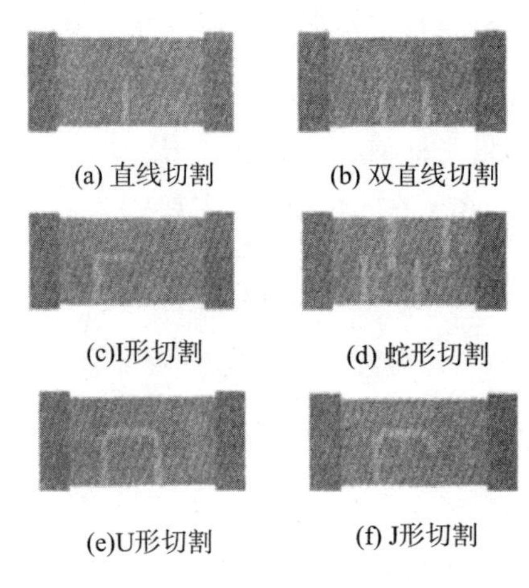

图5-31 切割类型示意图

（1）直线切割

直线切割是最简单和最快速的切割图形。通常用于一方或小于一方的电阻和帽形电阻的微调。效率高、精度低、可切面小、耐电压差。此类型调整对通过电阻的电流引起的扰动最大，并且在微调切口的顶点处形成一过热点。

（2）双直线切割

能借助于微调获得高精确阻值。允许一次粗调后接着在第一次切割的阴影内进行细调。激光损伤小于L形切割。但这种切割会比直线切割引起更大的热点。

（3）L形切割

L形切割比直线切割可提供更高的精度。垂直于电流方向的横向调阻对阻值影响较大，称为粗调。平行于电流方向的纵向调阻对阻值影响较小，称为精调。

（4）蛇形切割

当需要大范围改变阻值时使用蛇形切割。它能增加电流路径长度，一般用于动态调整。

（5）U 形切割/J 形切割

U 形切割和 J 形切割比 L 形切割有更少的热点，更为稳定，但效率较低。

5.5.7　切槽缺陷分析及合格切槽要求

（1）切槽缺陷分析

切槽质量在激光调阻中有着非常重要的作用，它直接影响厚膜电阻的阻值精度，最终影响厚膜电阻的品质。所以，在激光调阻中获得高质量的切槽是实现激光调阻的前提条件。不规范的切槽直接影响厚膜电阻的精度、长期稳定性和可靠性，当这种厚膜电阻应用于电路时，潜在的危害更大。这里，结合多年来实际调阻的工作经验，总结了切槽缺陷对电阻体性能的影响及危害，提出合格切槽的质量要求，为激光调阻的切槽故障分析提供了充足的依据。并以典型的 L 形调阻为例，对不规范的切槽造成的缺陷进行简要分析，5 种切槽缺陷示意图如图 5 - 32 所示。

1）横切百分率过大。造成横切过长的直线形切割，切口长度大于电阻体一半宽度，失去了 L 形调阻的意义。电流通道集中到了刻槽终点周围，同时也最大量地汇集到了槽端周围的损伤区域，电流集中到冲击区，电流通道太窄，刻槽和周围的损伤区占据电阻体总面积相当大一部分，使电阻的稳定性下降，另外，直接影响耐电压和短时间负荷特性。

2）纵切过长。造成切顶部电极的危险。刻槽沿电流方向太长，平行于电流方向的长刻槽使微调电阻完全暴露在刻槽边界损伤区的影响之下，如果损伤区的宽度接近微调电阻宽度的 1/10，就会明显出现阻值不稳定。此外，若电阻切割不干净，也会造成阻值漂移不稳定。

3）内切。激光点的起始点在电阻体内起切，很容易出现因切槽长而切到对边，或是到对边的距离小于电阻体的 1/2，影响微调电阻的稳定性。

4）外切。激光点的起切点打到前一个电阻体内部，使该电阻体进行在线测量过调（已先调整过一次），影响电阻体的阻值精度和稳定性。

5）切槽离电极太近，没有在 1/3 处起切。厚膜电阻的膜厚有时和电极差不多，光束能量可能不足以清除干净刻槽的全部材料，再加上切割整批基片印刷图形的误差，很可能会使激光光束照射到电极和电阻重叠区。电极中的金属成分在微调中也会少量溶入槽壁，在升温时变得活跃起来，形成与修调电阻并联的电阻，使电阻阻值向负方向漂移，影响电阻体的稳定性。

（2）合格切槽要求

1）干净、平滑、无毛刺、无裂纹。

2）从电阻体距底部电极约 1/3 处起切，无切底部或顶部电极的危险。

3）无内切、外切现象。

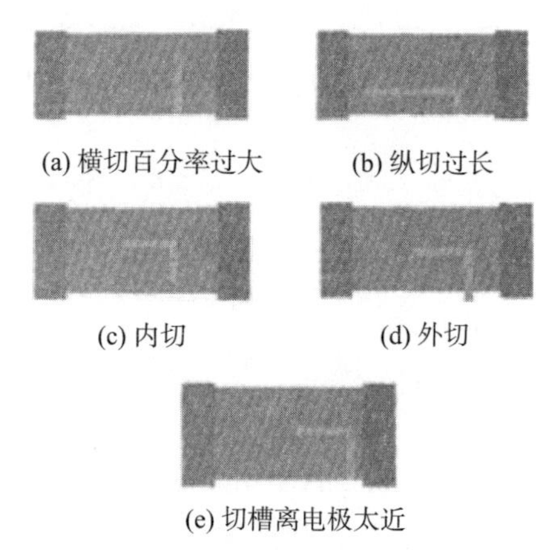
(a) 横切百分率过大　(b) 纵切过长
(c) 内切　(d) 外切
(e) 切槽离电极太近

图 5-32　5 种切槽缺陷示意

4）横切长度不能超过电阻体 1/2。

5）刻槽位置、宽度等一致性良好。

5.5.8　激光调阻的质量控制

调阻在试调时应先检查调出电路的切口：在显微镜下用射灯透射放大仔细观察激光切割出的切口是否透光，切口内有无未切干净的电阻残留物，如果切口不干净，会影响电路的长期可靠性。对一些使用特殊切割方式切割的切口，还应该检查切割的长度和切割后电路剩下的有效宽度是否合格，否则对电路的长期可靠性同样有影响。

测试所调电阻的阻值，对有匹配要求的电路，测试完每一电阻的阻值后，应通过计算确认其匹配值是否满足要求，否则需要重新修改程序，提高对应电阻调阻精度，满足它们的匹配要求。在测试小阻值电阻时应注意万用表的校零和表笔的接触电阻值；在测试高阻值电阻时，应注意环境湿度和外界的干扰所引起的测试误差。

5.5.9　小结

通过多年的实践及不断实验摸索出一套在 LTCC 基板上制造膜电阻的方法，然而仍有一些不尽人意之处，例如 LTCC 上厚膜电阻的稳定性和精度都比陶瓷上的厚膜电阻要差，有实验表明 LTCC 基板上厚膜电阻在－55～＋125 ℃ 的范围内，阻值随温度的变化超过±0.5%，电阻的误差一般也超过±0.5%，这些问题与电阻材料及制作工艺都有关，也就是说在 LTCC 上制作优质的膜式电阻还有很长的路要走。

5.6　LTCC 基板工艺性

5.6.1　LTCC 基板应用简介

现代科技日新月异，随着宇航、通信、数据处理、汽车等领域高速发展，越来越要求电子器件、组件小型、轻量、高性能和高可靠性。因此迫切需要采用新的高密度组装技术实现上述功能，而高密度多层互连基板的应用是实现上述组装的关键点。LTCC 基板作为陶瓷基板的一个分支，结合厚膜工艺，根据产品的结构设计特点将 LTCC 生瓷片进行多层加工，并在约 900 ℃的温度下烧结制成三维空间的高密度高性能的电路基板。其具有优良的电学、热学、机械及工艺特征，能够满足低频、数字、射频和微波器件等多芯片组件或单芯片封装的技术要求，发展极为迅速，且技术日益成熟和完善，在上述领域电子产品中获得广泛的研究和应用，成为实现电子整机或系统小型化、高性能化和高密度化的首选方案。

5.6.2　LTCC 基板组装工艺特点及要求

LTCC 产品根据其性能特点和应用类型，大体可分为 LTCC 元器件、集成模块和封装基板等。LTCC 技术是四大无源器件（电感、电阻、变压器、电容）和有源器件（晶体管、IC 电路模块、功率 MOS）集成在一起的混合集成技术，涉及 LTCC 多层基板的微组装技术主要包括基板清洗、表面焊接/粘接、基板大面积钎焊及表面引线键合等。因此，在基板组装时应考虑 LTCC 膜层浆料、基板特性与互连材料和工艺的匹配性。

5.6.3　LTCC 基板清洗工艺

LTCC 基板后道组装清洗时，清洁的表面是保证组装质量的基础，由于 LTCC 基板采用厚膜工艺，其清洗方法与薄膜工艺略有不同，主要考虑清洗工艺对膜层附着力的影响。本节将介绍几种常用的清洗方法。

5.6.3.1　超声波清洗

超声波清洗主要采用“空化效应”，通过换能器转换成机械振动传入清洗液，由于空化作用产生的气泡瞬间压力可达 1 000 个标准大气压，能够振动与工作表面粘合牢固的污染物，从而除去污染物。

相比于传统的湿法清洗，超声波清洗能力强，清洗效率高。超声波清洗溶剂一般选用乙醇、异丙醇或清洗能力更强的溴丙烷，对于小批量需要特殊溶剂清洗的情况，多采用图 5－33 方式来超声。与管壳、薄膜基板不同，由于 LTCC 基板是采用厚膜工艺将金属导带烧结在基板表面，其金属导带的致密性和附着力有限，所以在超声波清洗时在时间和功率设置上需要注意，一般时间较短，清洗功率较低，否则，清洗后金属导带表面会出现空洞，甚至从基板表面剥离。

5.6.3.2　汽相清洗

汽相清洗是一种主要通过有机溶剂蒸发、液化冷凝到样件表面、溶解污染物的过程。汽相清洗时需要将清洗的样件放置在汽相区内，持续加热的溶剂蒸汽接触样件，将蒸汽冷凝成液体溶解样件表面的油脂等污染物。汽相清洗可以清洗工件上任何部位的污染物。清除出来的污染物会进入溶剂，而溶剂蒸汽却可以一直保持纯净。整个过程安全、快速。对于 LTCC 基板，基于其厚膜工艺特点，最佳的清洗方式是采用汽相清洗方式，这样对 LTCC 没有任何不良的影响，而且清洗效果较好。汽相清洗原理如图 5－34 所示。

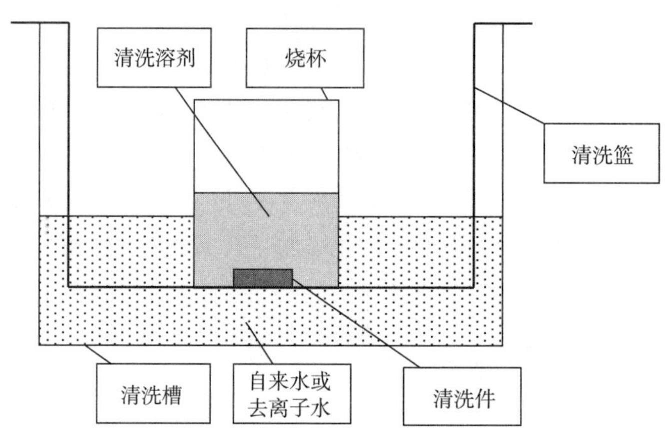

图 5-33　超声波清洗示意图

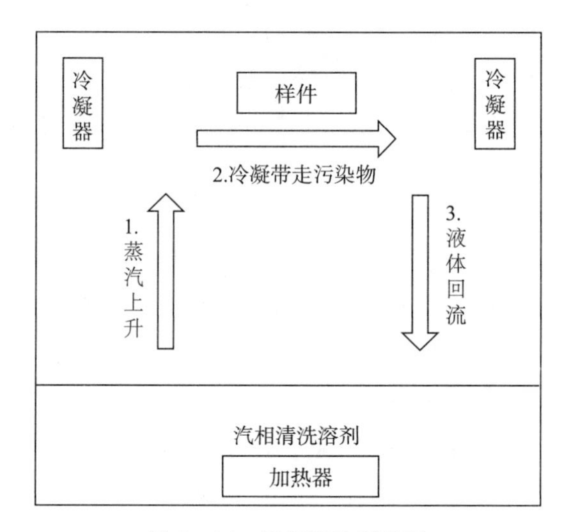

图 5-34　汽相清洗原理图

5.6.3.3　等离子清洗

等离子清洗的机理是依靠处于“等离子态”的物质的“活化作用”达到去除物体表面污渍的目的。等离子清洗是采用干法清洗工艺，利用高压交变电场将清洗用的工艺气体激发形成具有高能量和高反应活性的等离子体，通过物理轰击或化学反应使被清洗表面物质变成粒子或挥发性气态物质，从而达到清洗、活化表面的目的。清洗不分方向性，清洗较为彻底，清洗后不会产生有害污染物，经等离子清洗过的材料，将会显著增加物体的表面能，改善浸润特性和黏合性。

对于 LTCC 基板焊接面上粘附的有机污染层，如指印、人体油脂等污染物，可采用氧气进行等离子化学清洗，通过强烈的氧化化学作用可有效地清除样件表面的有机污染物，其基本原理如图 5-35 所示。经过氧等离子体的清洗，有机污染物被去除，焊接面的润湿性大大增加。但是，由于氧气发生强烈的化学氧化作用，所以如果 LTCC 基板电镀普通锡铅、含银等易氧化成分，不适合采用氧等离子清洗，一旦清洗易氧化发黑。

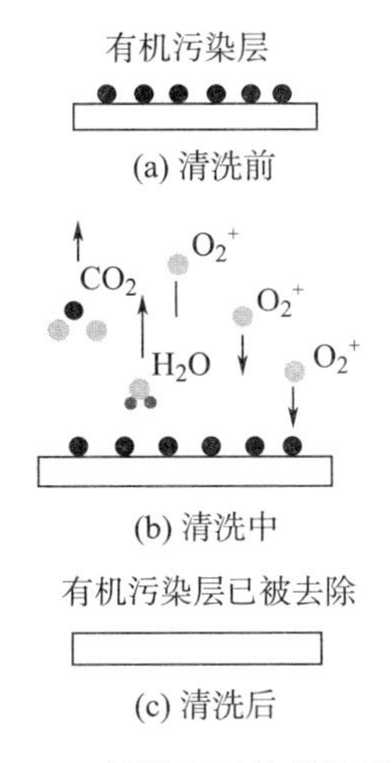

图 5－35　氧等离子体清洗示意图

如前文所述，LTCC 中易氧化的焊接面并不适合采用氧等离子进行化学清洗。可采用氩工作气体通过物理轰击把表面污染物清理掉，其基本原理如图 5－36（a）所示。物理清洗轰击能量最大的为 40 kHz 超声氩等离子体，但因能量太大一般容易损伤芯片等半导体器件，微电子封装领域一般选择射频源为 13.56MHz 的射频氩等离子体。同样，对于 LTCC 表层氧化物的清洗除了氩等离子体外，采用氢等离子体还原的方法也可以有效去除。基本原理如图 5－36（b）所示。

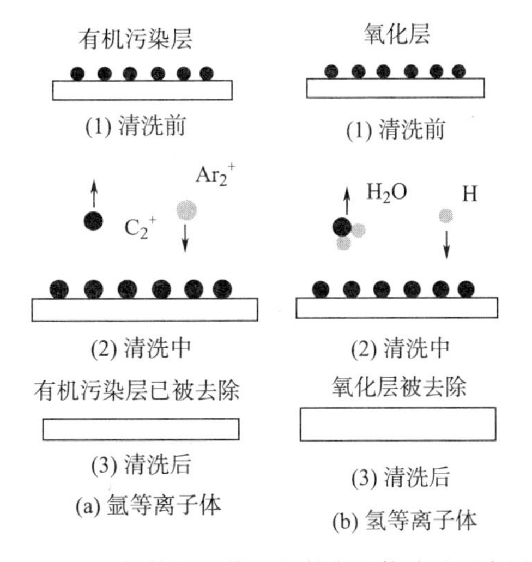

图 5－36　氩等离子体及氢等离子体清洗示意图

5.6.3.4　紫外光清洗

随着清洗技术向绿色清洗的趋势发展，紫外光清洗是一种清洁度高、安全又环保的干法清洗技术。紫外光清洗技术是利用有机化合物的光敏氧化作用达到去除黏附在材料表面上的有机物质，经过光清洗后的材料表面可以达到“原子清洁度”。图 5－37 所示为紫外光清洗示意图。同样，由于紫外光清洗具有强烈的氧化作用，含锡、含银等易氧化成分的 LTCC 基板不适合采用此清洗方法。

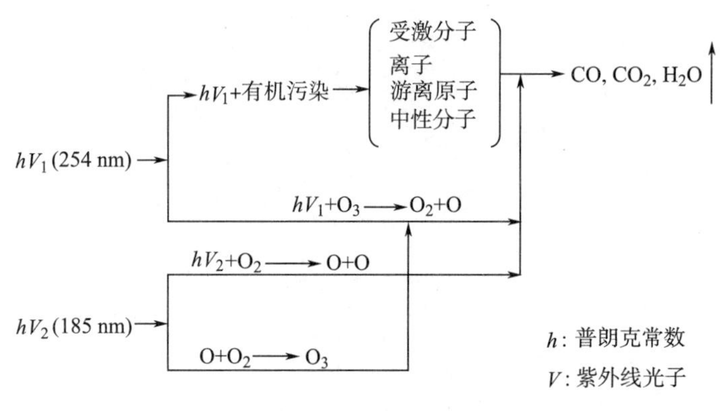

图 5-37　紫外光清洗示意图

5.6.4　LTCC 基板贴装工艺

LTCC 基板贴装载体选择时，通常主要考虑基板与载体材料的热膨胀系数的匹配性，这样才能减小贴装时产生的热应力，保证基板在贴装后不会发生裂纹等。LTCC 基板材料的热膨胀系数较小，为 7 ppm/℃左右，电子封装传统的载体材料如殷钢、可伐、钼铜、钨铜等均与其热膨胀系数匹配，可以直接与 LTCC 进行贴装。随着小型化、轻量化的发展，要求材料具有低密度（轻量化要求）、低膨胀（与电路基板进行有效连接）和良好的导热性能，近年来，硅铝合金、碳基硅铝合金、铜金刚石、金刚石铝等材料由于其质量小、导热性能较好等也被逐渐推广应用。电子组装材料性能表见表 5-4。

表 5-4　电子组装材料性能表

材料	热膨胀系数/(ppm/℃)	热导率/[W/(m·℃)]	密度/(g/cm³)
可伐(KoVar)	5.2	11～17	8.1
钨铜(10%～20%Cu)	6.5～8.3	180～200	15.7～17.0
钼铜(15%～20%Mo)	7～8	160～170	10
无氧铜(Cu)	17.8	398	8.96
硅铝(Si-50%Al)	11	149	2.5
Al/SiC(60%～75%)	6.5～9	160	3.0
铜金刚石(DC60)	5.46～7.46	≥510	5.5

当由于特殊需求，LTCC 基板与贴装载体热膨胀系数不匹配时，则一般有两种方案可供选择：

1）直接选用低应力环氧胶（如美国 ME8456，EG8050 等）或者焊料（InAg，PbSn 等）来缓解两者之间的热不匹配。但需注意贴装基板的最大尺寸需根据实际情况进行确定，防止基板尺寸过大产生较大的应力直接导致产品失效。

2）在 LTCC 基板和载体之间增加一层过渡金属，用焊料将过渡金属与 LTCC 基板、载体焊接起来，如图 5-38 所示。一般要求过渡层材料热膨胀系数必须介于陶瓷基板和载体金属之间，与陶瓷基板较接近，同时过渡层应具有较高的热导率和强度，以缓解界面之间的不匹配应力。在传统的解决方案中通常采用钨铜、钼铜合金或 Cu/Mo/Cu 夹层材料作为过渡层，也可以采用 AlSiC、硅铝合金等新型轻质合金作为过渡层。

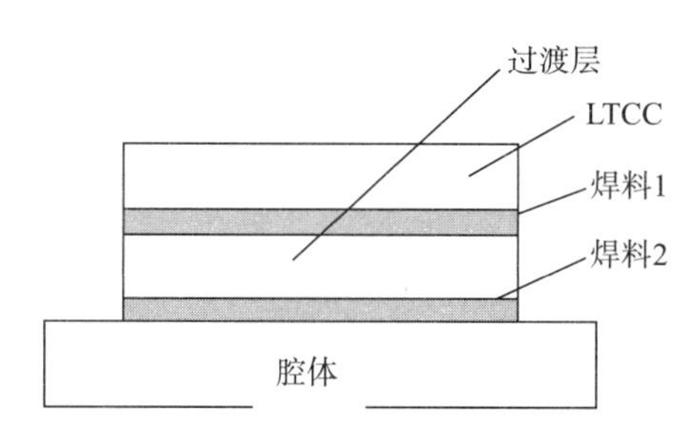

图 5－38　LTCC 基板与载体焊接过渡形式

一般情况下，军用电子产品需要经受严酷的环境可靠性试验考核。环境试验通常包括温度循环、温度冲击、机械力学（振动、冲击等）环节的筛选试验。其中，环境可靠性试验中的温度交替变化会加剧 CTE 失配引起的热应力，造成疲劳开裂，引起产品失效。

5.6.4.1　基板表面膜层与焊接材料匹配性选择

LTCC 基板表面焊盘与其他器件的焊接效果对整个产品的功能、性能一致性及可靠性有直接的影响。影响 LTCC 基板可焊性的主要因素包括：金属化层上焊料需具有良好的润湿和铺展性能；焊料对金属化层具有较小的溶解速率；焊料与镀层之间必须具有匹配的焊接温度，进而获得较好的界面连续状态。

以 Dupont 公司和 Ferro 公司为例，通常针对不同的焊接材料提供相应的膜层浆料，主要有耐铅锡焊接系列和耐金锡焊接系列（见表 5－5，表 5－6）。

表 5－5　Dupont 951 LTCC 表面焊接膜层材料

生瓷系列	材料型号	材料	用途	标准烧结厚度	标准电阻率/(mΩ/sq)	烧结方式
Dupont 951	6146	Pd/Ag	可铅锡焊导体	15～20 μm	35 @13 μm 烘干膜厚	共烧
	5739	Pt/Au	可金锡焊导体	10～15 μm	40 @20 μm 烧结膜厚	
	9615	玻璃釉	锡焊阻挡层	6～15 μm	未定	
	5062	Au	钎焊/粘接	12～18 μm	＜5 @12 μm 烧结膜厚	后烧
	5063	Au	钎焊/锡焊层	12～18 μm	＜5 @12 μm 烧结膜厚	
	4596	Pt/Au	可金锡焊导体层	15～20 μm	＜90 @15 μm 烧结膜厚	
	7484	Pd/Ag	可铅锡焊导体层	15～20 μm	＜30 @12 μm 烧结膜厚	
	9137	玻璃釉	包封阻挡材料	8～12 μm	不适用	

表 5 - 6　Ferro A6 LTCC 表面焊接膜层材料

生瓷系列	浆料型号	材料	用途	丝网乳胶厚度/烧结后膜层厚度	标准电阻率/(mΩ/sq)	烧结方式
Ferro A6M/A6s	CN36 - 020	Pt/Au	可铅锡焊	25μm/8～12 μm 不锈钢丝网	<50 @25.4 μm 烧结膜厚	1. 共烧 2. 丝网 325～400 目
	DL - 10 - 088	玻璃釉	钎焊阻拦层	12～18 μm	不适用	
	CN30 - 079 (CN - 065 打底)	Au	金焊料，尤其是匹配股瓦、可伐等合金	15 μm/10～12 μm (一次印刷) 325 目	<2 @25.4 μm 烧结膜厚	1. 后烧 2. 丝网 325～400 目
	4007 (CN - 025 打底)	Au	金焊料，尤其是匹配股瓦、可伐等合金	30～33 μm (三次印刷)	<2 @25.4 μm 烧结膜厚	
	DL10 - 088	—	介质，用于绝缘	12～14 μm		

在进行 LTCC 基板表面焊盘工艺性设计时，需考虑以下几个方面：

1）焊盘浆料与连接焊盘的导线带浆料的匹配性，否则容易出现焊接过程中焊盘连接处导线带溶蚀等现象，如图 5 - 39 所示。因此可以选择加工阻焊膜、扩大焊盘尺寸或者后期焊接时采用阻焊剂在焊接时对邻近导线带进行保护的方法。最优方案是在 LTCC 基板加工时及时涂覆阻焊膜，直接在基板上进行焊接隔离保护，如图 5 - 40 所示。

图 5 - 39　焊盘焊接过程中易脱落

图 5 - 40　基板焊盘加工有阻焊膜

2）大面积焊接面浆料可以选择共烧方式，而对于局部焊盘焊接，可以选择后烧方式。

3）综合考虑产品的后道组装方式及需求，尤其是键合、焊接、粘接等工艺分布在基板内、外层时应考虑后烧浆料及共烧打底浆料结合，选择最少的浆料种类。

4）必要时，为了提高 LTCC 基板的可焊性，通过表面改性对 LTCC 基板进行电镀。镀层可以为 Cu/Ni/Au 和 Cu/Ni/Sn。Cu 层是为了提高表面镀层与 PdAg 导体的附着力，Ni 层主要作为阻挡层，而表面 Au 和 Sn 层则主要是为了防氧化且提高焊料的润湿性。

在典型的 Sn 基焊料 InSn、PbSn 和 AuSn 对 LTCC 基板的可焊性研究中，通过观察焊料的润湿情况及焊料对焊盘浆料溶蚀研究，发现通过电镀改性后，Cu/Ni/Au 镀层提高了 PbSn 和 AuSn 焊料的可焊性，而 Cu/Ni/Sn 镀层提高了 InSn 和 PbSn 焊料的可焊性。图 5-41 显示了在 240 ℃加热下 PbSn 焊料对不同 LTCC 金属化层样品的溶蚀情况。

图 5-41　在 240℃加热保持下 PbSn 焊料对金属化层的溶蚀情况对比

（左：样件 1；中：样件 2，右：样件 3）

名称	基板金属化层	发生溶蚀时间	溶蚀现象
样品 1	厚膜 PbAg 层（12 μm 左右）	50 s	溶蚀严重，箭头所指“严重”溶蚀区
样品 2	厚膜 Au 层（37 μm 左右）	60 s	溶蚀较样品 1 轻微，箭头所指“溶蚀区”
样品 3	Ni（阻挡层）＋M 复合金属膜层（10 μm 左右）	大于 600 s	未见“溶蚀区”

5.6.4.2　基板大面积钎焊工艺方法

LTCC 以其优良的性能及与多数金属良好的热匹配性，被广泛地应用于各种微波组件中。能够实现 LTCC 电路基板与金属盒体底部大面积焊接的方法有：空气热板加热焊接、真空焊接和气体保护焊接。

空气热板加热焊接因焊接发生在空气氛围中，软钎焊料处于液态更易发生氧化，因此气体保护焊接较前者更有优势。真空焊接与气体保护焊接则各有利弊。真空中热量的传导主要靠辐射，屏蔽效应比较明显，由于微波组件尺寸较小，易造成各工件上温度不均匀，焊接质量一致性稍差，而且加热周期较长。但真空焊接能够提供真空环境或可控氛围，可根据焊接对象特点设置工艺曲线，精确控制炉内的焊接环境，在混合集成电路领域中得到比较广泛的应用，其对钎焊工装夹具的设计加工要求较高，同时需设置合理的焊接曲线，图 5-42 就是一个典型的真空焊接 LTCC 基板的流程。

而气体保护焊接操作相对简便，效率高，但是焊接率由于气体的存在而受到限制，一般情况下可达到 75%以上，呈随机分布。针对该方法，为了提高焊接率，可采取预先设置“凸点”或整面预镀焊料的方法，凸点制作方法如图 5-43 所示，凸点或预镀制作完成以后，在盒体底部已清除氧化且预处理成分相同的焊片，然后再实现 LTCC 基板与盒体底部的大面积接地焊接。

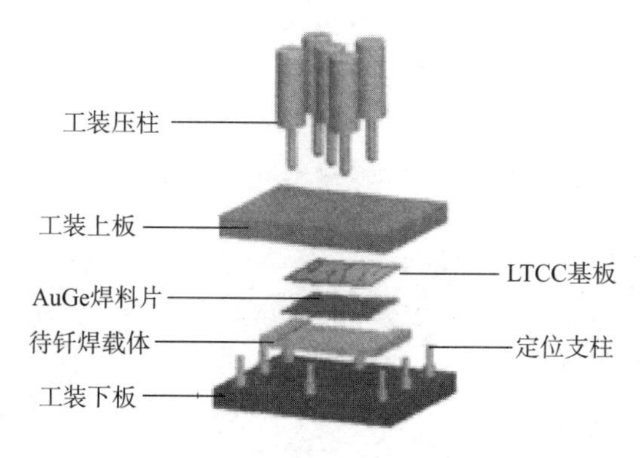

图 5-42　真空钎焊工艺流程

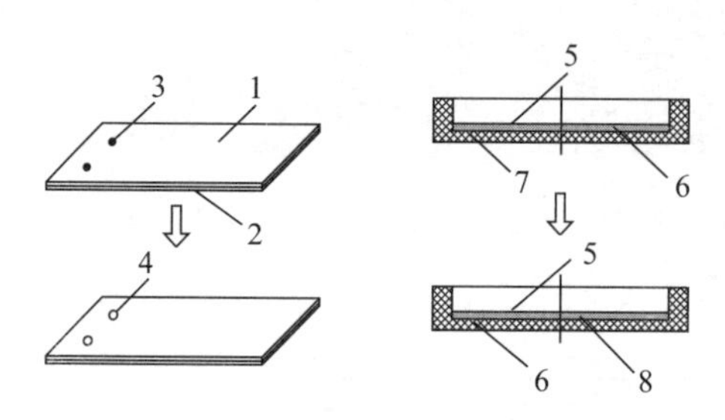

图 5-43　凸点制作和焊接后示意

1—金属化可焊层；2—基板；3—焊膏；4—凸点；
5—LTCC 基板；6—金属盒体；7—凸点；8—钎焊界面

图 5-44 为选用 63Sn37Pb 焊料采用红外热风回流焊设备在 Al-50%Si 合金封装外壳上钎焊 LTCC 基板（尺寸：71 mm×60 mm×1.6 mm）的样品示意图，焊接后 LTCC 基板未出现裂纹，壳体底面出现一定的变形。

图 5-44　壳体与 LTCC 基板钎焊样品

5.6.5　基板膜层与键合工艺匹配性

键合技术是将芯片和内引线通过金属细线（金丝、硅铝丝等）连接起来，实现电气上的连接的过程。根据键合原理通常选用超声键合、热超声键合和平行间隙键合，根据键合点形状可选用楔形键合、球形键合。

随着LTCC基板在混合微电路中使用越来越广泛，相对于电镀纯金基板，LTCC电路基板上的金焊盘是丝印后烧结的，因此，对键合所用浆料的选择及键合参数的设置需更关注。

混合微电路组装中引线键合常用的材料包括不同尺寸规格的金丝、金带和硅铝丝等。在键合工艺匹配方面，LTCC基板键合膜层必须与键合材料相匹配，表5-7和表5-8为Dupont公司和Ferro公司针对不同引线提供的焊盘浆料情况。通常用于金丝键合的膜层浆料都选用共烧浆料，键合层与导带层相同，一次性烧结完成，工艺简便。用于金带键合的膜层通常需进行特殊处理，选择附着力更强的浆料，否则容易出现金层在键合过程或拉力测试时焊盘脱落现象。

表5-7　Dupont951 LTCC表面键合膜层材料

生瓷系列	材料型号	材料	用途	标准烧结厚度	标准电阻率/(mΩ/sq)	烧结方式
Dupont 951	5742	Au	金丝、铝丝键合	6～10 μm	5 @10 μm烧结膜厚	共烧
	5731	Au	金带键合	6～10 μm	5 @10 μm烧结膜厚	
	5715	Au	金丝键合	7～12 μm	<5 @10 μm烧结膜厚	后烧
	5725	Au	金/铝丝键合	8～12 μm	<7 @10 μm烧结膜厚	

表5-8　Ferro A6 LTCC表面键合膜层材料

生瓷系列	浆料型号	材料	用途	丝网乳胶厚度/烧结后膜层厚度	标准电阻率/(mΩ/sq)	烧结方式
Ferro A6M/A6s	FX30-025	Au	金丝键合	15 μm/8～12 μm 不锈钢丝网	<2 @25.4 μm烧结膜厚	1. 共烧 2. 丝网325～400目
	FX30-025JH	Au	金丝键合	15 μm/8～12 μm 不锈钢丝网	<2 @25.4 μm烧结膜厚	
	CN30-080M	Au	金丝、金带键合	25 μm/5～12 μm	<2 @25.4 μm烧结膜厚	
	CN-065	Au	金丝、金带键合	15 μm/8～12 μm 不锈钢丝网	<2 @25.4 μm烧结膜厚	

5.6.6　小结

LTCC基板以其优异的高频性能和多层基板特性成为毫米波技术的发展方向，也是毫米波电路实现小型化和三维立体组装的技术保障。为了实现 LTCC 基板组装产品的高质量和高可靠性，在基板工艺设计环节，必须选择与后道组装相匹配的膜层、焊接工艺、键合材料等，利用材料的特性参数分析，考虑环境性试验因素，评估对产品性能的影响，并采取有效的工艺措施，提高毫米波组件的质量。

当然，除上述的 LTCC 基板基础组装工艺外，LTCC 技术也在不断发展，出现了 LTCC - BGA 技术、LTCC 一体化封装、光学部件等技术。BGA 技术 ，即在 LTCC 器件的上下表面均有球栅阵列的焊盘，各器件可以互相焊接于顶部或底部，从而组成一个更高性能、更高集成度的模块。

5.7 基于 LTCC 的一体化基板/封装技术

5.7.1 一体化基板/封装技术概述

近些年，军用电子技术领域正发生着深刻的变革，传统的以 PCB 为主的 SMT 制造技术，越来越不能满足以星用电子系统为代表的应用环境对于电子产品轻量化、小型化、高集成化的需要。从 20 世纪 90 年代发展起来的多芯片组件技术（MCM）是将两个及其以上的裸芯片和其他微型元器件组装在同一块高密度多层布线互连基板上，封装在同一外壳内所形成的，实现一定部件或系统功能的技术，与传统的组装技术相比，组装密度、互连层数、电学性能具有较大的提升，是目前实现整机小型化、高可靠工作的有效途径之一。

但是，电子系统小型化的同时伴随着电路功能和集成度的增加，在保证表贴裸芯片和微型元器件贴装面积及输入输出端口的情况下，基板面积将会随之增加，但由于封装尺寸的限制，组装密度和输入输出端口的数量不能保证。因此，简单的 MCM 技术不能进一步满足星用等高成本产品对于小型化、轻量化、多功能高集成封装的需要。采用一体化基板/封装（Integral Substrate/Package）技术，将微电路或组件的多层基板作为封装的载体，在基板表面直接引出封装的 I/O 端子，并进行表面贴装，在基板内部电路埋置无源元件，使基板与外壳成为一个封装整体，用于解决高密度、多功能、高集成的复杂 MCM 的封装难题。

目前的微电路或组件的多层基板主要有高温共烧陶瓷（HTCC）工艺（烧结温度＞1 500 ℃）和低温共烧陶瓷（LTCC）工艺（烧结温度 850～900 ℃）。传统的高温共烧工艺，由于烧结温度很高，需采用高熔点的金属如 W、Mo 等，而 W、Mo 等高熔点金属的电阻率较大，会造成信号延迟等缺陷，不适合高频应用。而 LTCC 工艺，用 Ag - Pd，Au，Pd - Cu等低电阻率材料作导体布线，从而使电路性能大大提高。利用 LTCC 工艺把互连基板和封装外壳一体化，替代金属管壳封装，提高了封装密度，缩小了体积，减小了质量；而且不需进行金属封装内的引脚引线键合，基板的引出端直接与外部连接，提高了可靠性，缩短了互连线，减小了损耗和寄生效应，系统性能可以得到进一步提高；同时，这种封装结构可以克服金属封装中容易出现的玻璃金属烧结形式的密封失效，提高了组件的可靠性。

5.7.2 LTCC 在一体化基板/封装中的应用

5.7.2.1　微波一体化基板/封装

微波一体化基板/封装需实现以下功能和特性：

1）微波阻抗的匹配内连接及屏蔽；

2）埋置微波无源元件或器件（电阻、电容、电感、功分器、滤波器等）；

3）气密性封装；

4）无源和有源元器件的连接和安装（丝焊，焊接，粘接）；

5）良好的导热性。

而目前能够满足上述要求且较为成熟的，只有基于 LTCC 的一体化基板/封装技术。与传统的微波基板技术相比，LTCC 技术因其具有良好的高频性能，适用于多层布线，具有小线宽、低阻抗、制造成本低等优点，备受瞩目，现已迅速发展并应用于各种微波电路的设计，并被大量应用到无线通信、雷达、卫星通信等方面。

LTCC 的微波一体化基板/封装是一种不用金属或陶瓷管壳的新型高密度封装，其典型结构与工艺流程如下。

首先，在 LTCC 多层基板表面制作耐锡焊的环状膜层，直接焊接适合相应密封工艺的金属框架。第一，要求金属框架与 LTCC 基板的热膨胀系数匹配，目前常用的材料有可伐或硅铝。第二，要求金属框架与 LTCC 多层基板焊接后形成的腔体结构满足相应的密封要求，例如军用混合微电路管壳的密封性需要满足 GJB 548B—2005《微电子器件试验方法和程序》方法 1014.2 中的条件 A4。第三，如需要将 LTCC 基板焊接在金属底板上，可采用与金属围框一次性整体焊接的方法。

然后，在 LTCC 多层基板表面进行元器件的组装。元器件的组装包括粘接、焊接与键合互连，要求考虑工艺温度梯度，保证焊接围框的焊料不会受到损伤。金属围框内部的 LTCC 基板局部可设计为空腔结构，将芯片安装在空腔中，使表面与 LTCC 基板表面平行，可以减小芯片键合引线的距离，提高组件的电性能。

最后，采用平行缝焊或激光封焊的方法进行盖板密封。第一，盖板的尺寸和加工精度要与密封工艺相匹配；第二，需要考虑密封工艺过程的温度对焊接围框焊料的影响；第三，需要考虑盖板尺寸，在加压检漏时不应因盖板变形而导致对内部器件与互连线的损伤。

LTCC 的微波一体化基板/封装结构制造的工艺难点在于封装的密封。

由于 LTCC 一般存在导热孔或开腔结构，给模块实现气密性封装带来一定难度。中电 43 所的董兆文等研究了 LTCC 一体化封装模块的气密性，结果表明垂直结构的导热孔不能满足封装的气密性，主要是由于金通孔材料是高金属含量、低玻璃含量，因此烧结时通孔材料不能与 LTCC 瓷体充分结合，这样就带来 LTCC 基板垂直通孔漏气的可能。推荐采用交错通孔结构及热沉的焊接，可以改善封装的气密性，如图 5-45 所示。

LTCC 的微波一体化基板/封装结构使得多层基板既作为多层电路互连基板，又作为

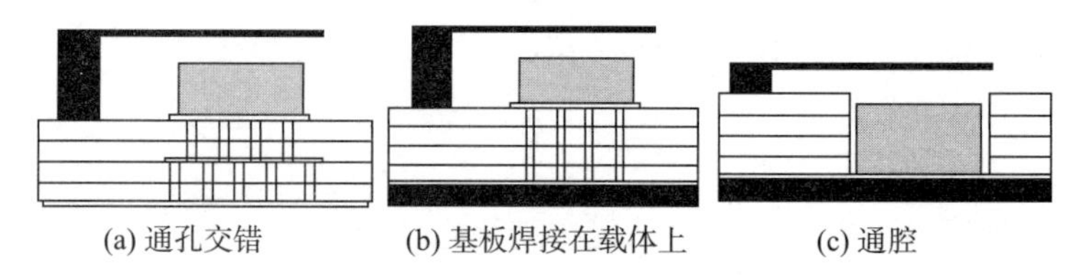
(a) 通孔交错　(b) 基板焊接在载体上　(c) 通腔

图 5 - 45　推荐的气密性封装结构

封装外壳，从而实现 LTCC 基板与金属围框一体化气密性封装。这样不仅减小了封装的体积和质量，还提高了封装的效率，成为国内外研究的热点。

2003 年，德国 IMST 公司在德国的通信卫星项目 BMBF/DLR 中采用 LTCC 一体化基板/封装的技术研发了放大器和压控振动器模块，主要应用于 Ka 波段，如图 5 - 46 所示。2011 年，德国 IMST 公司在一个 Ka 波段的卫星通信系统项目中全部采用了 LTCC 技术，图 5 - 47 为该公司研制的 LTCC 分频器，尺寸为 24 mm×14 mm，主要由一个基于 BiCMOS 工艺的分频器、一个基于 SiGe 工艺的 VCO，还有 GaAs 单片放大器、电桥、混频器、SPDT 开关和功率检测器等组成。

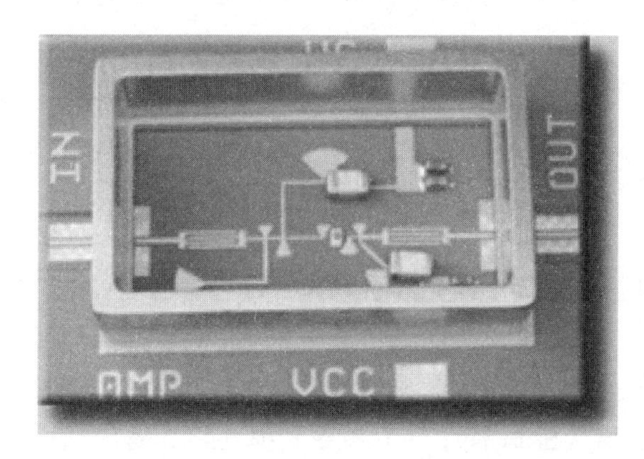

图 5 - 46　德国 IMST 公司的 LTCC 一体化基板/封装放大器和压控振动器

图 5 - 47　德国 IMST 公司的 LTCC 一体化基板/封装的分频器

2010年，中电43所的董兆文等报道了一种基于LTCC基板的微波一体化封装结构。该结构由以下几部分组成：盖板、金属围框、LTCC电路基板及金属底板（图5-48）。LTCC电路基板材料选择的是Ferro A6，由于采用金锡焊接工艺，LTCC基板表面围框焊接区和基板背面均采用与金锡焊接相匹配的耐焊膜层，围框采用可伐材料，金属底板采用钨铜合金。为拉开温度梯度，保证组件的可靠性，可伐围框、钨铜底板、LTCC电路基板之间的焊接采用金锡焊接。MMIC芯片采用锡铅焊接，其他元件采用粘接或锡铅焊接。

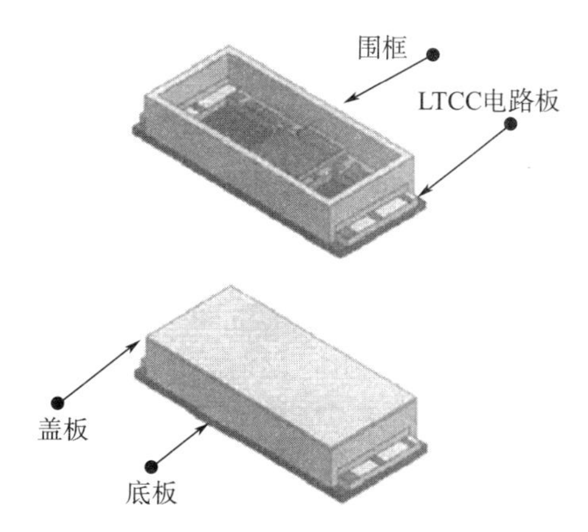

图5-48 中电43所LTCC微波一体化封装结构

2010年，中电14所的严伟等报道了一种基于LTCC腔体结构的新型微波多芯片组件，实现微波互连基板和封装外壳一体化，研制成功了一个X波段T/R组件接收支路，其带宽达到了1.6 GHz，增益≥28 dB，噪声系数≤2 dB，输入/输出驻波≤1.9，密封后的漏率达到了1×10^{-8} kPa·cm^3/s，如图5-49所示。

图5-49 基于LTCC腔体结构的多芯片组件

5.7.2.2 低频一体化基板/封装

与微波产品相比，在低频数字化产品中，使用一体化基板/封装技术更为广泛。这是因为硅基芯片技术较为成熟，集成度不断提高，信号I/O引脚数也不断增多。对于传统的双列直插封装（DIP）和四边引线扁平封装（QFP），随着I/O数的增多，在封装水平不变的情况下，将促使元器件的封装面积快速增大，这为电子产品高密度、小型化的发展方向带来挑战。为此，在 LTCC 基板的背面以面阵排列形式的 I/O 引脚代替四周的引脚，I/O 引脚数将得到极大提升，封装密度也大为提高。

与微波一体化基板/封装结构相似，低频一体化基板/封装由多层基板、围框、盖板和引出脚等部分组成（如图 5－50 所示），I/O 端子可制成 BGA（焊球阵列封装）、CCGA（焊柱阵列封装）、QFP（四边引线扁平封装）、LCCC（无引线封装）、LGA（栅格阵列）等表面安装形式或 PGA（针栅阵列）等通孔插装形式，如图 5－51 所示。以 BGA 为例的 LTCC 低频一体化基板/封装的工艺流程为：LTCC 基板烧结制备—贴装焊料环与焊料球—高温再流焊—IC 芯片和分立元件贴装—再流焊—键合互连—检验—上盖板平行缝焊—测试—包装入库。其工艺难点除了封装的密封以外，还与引线的制作有关。第一，需要精确把握引线焊接时的焊料量，以保证引线的焊接强度，避免引线之间的桥联；第二，需要保证引线在焊接时与焊盘的对位精度，针对 PGA，可制作相应的工装实现精确对位，针对 BGA，需要控制焊膏量及焊盘的表面状态，或者在基板表面制作台阶式焊盘，以保证焊球焊接后的对位精度。

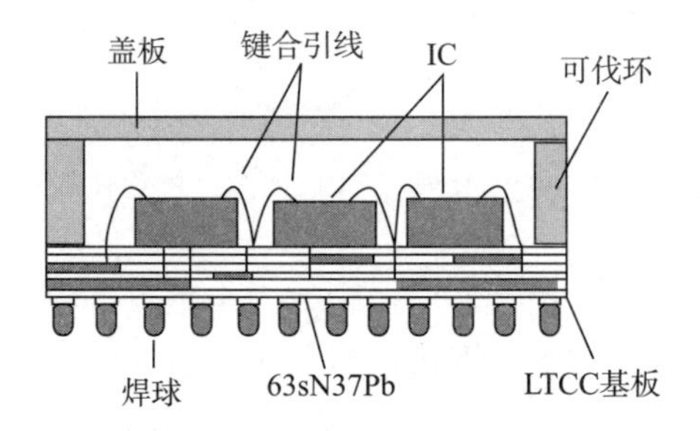

图 5－50 LTCC 低频一体化基板/封装结构

(a) BGA 封装

(b) LGA 封装

(c) 四边引线扁平封装

图 5－51 典型的 LTCC 低频一体化基板/封装结构

2004年，214所的何中伟研究了一种将LTCC基板与封装外壳腔壁、PGA外引线进行一体化封装的方法。该封装的I/O端口设置在LTCC基板底面，通过底面阵列形式的金属化焊盘引出，基板正面设置有芯片及无源元器件的贴装焊盘及焊接金属围框的焊盘，通过钎焊工艺将可伐的金属围框与PGA钉头针状可伐外引线采用高温焊料焊接在LTCC基板上，形成具有标准PGA引线的封装外壳，再进行低温焊接或粘接芯片或元器件，键合互连后通过平行缝焊将可伐盖板与可伐围框焊接在一起，构成一体化气密型封装，如图5-52所示。

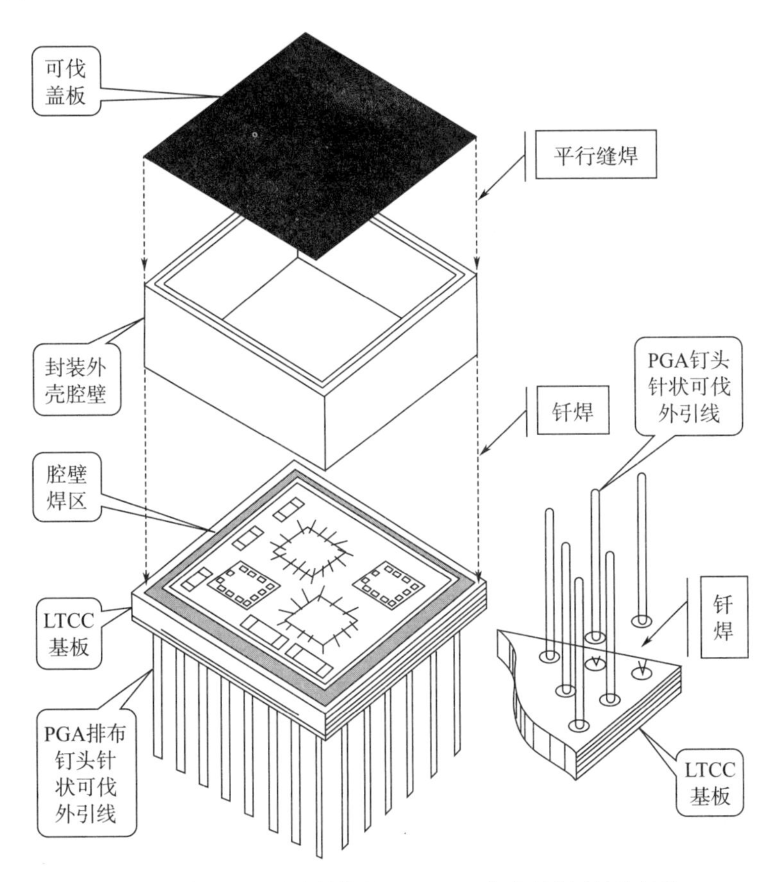

图5-52　PGA引线结构的LTCC一体化基板/封装结构

2013年，南京理工大学的杨述洪研制了一种含5级台阶窄腔LTCC基板与锡球、外壳腔壁的一体化BGA封装外壳。尺寸为32 mm×32 mm×3 mm，由30层生瓷片制成，基板中心制作5级台阶空腔，空腔尺寸27 mm（口长）×27 mm（口宽）×2 mm。采用DuPont 5087钎焊焊料，将表面镀金柯伐合金外壳腔壁钎焊在基板正面焊区上，采用植球与62Sn36Pb2Ag焊膏再流焊工艺，将400颗直径为0.76 mm的锡球焊接到基板背面的400个BGA焊区上，形成封装的BGA端子，如图5-53所示。

2014年，214所的何中伟等报道了一种适于多芯片贴装的LTCC一体化LCC封装外壳，其气密性满足国军标要求，并且能够达到抗25 000 *g* 机械冲击应力的耐高过载水平。

图 5－53　BGA 封装 LTCC 一体化外壳正、背面照片

该封装由带空腔的 LTCC 基板、可伐金属围框和金属盖板组成，金属围框与带空腔 LTCC 基板共晶焊接后形成一体化 LCC 封装外壳，在一体化 LCC 封装壳体上平行缝焊金属盖板形成整件封装。所研制的 LTCC 一体化 LCC 封装的结构图如图 5－54 所示，样品基板、壳体、整件分别如图 5－55 中的左、中、右所示，这种一体化封装结构用于微惯性测量单元（MIMU，Micro－Inertial Measurement Unit）组件。

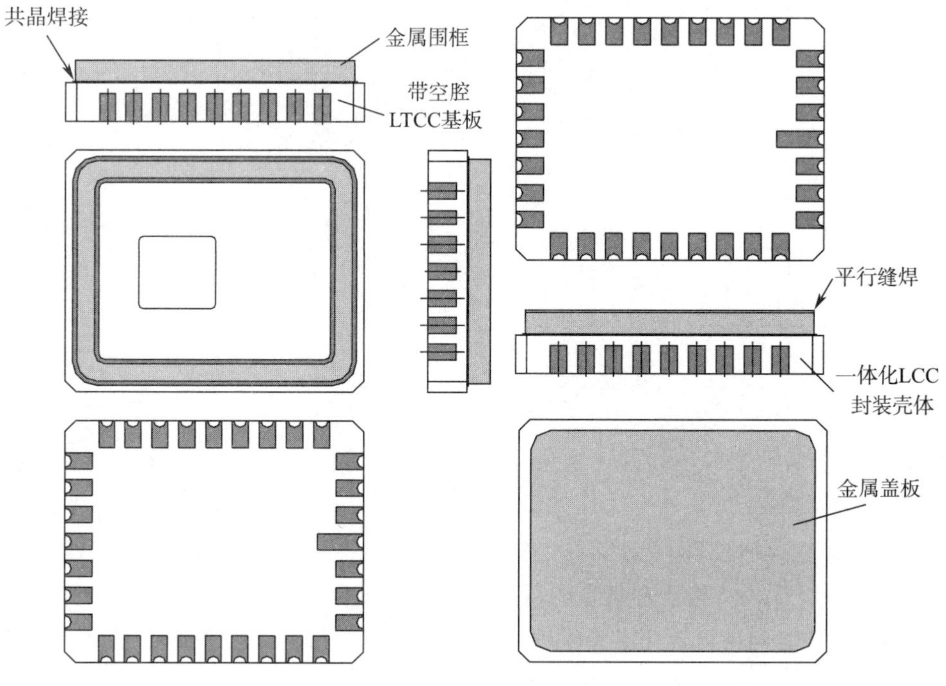

图 5－54　一体化 LCC 封装结构

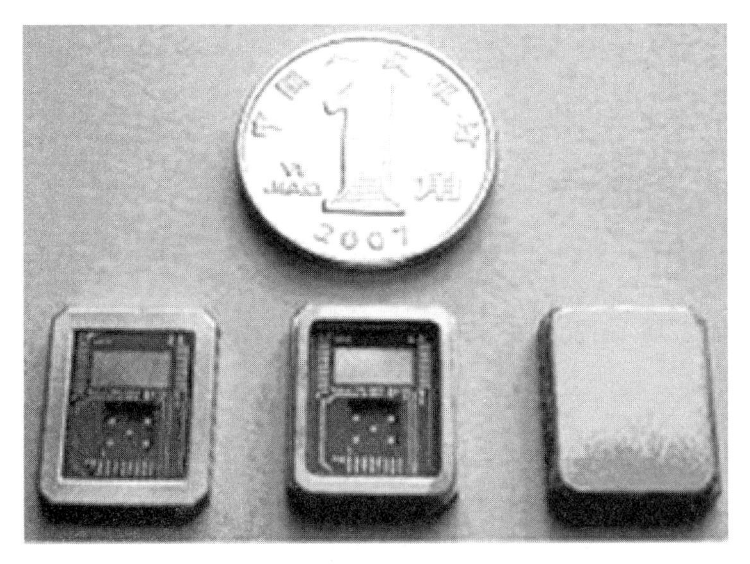

图 5－55　LTCC 一体化 LCC 封装的基板、壳体与整件

5.7.3　LTCC 一体化基板/封装技术的发展方向

（1）高频化应用

随着微波技术的发展，微波产品的需求正向着毫米波乃至更高频段发展，对于 LTCC 一体化基板/封装的产品也是如此。但是，高频产品对于 LTCC 基板的加工精度要求较高。这里的加工精度包括以下两个方面。

1）LTCC 生瓷烧结时的精度。由于目前的 LTCC 生瓷带在烧结时存在一定的收缩率，收缩率容差为±0.3%，对于 LTCC 一体化基板/封装来说，基板尺寸通常在几十毫米，而±0.3% 的容差将产生几百微米的误差，这种误差对后期应用中的金属框架焊接、芯片的高精度贴装和键合及高频信号的层间传输影响均很大。这就要求能够开发出零收缩的 LTCC 生瓷带材料或带有容差补偿的 LTCC 烧结工艺。

2）印制导线的线宽、线间距、通孔直径、多层对位精度等。目前 LTCC 的带线采用的是厚膜工艺，其线宽、线间距的精度不高，在多层烧结时，通孔间的对位受通孔直经、收缩率的影响，对位精度不高，对于高频信号在垂直方向的传输均有影响，还需要进行进一步的研究。

（2）高功率应用

随着产品组装密度的增加，高功率芯片的应用等，LTCC 一体化基板/封装的功率密度也在提高，这就对封装结构的散热性能提出了更高的要求。目前，LTCC 一体化基板/封装采用的散热技术主要有以下 4 个方面。

1）LTCC 基板中，有需要帖装功率芯片的位置，该区域应制作热导率较高的金属化通孔，将金属化通孔连接到金属化层或底面载体上。但是，由于集成度越来越高，LTCC 基板的层数越来越多，该技术不足以支撑更高功率器件及更复杂一体化封装的应用。

2）在基板上开直通到载体的空腔，将功率芯片通过空腔直接焊接在高热导率的载体上散热。但有的系统为了气密性、整体结构和电气绝缘等要求考虑，基板不适合开直通空腔和加散热板。而且，对于某些阵列化的应用，只依靠被动的热传导方式不能满足需求。

3）在 LTCC 基板中制作微流道。在功率芯片下方的基板内嵌具有一定拓扑结构的微流道。在 LTCC 中间构建微流体通路，通过外置微流泵实现流体在微流道中的流通，可以在流体相变工作温度范围内提供一定的传热率，极大地降低热源到微流体之间的热阻，实现系统芯片良好的散热。目前德国 IMST 开发的 Ka 波段 8×8 阵列的相控阵天线中，采用了这一技术，如图 5-56 所示。

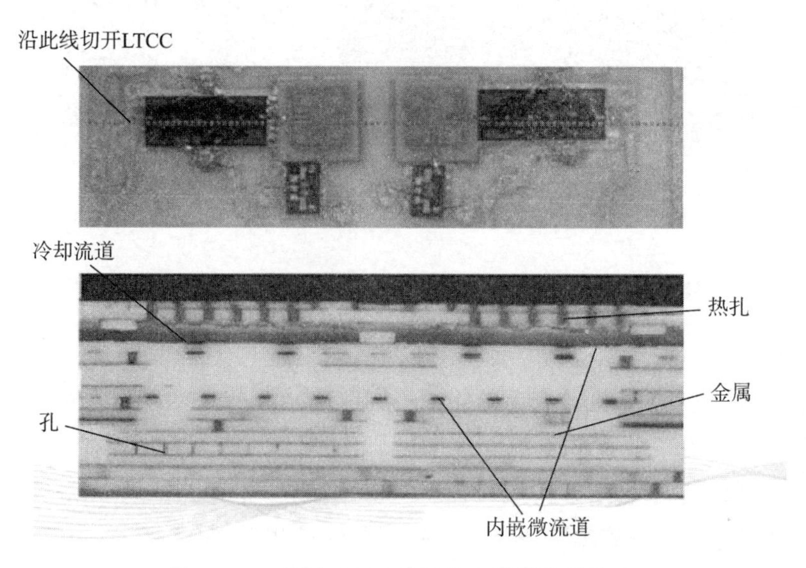

图 5-56　德国 IMST 公司的内嵌微流道技术

4）采用更高热导率的 LTCC 生瓷带材料。常用 LTCC 的热导率只有 2.0～4.0 W（m·K）$^{-1}$，如果能使用热导率更高的 LTCC 生瓷带，则 LTCC 的应用将更为广泛。目前中科院上海硅酸盐研究所已开发出具有较高热导率的低温共烧陶瓷材料，热导率为18.8 W（m·K）$^{-1}$，但是还处于实验室阶段。

（3）高集成化应用

传统的 LTCC 一体化基板/封装结构中，芯片等器件均贴装在单层 LTCC 基板的表面或空腔中。但在这种二维平面结构中，组装密度已经趋近于极限。可采用基板堆叠的方式，如图 5-57 所示的 3D 结构，这种形式的电路不仅使系统组装面积明显缩小，封装外壳质量减小，而且由于 2D 模块叠层组装后，上下各层采取垂直互连或周边垂直互连，层间通过垂直互连点连线大为缩短，因此传输延迟缩小，传输速度得到提高。这时，LTCC 一体化基板/封装也可以称为基于 LTCC 的射频微系统（SiP，System in Package）技术。未来，这将是 LTCC 技术的主要发展方向。

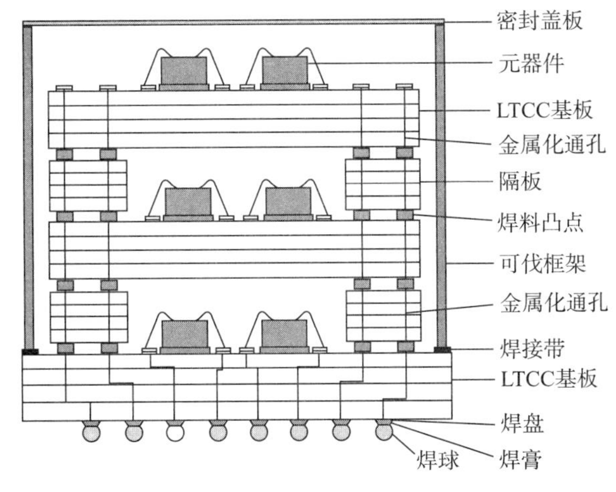

图5-57 3D LTCC一体化基板/封装结构

5.8 LTCC在系统级封装中的应用

5.8.1 SiP的概念

SiP是近几年来为适应整机和系统小型化发展需求而发展起来的一种新型封装技术，是指将不同种类的有源元件、无源元件、光电子器件、MEMS等各种元器件，通过不同的组装技术，混合装载于同一封装之内，由此构成系统集成的封装形式。通过SIP装配平台可将多种器件集成，形成更大功能的系统，如图5-58。该技术是逐渐发展起来的，开始是在单芯片封装中加入无源元件，再到单个封装中加入多个芯片、叠层芯片及无源器件，最后封装构成一个体系，即SiP。

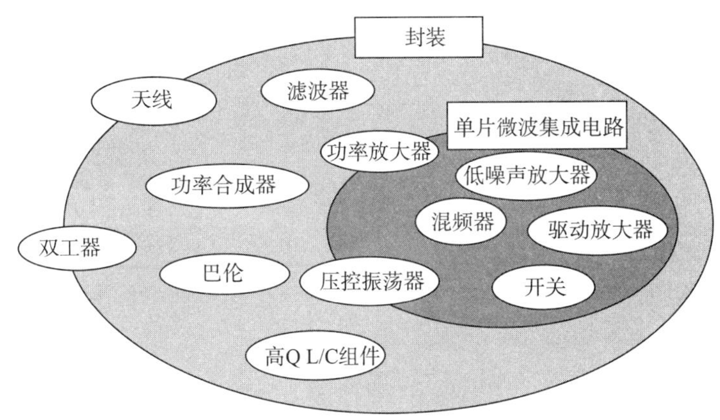

图5-58 SiP概念图

实现系统小型化的另一种思路是芯片上系统（SoC，System on chip）封装技术，即在单芯片上集成多个IC功能单元，从而实现完整的系统功能。同SoC相比，SiP具有工艺兼容性好（可利用成熟的封装材料和工艺）、集成度高、成本低、可提供更多新功能、易于分块测试、开发周期短等优点，因此，在高频、高可靠性、高集成度电子设备中，SiP是目前最有效的封装技术途径，图 5－59 所示为典型的 SiP 产品。

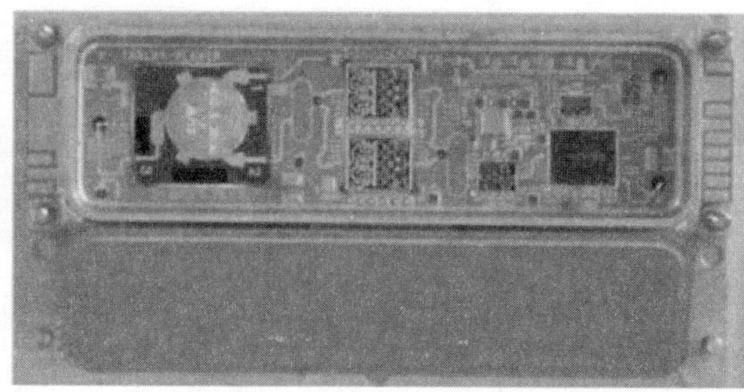

图 5－59　典型的 SiP 产品

5.8.2　LTCC 在 SiP 中的典型应用

SiP 的两大技术要素是封装载体和组装工艺，其中封装载体是 SiP 封装的基础，封装载体包括基板、元器件和封装外壳，这些均可通过 LTCC 来实现。

5.8.2.1　LTCC 作为基板应用

常用于 SiP 封装的基板包括有机多层树脂基板、多层陶瓷基板和多层薄膜基板。多层陶瓷基板又分为厚膜多层陶瓷基板和共烧多层陶瓷基板，而共烧多层陶瓷又包括高温共烧多层陶瓷（HTCC）和低温共烧多层陶瓷（LTCC）。由于 LTCC 具有可布线层数多、烧结温度低、热膨胀系数小、强度高、可靠性高等优点，在高可靠性电子设备中应用广泛；其次，由于其介电常数低，微波性能优异，成为微波系统集成的首选基板，并且很容易与低频电路集成。因此，LTCC 良好的信号传输性能、巨大的布线灵活性和多层布线空间给 SiP 复杂的布线以广阔的发挥和运用空间。通常用于低频的 LTCC 基板为 Dupont 951 生瓷材料，用于高频电路的 LTCC 基板为 ferro A6M 生瓷材料。图 5－60 所示为基于 LTCC 基板的 X 波段 T/R 组件。

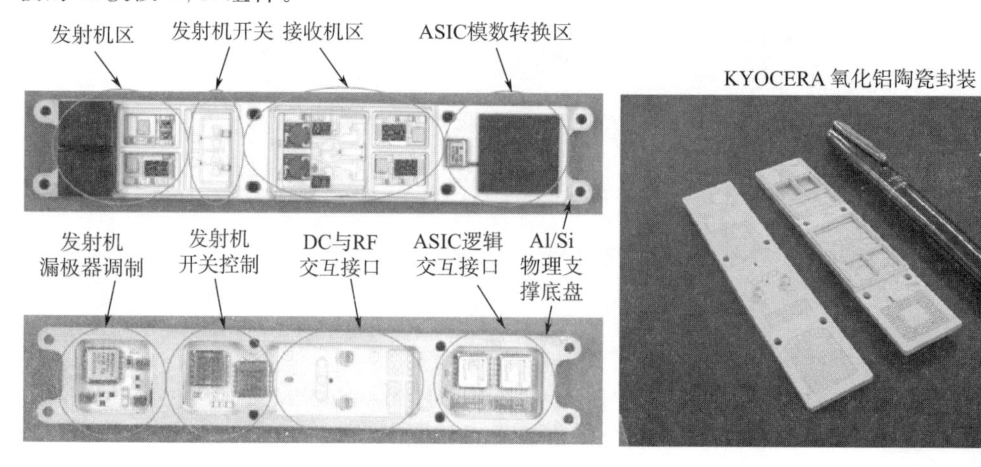

图 5－60　基于 LTCC 的 SiP 封装

（1）LTCC 可实现复杂多腔结构

与常规有机多层基板相比，LTCC 作为多层基板的显著优势是可以实现多种结构的腔体，腔体一方面能够减小热膨胀系数引起的腔体变形，另一方面能使设计更灵活，实现复杂 SiP 系统的集成。

在 LTCC 上可以通过机械冲孔实现空腔和埋置腔，而空腔又包括通腔和台阶腔，不同的腔体在 SiP 应用中发挥不同的功能。通腔如图 5－61 所示，一般用于芯片与 LTCC 下层基板的直接贴装或者互连，例如，功率芯片通过通腔可以直接贴装在下面的高散热载体上，通过控制载体高度，实现芯片与 LTCC 基板的互连，或者在三维 SiP 封装中，通过开腔实现上下层基板的互连。

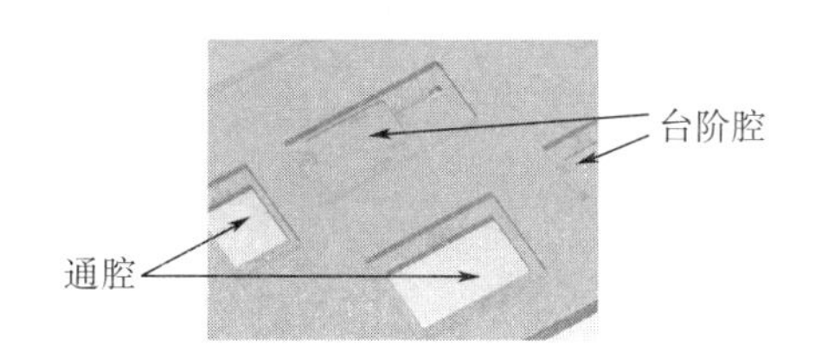

图 5－61　LTCC 上的空腔

台阶腔体可形成一个小的封装体，在台阶腔体内可贴装芯片并实现与基板的互连，腔体提供了有源芯片与其他电路之间的隔离，同时也提供了可靠性和环境保护；另一方面，降低了系统的集成高度，便于实现三维系统级封装的集成，可以实现极小间距的垂直互连高度，这在射频 SiP 系统中是非常必要的。

内埋在 LTCC 内部的埋置腔可以制作微流道，有效提高 LTCC 基板的散热性能。

（2）基于 LTCC 基板的垂直互连

LTCC 基板可以使微波信号在基板内部传递，而不局限于基板表层，因此，可以实现三维多层高密度布线。此外，通过各种组装技术实现 LTCC 基板与其他基板之间的板间互连，将可实现 3D－SiP。

LTCC 的层内垂直互连必将引入不同传输线间的过渡和转换，在 LTCC 中互连过渡技术是一项关键技术，过渡性能的好坏将直接影响传输电路、模块及整个系统的电气性能，图 5－62 和图 5－63 所示为微带-带状线的平面转换和垂直转换结构，通过在信号线周围设置接地孔，形成屏蔽线，对微波信号形成一定的约束，可以有效降低损耗。

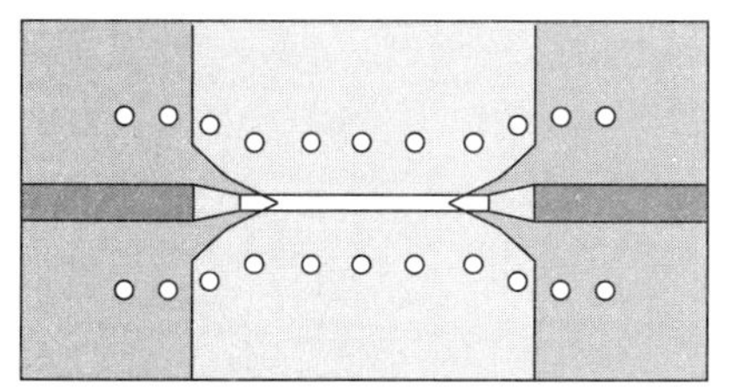

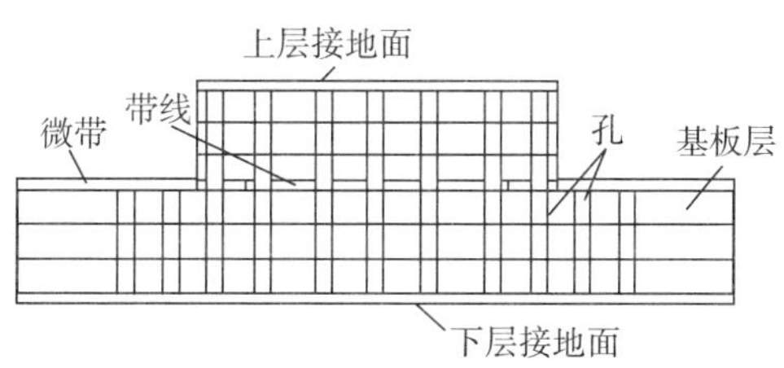

图 5－62　微带-带状线的平面转换结构

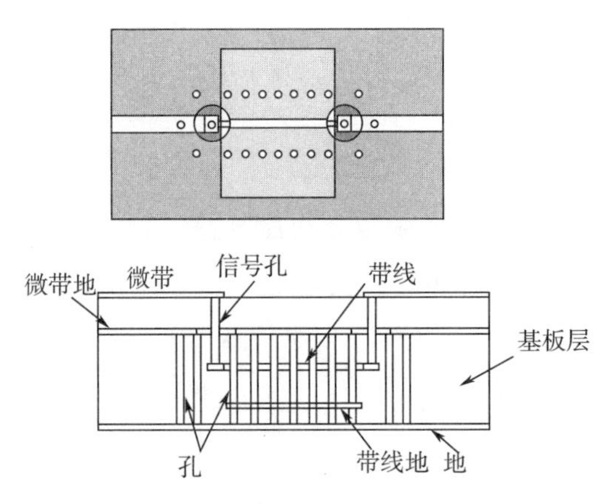

图 5 - 63　微带-带状线垂直互连过渡转换结构

采用 LTCC 实现板间垂直互连，可以采用直接贴装、传统面阵互连、SFI 技术及凸点互连等多种方式。直接贴装是将 LTCC 基板采用环氧粘接或共晶焊接的方式直接贴装于封装结构体上，在基板的边缘位置实现与下层基板的互连，或者在与下层基板互连位置开空腔，通过常规的引线互连实现板间垂直互连，如图 5 - 64 所示。显然这种方式无法实现非常高密度的电路布局和互连。

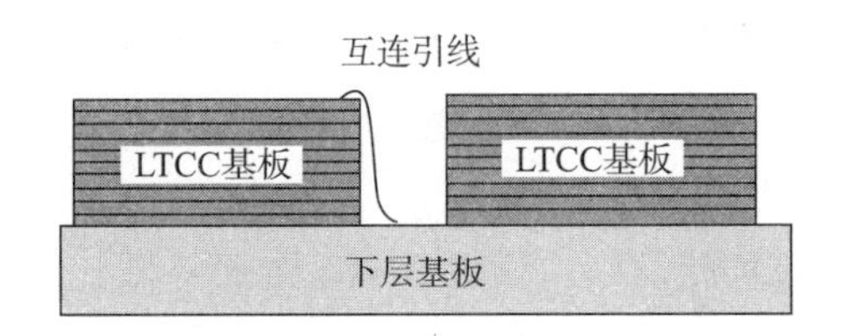

图 5 - 64　直接贴装互连示意图

传统的面阵互连方式包括 BGA、PGA、LGA 等方式，其中 BGA 是应用最为广泛的一种互连方式。BGA 是通过在 LTCC 基板上植焊料球，再通过回流焊接实现与其他基板的互连，如图 5 - 65 所示。传统的面阵互连可实现高密度互连，但作为微波信号传输的应用还比较少，作为微波信号传输，需要采用特殊结构或其他结构，通过若干个 BGA 焊球以特定的排布形式传输一个信号，例如，图 5 - 66 所示的圆柱形结构。

图 5 - 65　传统面阵互连方式

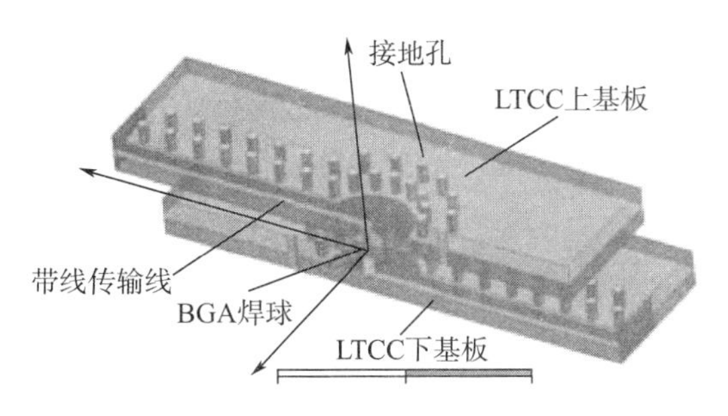

图5-66 用于传输射频信号的BGA结构

采用毛纽扣连接一般有两种方式：一种是类似于同轴线的结构，在这种结构中，毛纽扣金属体作为中心导体，插入介质材料中，而介质材料再嵌入金属支撑体中；另一种为三线结构，是把三个毛纽扣金属用一个介电体连接在一起，再嵌入到金属支撑体中，如图5-67所示。微波信号垂直互连中，三线结构用于共面波导的垂直互连，中间毛纽扣用于传输射频信号，两侧毛纽扣用于传输接地信号，最外层的金属框架起固定毛纽扣、隔离微波干扰的作用。

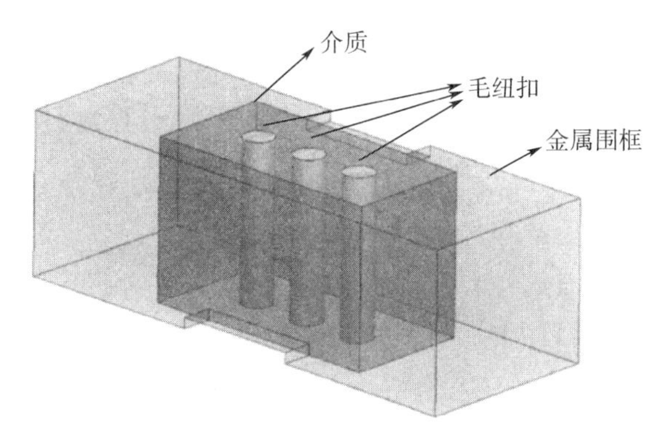

图5-67 三线结构的毛纽扣模型

5.8.2.2 LTCC实现无源元件的集成

SiP系统中一般集成大量的无源元件，包括低频电路中的阻容元件，高频电路中的电感、滤波器等无源元件，如果这些无源元件采用封装的元器件或者全部分布在表面，封装密度将非常有限，无法实现复杂功能的SiP。一个有效的措施是将这些无源元件埋置在基板内部，把基板表面空出来，用以贴装更多的有源元件，实现最高封装密度。LTCC基板内部可以集成电阻、电容和电感，以及滤波器、环形器等微波无源元件。图5-68所示为典型LTCC内部无源元件内埋模型。

内埋置电阻技术采用丝网印刷，低温共烧工艺实现，无法进行调阻，所以不能用来制作精度要求高于±5%的电阻，因此，可将系统中对精度要求不高的阻容元件进行内埋，例如功分器中的隔离电阻、负载电阻等，而将精度要求高的阻容放置在基板表面，或者采用更高精度的片式元件。图5-69（a）所示为内埋置电阻模型。

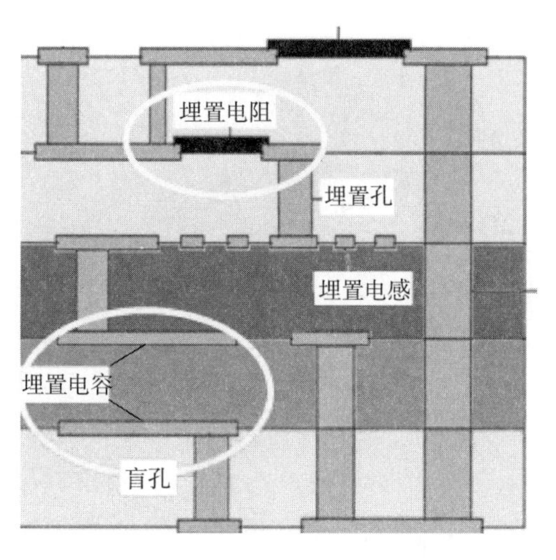

图 5－68　LTCC 内埋阻容元件

内埋置电容的实现形式有多种类型，第一种类型是传统的平板电容，为金属-绝缘体-金属（MIM）结构，要求极板之间的电容介质有较好的平整度，才能有准确的电容值，所以在制作有效值比较小的电容值时准确度较低；第二种类型即多层垂直指插电容（VIC），这种结构将不同极板用两侧的通孔连接，增大了有效电容值，同时节约了面积，所以在实际中应用非常广泛，如图 5－69（b）所示。

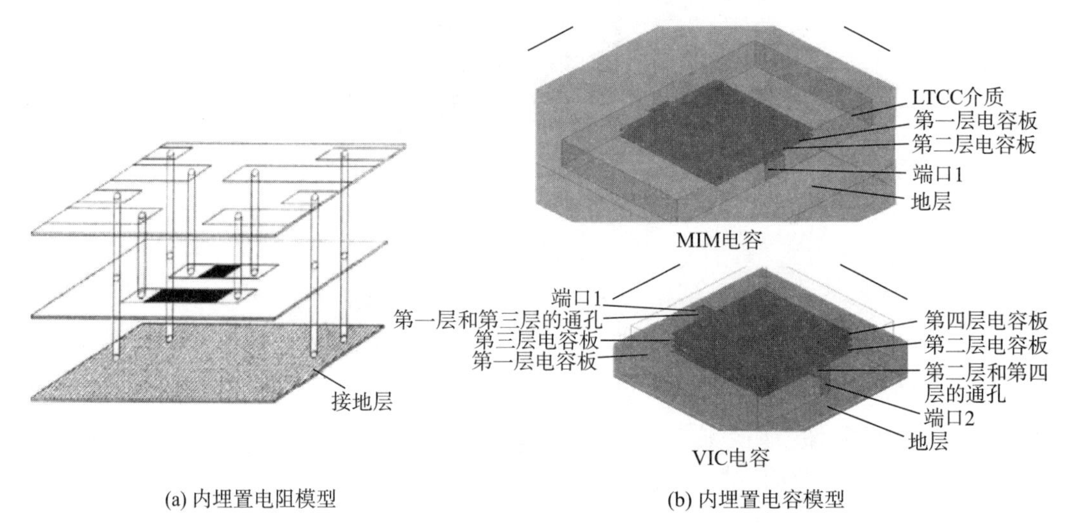

图 5－69　内埋元器件模型

LTCC 内埋置电感可分为单层电感和多层电感两种结构，图 5－70（a）～（c）为单层平面式电感，图 5－70（d）～（f）为多层立体式电感。在相同的有效电感值情况下，多层螺旋式电感具有谐振频率和品质因数相对更高、单层面积更小的优点，缺点是所需层数较多，而平面结构的电感设计简单，但所需平面面积更大，在应用时需要协调考虑。

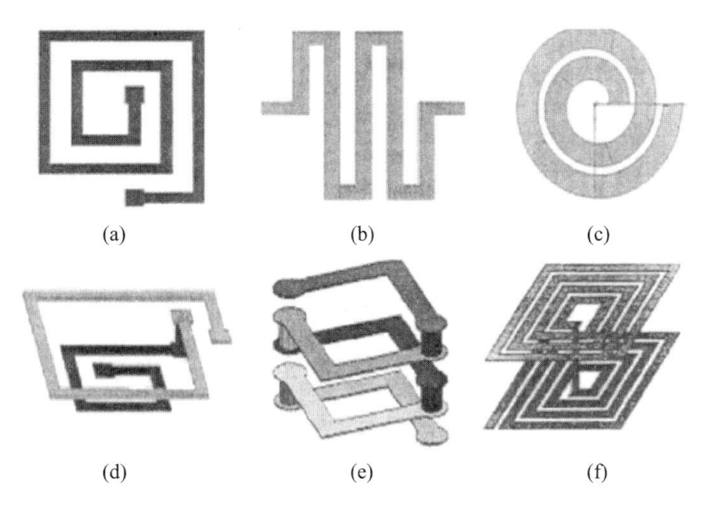

(a)　(b)　(c)

(d)　(e)　(f)

图 5－70　常见电容结构

由于 LTCC 基板具有工作频率高，互连密度高，可集成电阻、电容、电感等无源元件，可实现微波信号的耦合或隔离等独特的技术优势，是制造各种先进微波毫米波集成无源电路的最理想载体。LTCC 基板可实现滤波器、耦合器、功分器等多种微波无源器件，这些无源器件可以作为 SiP 封装中的元器件使用，也可以在基于 LTCC 基板的 SiP 封装中在基板上直接集成，如图 5－71 在 Dupont 951 LTCC 基板上，装配了采用 Ferro A6 材料制成的 LTCC 滤波器。

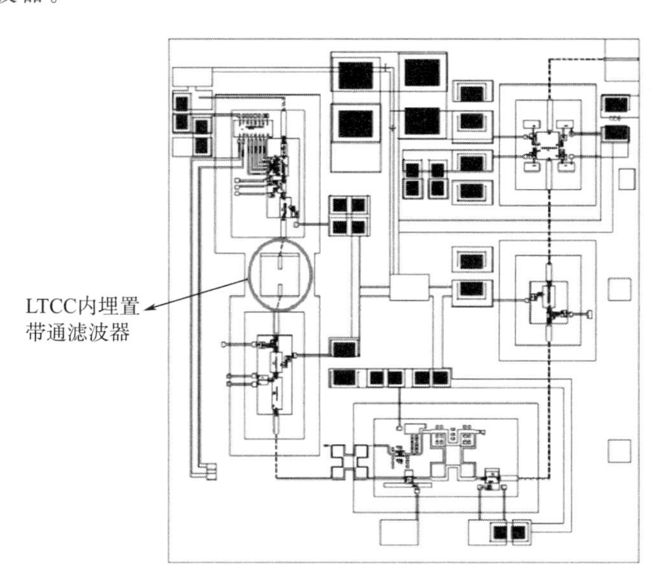

图 5－71　LTCC 基板内埋置滤波器

5.8.2.3　LTCC 作为封装应用

在系统级封装中，LTCC 还可以作为封装体或封装体的一部分，实现一体化封装，详见 5.7 节。

5.8.3　基于 LTCC 的 SiP 中的热管理

常用的 LTCC 的热膨胀系数在 5～8 之间，与 Si、GaAs 等单片集成电路膨胀系数接近，同时与 Kovar，SiAl，WCu 等常用的封装材料的热膨胀系数（CTE）基本相当，它们形成的 SIP 系统热匹配好，可以直接进行系统集成，应用于宇航、军用和汽车电子等领域。但是 LTCC 的热导率较低，LTCC 自身的热导率仅有 2～5 W/（m·K），散热性能较差。而 SiP 系统由于集成密度高，热流密度大，而散热通道有限，导致系统散热成为突出问题，可通过以下几种方式来提高基板的散热能力。

最简单的方式是在 LTCC 上开通腔，将热耗较大的芯片直接贴装在金属基板上，如图 5－72 所示，这种方式能够规避 LTCC 散热性能差的问题，有效解决高功率芯片散热问题，这种方式使系统必须配备具有高热导率的金属载体，增加了封装的整体体积和质量，在三维系统级封装中，这种方式限制了组装密度。

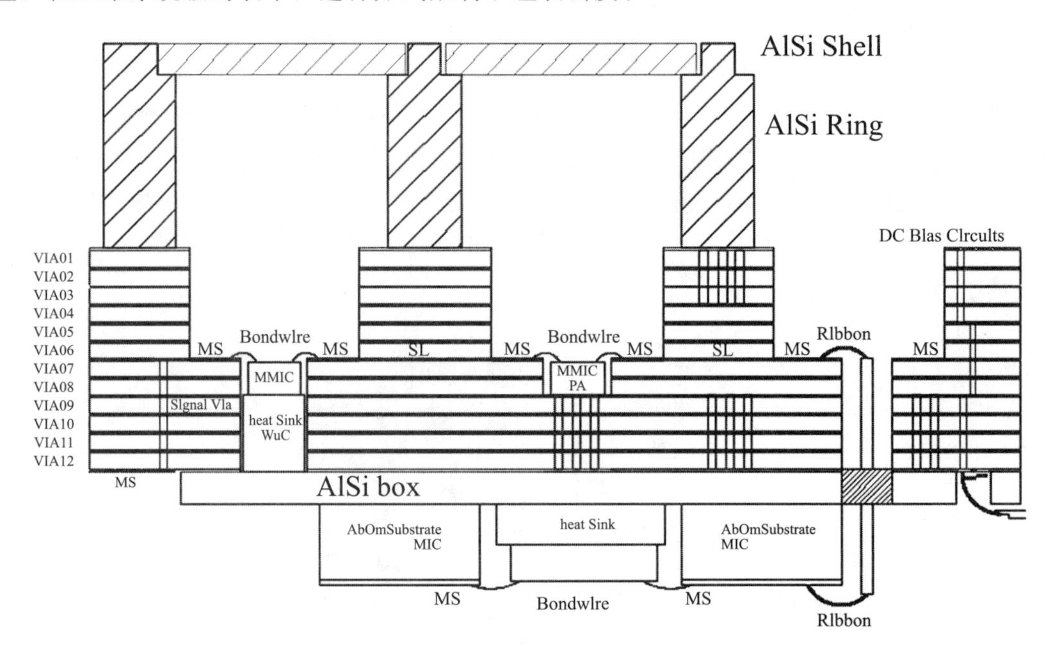

图 5－72　功率芯片直接贴装于金属载体上

提高 LTCC 自身热导率的方法是在 LTCC 上热耗较大的芯片贴装区域设计金属通孔阵列，芯片通过共晶焊接的方式贴装在 LTCC 基板上。增加通孔后基板的热导率与导热通孔所占基板的面积比例有关，所占面积越大，其热导率越高，但金属导热孔密度过大时，会导致产生基板开裂、翘曲等问题，通过增加导热孔后，基板的热导率可提高到 50 W/（m·K），可在一定程度上改善基板的散热性能，满足中小功率芯片的散热需求。

目前一种非常有潜力的散热方式是微流道散热，这是 20 世纪 80 年代提出的新型散热技术，具有低热阻、高效率、可与芯片集成等优点。LTCC 基板为微流道的制作提供了良好的平台，将微流道技术应用于 LTCC，可实现最高热流密度为 800 W/cm^2 的散热需求。微流道加工过程为 LTCC 在单张生瓷片上制作二维微流道，最后将所有生瓷片叠片、热压、烧结，形成完整的微流道，LTCC内嵌微流道的结构如图5-73所示，基板第5、6层为微流道，微流道截面尺寸是0.2 mm×0.2 mm。该技术目前还不成熟，国内处于研究阶段，还没有应用于产品，国外IMST公司采用LTCC内嵌微流道技术实现了8×8阵列T/R组件的散热需求，如图5-74所示。

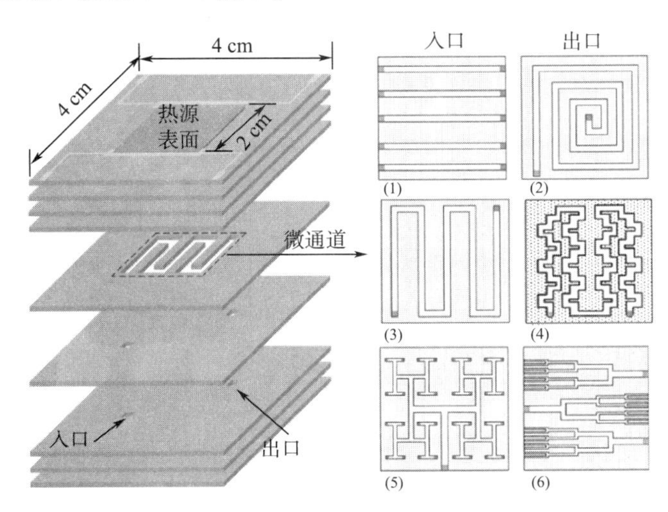

图5-73 LTCC内嵌微流道及拓扑结构

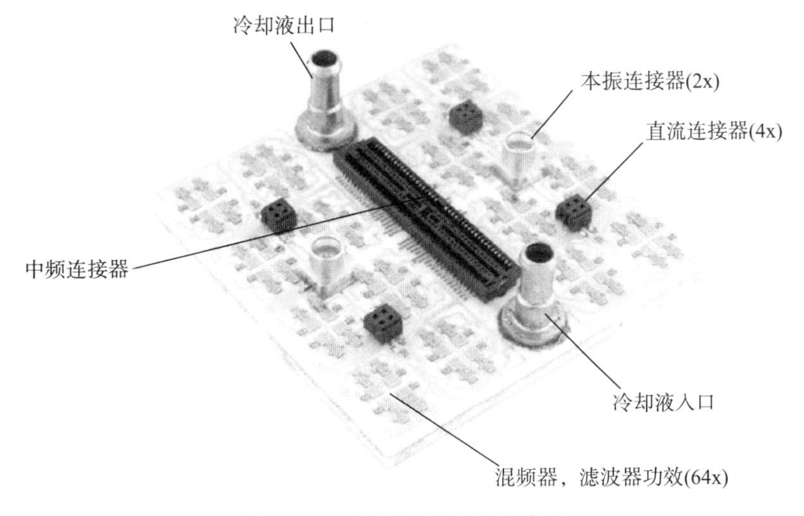

图5-74 IMST公司T/R产品

5.9 LTCC温度控制技术

5.9.1 温度控制的必要性

近年来，电子科技发展迅猛，多功能、大功率、小型化成为电子设备的发展方向，电子设备的组装密度越来越高，高密度组装技术被广泛应用在袖珍全球定位系统接收机、掌上型电脑、功率器件（如 IGBT）、航天飞行器、军用机载计算机等各类电子设备中。

高密度组装技术的广泛应用使得电子设备散热问题越来越突出，由高密度组装产生的高热流密度成为影响电子设备可靠性的主要原因之一。例如，计算机芯片需要集成数以百万计的元器件，芯片表面的热流密度高达 5×10^5 W/m^2，而元器件的失效率随器件的温升呈指数规律上升，器件在 70～80 ℃水平上每增加 1 ℃，其可靠性将下降 5%。因此高密度组装环境下电子设备的散热问题成为电子机械领域的研究热点。T/R 组件热流密度发展趋势如图 5－75 所示。

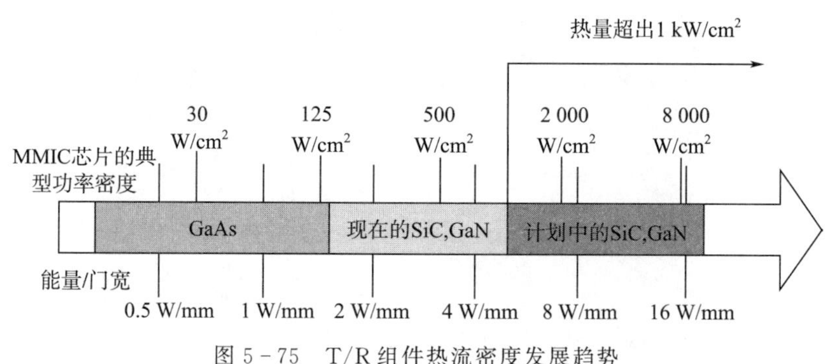

图 5－75　T/R 组件热流密度发展趋势

LTCC 作为系统集成的有效解决方案，目前广泛地应用于系统集成和微波集成。有源器件的快速发展，有效地提升了单位体积内电路的功能密度和性能。同时有源器件的发展趋势对热设计提出了极高要求，并且这种需求在不断增长。传统散热方式已经越来越不能适应这种需求，在很多情况下传统热设计技术实际上已经无能为力，导致电子设备可靠性下降。为了提高基于 LTCC 电路的可靠性，必须对 LTCC 的热量耗散方式进行研究、开发。不同热耗散方式对应的散热能力如图 5－76 所示。

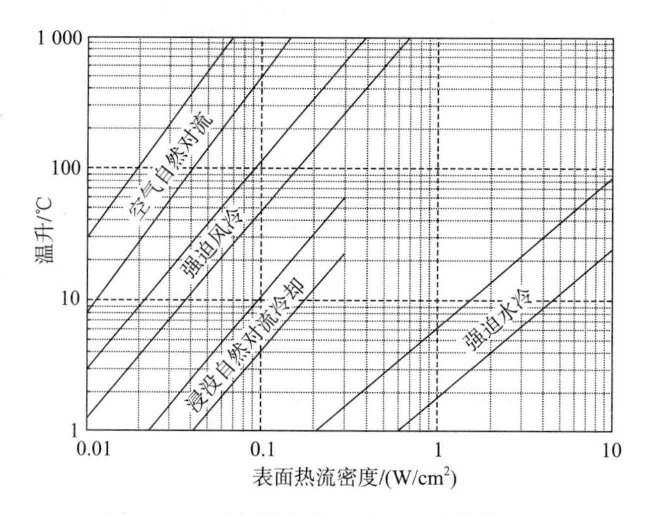

图 5－76　不同热耗散方式对应的散热能力

5.9.2 LTCC 组件的被动热控技术

被动热控指热量的耗散或转移过程不需要额外的能量，仅依靠温度梯度差异，就可以实现热量从高温度区域向低温度区域的自发流动。用于电子领域的热量耗散方式有很多种，可适用于 LTCC 的被动热量耗散方式主要包括直通孔阵列方式、制作腔体方式、LTCC 内嵌微通道方式。下面对每种方式进行论述。

(1) 直通孔阵列的方式

LTCC 陶瓷的热导率通常介于 2～3 W/(m·K) 之间，很好地适用于中小功率元器件的热管理，当元器件的热耗散功率密度大于 10 W/cm^2 时，LTCC 会形成明显的温升，无法实现良好的温度控制。在这种情况下，必须通过降低热源热耗散功率密度或改进散热的方式，实现热源良好的热控。

在 LTCC 基板上，最简单的方式是在热源下方构建导热通孔阵列，如图 5－77 所示，降低 LTCC 对热源形成的温升。导热通孔阵列区域的热阻主要由通孔直径、通孔间距决定，该区域的热导率是陶瓷和金属热导率的加权平均值。

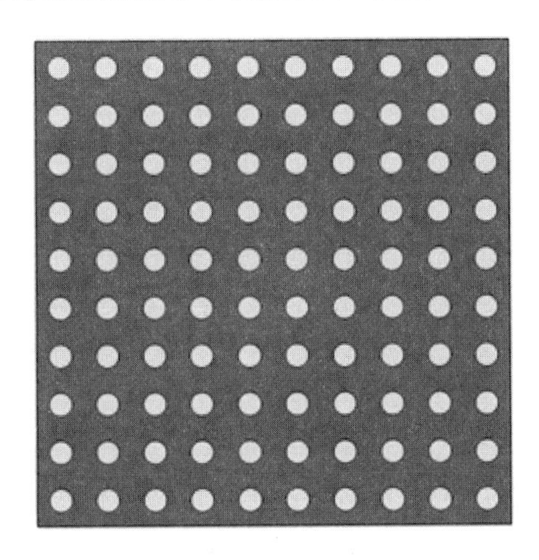

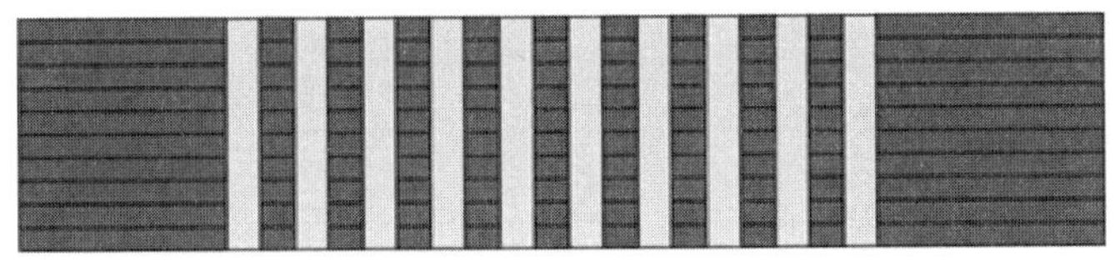

图 5－77 LTCC 中制作直通孔示意图

高导热区域的热阻计算过程如下

$$\theta = \frac{H}{S \cdot K}$$

式中 θ ——LTCC 高导热区域的热阻；

H ——LTCC 基板的厚度；

K ——LTCC 高导热区域的复合热导率；

S ——热耗散面积区域，即 $L \cdot W$ 。

然后计算 LTCC 高导热区域的复合热导率

$$K = K_M \cdot P_M + K_c \cdot P_c$$

式中 K_M，K_c——通孔内金属和陶瓷的热导率；

P_M，P_c——金属孔和陶瓷在基板平面的面积百分比。

从计算公式，结合 LTCC 的工艺特点，降低热阻的方式主要有以下几种方式：

1）提高金属孔的总面积在散热区域的比例；

2）降低 LTCC 基板的厚度。

由于这种方式不增加 LTCC 的工艺流程，且散热效果较好，在 LTCC 的散热方式中已经得到了广泛的应用。

（2）制作腔体的方式

在上文中，主要通过提高基板局部热导率的方法来降低 LTCC 形成的热阻，从热阻计算公式可以看出，降低 LTCC 厚度，可以有效地降低 LTCC 形成的热阻。从 LTCC 工艺可实现的角度考虑，降低 LTCC 厚度主要有 3 种方法：1）在热源区域制作盲腔，热源和外壳或热沉之间为 LTCC 陶瓷，如图 5－78 所示，热阻的变化和盲腔底部的陶瓷厚度成正比；2）在热源区域制作盲腔，热源和外壳或热沉之间为高密度通孔阵列，如图 5－79 所示，相较于第一种方式，其热阻有很大的降低；3）在 LTCC 上制作穿通的腔体，将热源直接固定于管壳或热沉上，直接消除了 LTCC 形成的热阻，具有最佳的温度控制效果，如图 5－80 所示。

图 5－78　制作腔体的方式降低 LTCC 的热阻

图 5－79　盲腔底部构建直通孔阵列

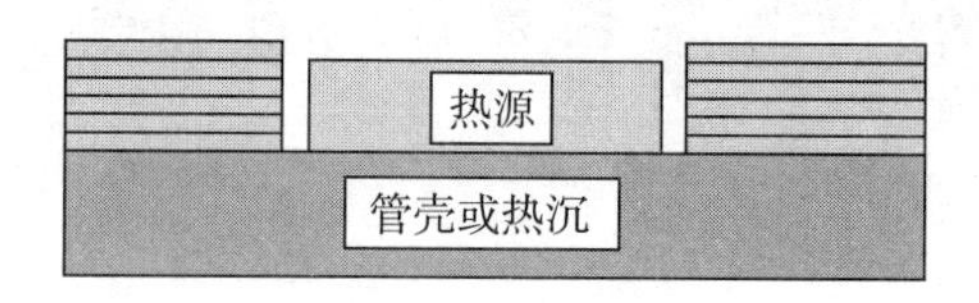

图 5－80　LTCC 制作穿通腔体，热源直接固定到管壳上

以实现热源散热的方式制作腔体，应根据热源的散热条件、温控要求、封装形式进行选择或组合。前两种制作腔体的方式，热阻的计算均可以通过上文的公式进行计算。

（3）内埋置微热管的方式

LTCC 作为系统封装使用时，在封装体内部会集成 CPU、DSP、FPGA 等高热量密度的器件，为了提高集成度通常采用裸芯片进行组装，其热量耗散密度已达 60～90 W/cm^2，微波有源器件的功耗密度甚至高达200 W/cm²。常规的自然对流、强迫风冷等无法高效地进行热量耗散。广泛采用的散热方式是铝制、铜制散热片外加风扇，依靠的是单相流体的强迫对流换热方法。通常采用的强化换热手段是增加散热器散热面积和加大CPU风扇的转速。但是一旦器件的热流密度过高时，空气冷却将很难胜任。且传统的单相流体的对流换热方法和强制风冷方法只能用于热流密度不大于100 W/cm²的电子器件。表5-9中提供了常用冷却技术的单位面积最大功耗数据，因此，对超高热流密度芯片的散热技术研究一直是多个学科领域共同的研究前沿和关注的重大课题。

表5-9 常用冷却技术的单位面积最大功耗列表

冷却技术	单位传热面积的最大功耗
空气自然对流和辐射	0.08 W/cm²
强迫风冷	0.3 W/cm²
空气冷却板(加翅片的强迫风冷)	1.6 W/cm²
液体冷却板(强制间接液冷)	16 W/cm²
蒸发冷却(相变冷却)	5 000 W/cm²

热管原理首先由美国通用汽车公司R. S. Gaugler于1944年在美国俄亥俄州通用发动机公司提出并获得专利。他设想出一种由封闭的管子组成的装置，在管内液体吸热蒸发后，在下方的某一装置放热冷凝，在无任何外加动力的前提下，冷凝液体借助管内的毛细吸液芯所产生的毛细力回到上方继续吸热蒸发，如此循环，达到热量从一处传输到另一处的目的。1965年，Cotter首次提出了较完整的热管理论，建立了热管中各个过程的基本方程，并提出了计算热管工作毛细极限的数学模型，为以后的热管理论研究工作奠定了基础。1966年，Katzoff发明了内部有槽道的热管。槽道的作用是为从冷凝段回到蒸发段的液体提供一个压力降较小的通道，从而大大提高了热管的传输能力。1969年，T. D. Sheppard提出用矩形断面的热管冷却集成电路的底板，虽然这是对常规热管的一个改进，却为平板热管的设计提供了一个崭新的思路。1969年3月3日，K. T. Feldman首先提出了一种结构化吸液芯的平板式热管，并于1971年10月19日获得了美国专利局的专利权，这种平板热管可以作为电子系统中元器件的热沉，起到冷却降温的作用。1979年，H. Van. Ooijen和C. J. Hoogendoom采用数值计算的方法，研究了有着绝热顶板的平板热管中的蒸汽流动状况，这是平板热管由经验设计制造到理论分析研究的开端。热管的工作原理示意图如图5-81所示。

这种控制散热的方法会使热量沿着规定的通路从热源流向低温散热器，不会使热杂乱地散射并传入相邻的元器件。由于热管具有极高的导热性、优良的等温性、热流密度可变性、热流方向的可逆性、恒温特性环境的适应性等优良特点，可以满足CPU对散热装置紧凑、可靠、控制灵活、高散热效率、不需要维修等要求。因此，国外研究人员首先提出了将热管技术与散热器相结合的设计理念，以解决高热流密度器件的散热问题。

与常规散热器相比，采用热管技术的散热器有着很多优势。首先，热管是依靠其内部工质的相变过程来传热的，传热能力明显高于常规导热，热导率高达20 000 W/(m·K)，

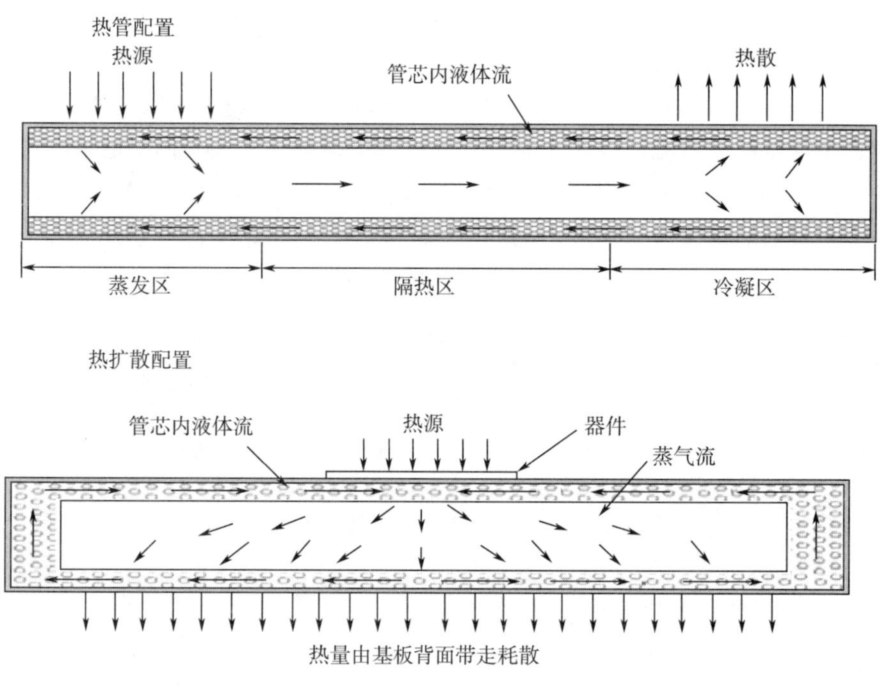

图 5-81　热管的工作原理示意图

有效热阻为 1 ℃/W；其次，携带大量汽化潜热的饱和蒸汽由热管的蒸发段流动到冷凝段的过程是在等温状态下完成的，沿途的热量损失几乎为零，可视为零热阻传输；最后，在热管的冷凝段可加装翅片，扩大散热面积，使得热流密度很高的芯片也可通过常规的强迫空气对流冷却方式得到有效冷却。

金属热管使用铜、铝等作为管壁，管芯由精细丝网材料、烧结材料或直接在管道上开出小到足以增大毛细作用的凹槽制成，在毛细现象的作用下，工质会形成回流。由于 LTCC 的烧结过程存在自由收缩过程，同时成型的温度高达 800～900 ℃，无法在内部直接共烧制作热管，只能借助于 LTCC 自有材料构建微热管的结构。

LTCC 具有灵活的工艺加工特点，同时具备强大的跨专业集成能力，在 LTCC 内部构建空腔体实现热管的工作空间，在热管内壁的陶瓷上制作微沟道或烧结导体浆料，形成微米尺度连续的间隙，热管工质借助毛细现象，可以实现工质的回流（如图 5-82 和图 5-84 所示）；同时为了降低热源到外环境的热阻，必须在热源到热管侧壁以及热管冷端到外置散热器之间构建高导热通路，通常采用的方法是构建高比例的金属化通孔（如图 5-83 所示），在热管壁的热端和冷端，使用高热导率的绝缘胶或焊接的方式与热源和外置散热器连接。

由于 LTCC 材料系统的特性限制，LTCC 内部嵌入热管（如图 5-85 所示）技术存在以下问题，导致该技术目前尚无法进行大批量的应用：

1）在 LTCC 内部构建热管，无论是横向导热还是竖直导热，都需要占用基板内部大量的空间，导致基板内部可使用的布线空间极大减小，不利于系统集成度的提高；

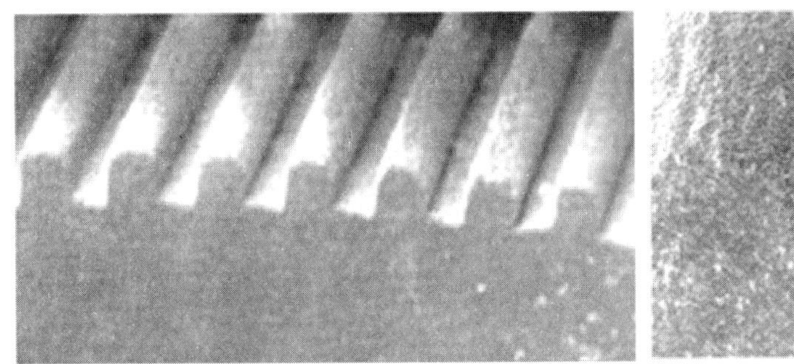
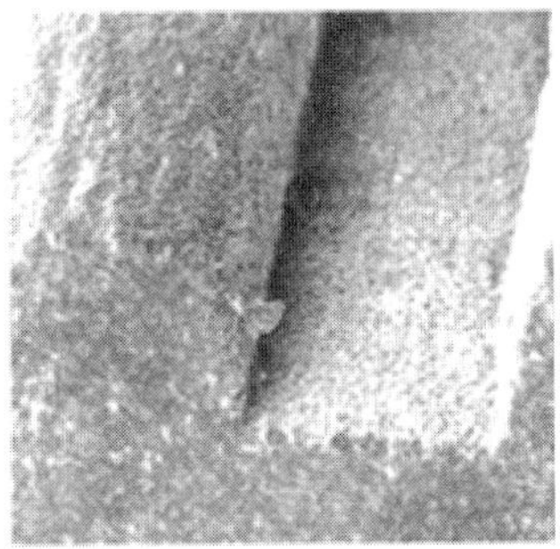

图 5-82　陶瓷上构建微细沟槽实现工质回流

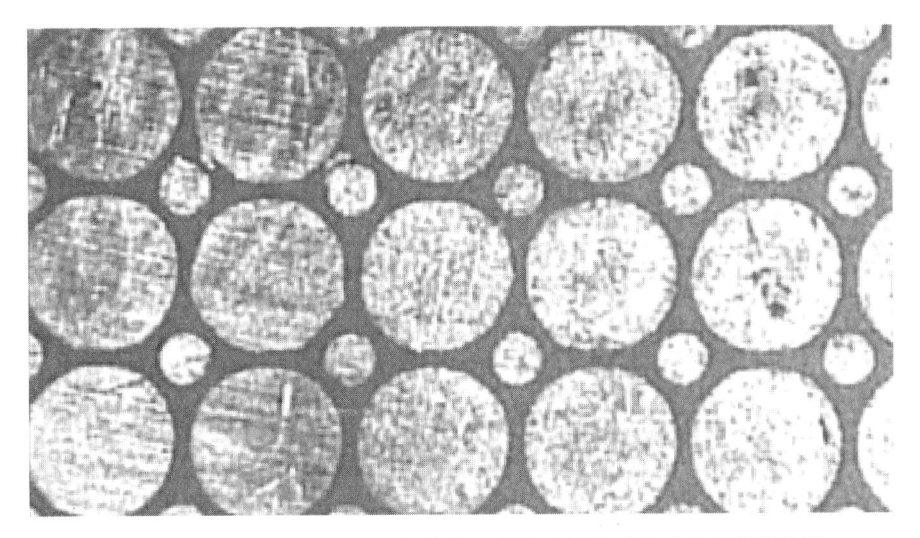

图 5-83　热源和微通道之间制作高比例的金属化通孔以实现低的热阻

图 5-84　微米量级导体浆料颗粒实现工质回流

2）热源通常为有源芯片，芯片下方高比例的金属化导致芯片下方布线功能消失，对于 CPU、DSP、FPGA 等高 I/O 口密度的器件，无法实现电互连；

3）LTCC 基板通常尺度较小，在冷端构建热量耗散或转移模块，需要占用大量的空间，导致基板冷端布局布线能力丧失，同时为基板的机械固定带来障碍。

线性热管

热扩散器，表面和底面

图 5-85　采用 LTCC 制作的内部嵌入热管

5.9.3　LTCC 组件的主动热控技术

主动冷却需要借助于外部能量来实现电子元器件的冷却。通常包括强迫风冷、热电制冷、微通道制冷、相变制冷等方式。通常情况下，主动冷却比被动冷却好，可以在较小的空间中实现高热量密度或高精度的温度控制。但是对于高密度集成的电子系统，主动冷却会带来成本增加、功耗上升、体积和质量增加、系统规模增加等问题，因此，在整个系统进行热设计时，需要充分考虑主动系统带来的不利影响。

可应用于 LTCC 组件的主动热控技术主要包括半导体制冷和 LTCC 内嵌微流体热控。两种方式均为先进的热量耗散方式，可以为下一代电子产品提供优秀的热管理解决方案。下面对每种方式进行论述。

5.9.3.1　半导体制冷

热电材料的塞贝克效应在 1821 年首次被发现，即两种不同的导体相连组成闭合回路时，如果保持两者接头处温度不同，就会产生一定的温差电动势；同时，闭合回路存在电流。相反如果在两种不同导体组成的闭合回路中施加电动势，回路中有电流流动，此时两个接头分别会变冷和变热。这是由于不同材料中载流子的势能存在差异，在接头处运动时会导致与晶格发生能量交换，从而产生了吸放热现象。由于金属中导电的自由电子能量差异很小，因此在金属导体组成的回路中，吸热和放热的现象很微弱。

在半导体材料中，N 型半导体中参与导电的自由电子和 P 型半导体中参与导电的“空穴”势能差异很大，这也决定了它产生的温差现象比其他金属材料要显著的多，为了使制冷效果进行叠加，通常将多对 PN 热电对以串并联的形式连接组成热电堆，热电制冷器内部一般是由多对 P 型 N 型热电臂通过电极串联连接，并依附于上下基底，最后经封装而成。

如图 5－86 所示，两种不同的热电材料组成热电对，当电源输出的电流经过时，N 型材料中的电子和 P 型材料中的空穴在电场的作用下，从材料的下端向上端移动，同时带走下端的热量，这就是热电制冷的原理。而且，改变电流通过的方向可以很容易地调节制冷器件冷热端的位置，从而也可以实现由制冷向加热的转变。

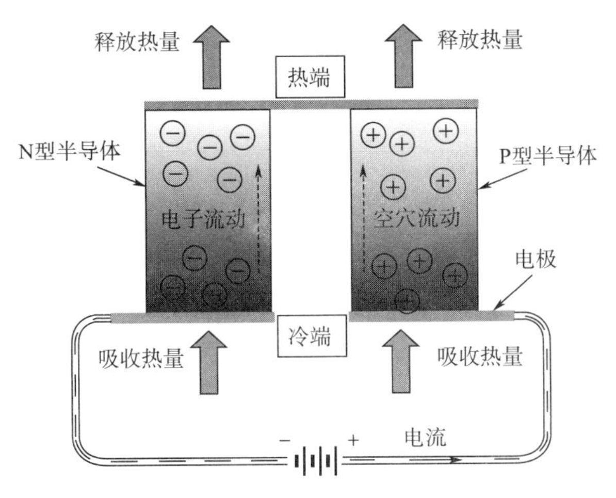

图 5－86　热电制冷器工作原理

由于半导体制冷结构简单、无活动部件、体积小和无噪声等优点，已应用在各个领域。热电制冷相对于其他制冷方式有很多自身的优点：1）由于热电制冷的工质是在固体材料中传导的载流子，它不仅没有压缩机，也没有介质管道等机械制冷环节，在结构上相对简单，工作时无噪声，对工作环境要求低；2）无任何化学制冷剂，不会释放任何其他有害物质，因此无环境污染，清洁卫生；3）热电对可以任意排布，大小形状皆可根据需要改变，串、并联方式灵活；4）能量调节性能好，通过改变工作电流的大小来调节制冷速度和制冷温度，易于实现高精度的温控；5）热电制冷的热惯性非常小，制冷制热响应时间短，有利于快速散热。由于半导体制冷独特的优势，解决了多个场合的制冷难题，在电子电力、国防、工业、科研及生活等领域得到了广泛的应用；尤其在航空航天领域中应用具有明显优势，十分适合在深潜、仪器、高压试验舱等特殊要求场合使用，图 5－87 是利用 LTCC 技术制作的散热微流道的应用。

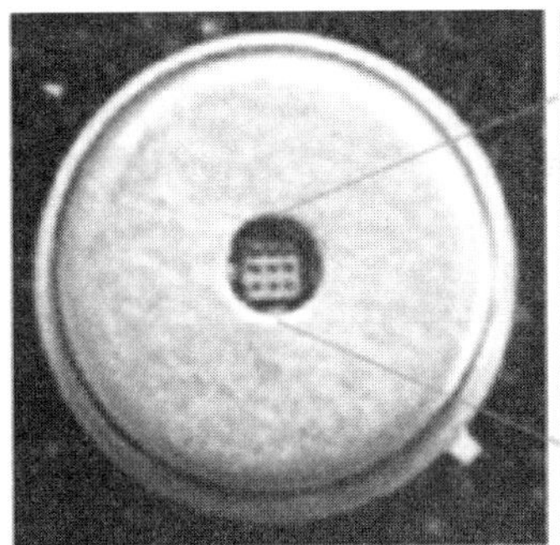

图 5－87　半导体制冷用于红外探测器

目前的半导体制冷器采用体材料工艺技术制造，典型的热电臂尺寸为1～3 mm，大量热电臂放置在陶瓷基底中间，连接形成块体器件。目前商用的半导体制冷器在室温下最大制冷温差约为67 ℃，制冷功率密度仅为5～10 W/cm^2，响应时间为秒级，其应用如图5-88所示。不能完全满足集成大功率器件对制冷器尺寸和制冷功率密度的要求。

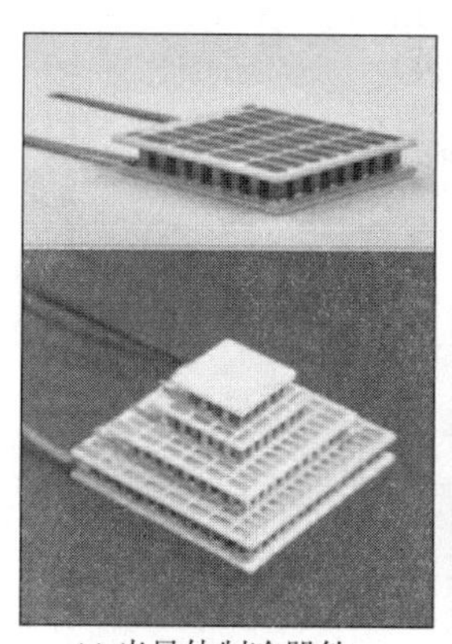

(a) 半导体制冷器件　(b) 半导体制冷器件的应用

图5-88　半导体制冷器件及应用

随着半导体理论和微机电系统（MEMS，micro-electromechanical systems）加工技术的快速发展，微型热电器件的制备也取得了新的进步。目前，热电材料研究的一个主要方向是纳米化，通过在材料中引入不同的纳米结构，实现多尺度的电声输运协同调控。如超晶格热电薄膜中的界面可以增加对声子的散射，大大降低了热电材料的热导率，从而有利于热电材料性能的提升。热电薄膜材料的深入研究，加之MEMS技术的快速发展，也促使薄膜微型热电制冷器的制备成为可能。美国已利用纳米技术开发热电制冷器，制备出的纳米热电材料可以显著地抑制热传导，同时保证高的载流子迁移率，通过引入过渡层有效地降低金半接触电阻，利用高导热柔性界面材料降低了热电制冷器件与集成器件界面间的接触热阻。

最近，如图5-89所示，微型热电制冷器在制造方面取得了新进展，其中美国和德国在技术上处于世界领先水平。微型薄膜半导体制冷器在有源区的厚度一般为5～20 μm，每平方厘米制冷功率可达几百瓦，并具有毫秒级的快速响应能力。其中世界上最小的半导体制冷器在2008年由美国的Nextreme公司发布，采用薄膜超晶格结构热电材料制备的微型热电制冷器件，散热面积仅0.55 mm^2，制冷功率密度高达112 W/cm^2。该制冷器可以用于激光器、传感器以及电力电子器件的主动制冷等领域，相关的实验结果也同年发表在《自然》杂志上。目前，他们正在研究用纳米线材料来代替普通的膜材料，实现更小尺寸的热电臂，同时热端采用微孔道基底，利用水冷却来降低基底热阻，进行快速散热，从而使制冷器具有更大的制冷容量。

在LTCC中构建腔体，可以将热电制冷器件放置到离热源最近的地方，通过高导热材料将热源粘接到热电制冷器件上，建立最高效的热耗散通路，实现热源的良好温控；同时，在芯片温度降低或单系统中芯片的温度差异较大时，为了保证模块的电性能不受影

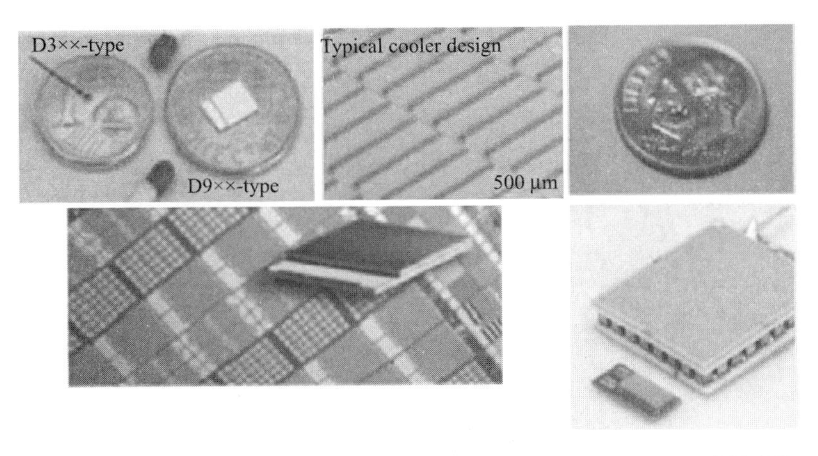

(a) Micropelt 公司产品　　(b) Nextreme 公司产品

图 5－89　微型半导体制冷器件

响，采用主动的温控方式，调节制冷功率，甚至反向加电，进行芯片的加热，实现芯片温度的高精度控制，使得所有芯片始终工作在理想的温度下，实现模块的电性能不随温度发生漂移。

由于当前可使用的热电制冷器件耗散功率密度较低，制冷效率较低，目前高密度、高耗散功率密度的 LTCC 使用较少。相信随着半导体热电材料体系的不断更新，热电制冷器件性能的进一步提升，制冷系统成本逐渐降低，热电制冷技术必将会有更广泛的应用前景。

5.9.3.2　微流体热控

LTCC 内嵌微通道换热器是一种新兴的热设计技术，其高密度热量耗散，远程热量传输能力，均为当前及下一代电子产品的热管理提供了良好的解决方案。LTCC 内嵌微通道换热器的特点是：1）结构简单，微通道换热器主要采用矩形肋片结构，通道结构简单，生产加工过程与 LTCC 的基本流程一致，加工方便；2）与基板或封装共形，LTCC 微通道换热器内嵌于基板中间，不影响基板表面元器件的组装，通过定制化的设计，可以直接作用于毫米级甚至微米级的热源位置；3）具有很高的换热效率，通过设计热源到外环境的低热阻路径，同时又可以直接作用于热源位置，因此换热效率很高，如果采用微通道液体强迫对流形式，则可达到更好的散热效果；4）流体状态主要呈层流，对动力系统的要求较低；5）能够在恶劣的工作环境下工作。与传统散热技术相比，微通道散热技术具有极大优势，可以广泛应用于各种高密度组装电子设备的冷却。

在产品化方面，德国 IMST 公司以相控阵天线为典型代表，该产品为 8×8 阵列，热源在 LTCC 基板上的分布同样成 8×8 阵列，组件的正面为 64 元天线阵列，背面为 64 元收发阵列，包括混频、滤波和放大网络，基板内埋无源元件。在基板的正面和侧面均无法构建有效的热耗散路径，该项目采用内嵌微通道的方式实现良好的热管理，如图 5－90 和图 5－91 ～图 5－94 所示。

图 5-90　德国 IMST 公司的 SANTANA 3

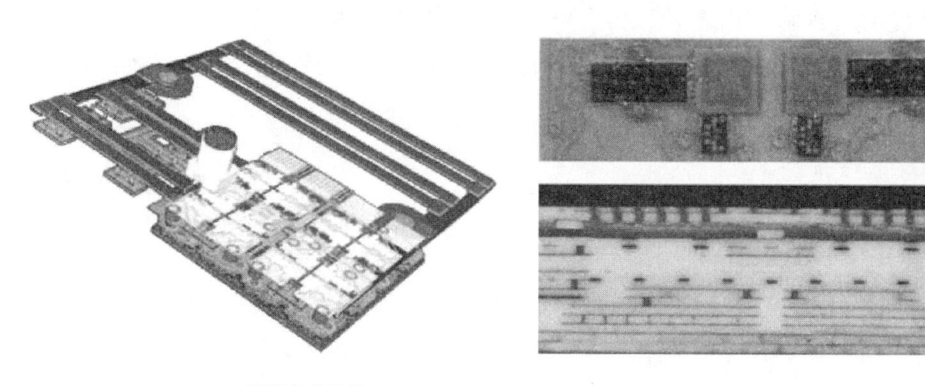

(a) SANTANA 3的微流道结构　　(b) SANTANA 3微通道剖面

图 5-91　SANTANA 3 内部结构

使用 Flotherm 仿真软件进行热仿真，仿真条件是：热源面积为 1 mm×2 mm，热源功耗为 0.5 W，无空气对流、辐射等，环境温度为 20 ℃。无微通道的 LTCC 基板热源温升达到 137 ℃；有微通道热控措施的温升为 12.4 ℃。可以实现良好的热控。Flotherm 仿真结果如图 5-92 所示。

LTCC 内嵌微流体的主要实现开发路径如图 5-93 所示，从实际产品设计和工艺制作过程出发，主要分为以下几部分逐步进行技术开发。

(1) LTCC 内嵌微通道制作工艺技术开发

微通道工艺技术开发为后续的结构设计、微通道拓扑选择提供技术支撑。

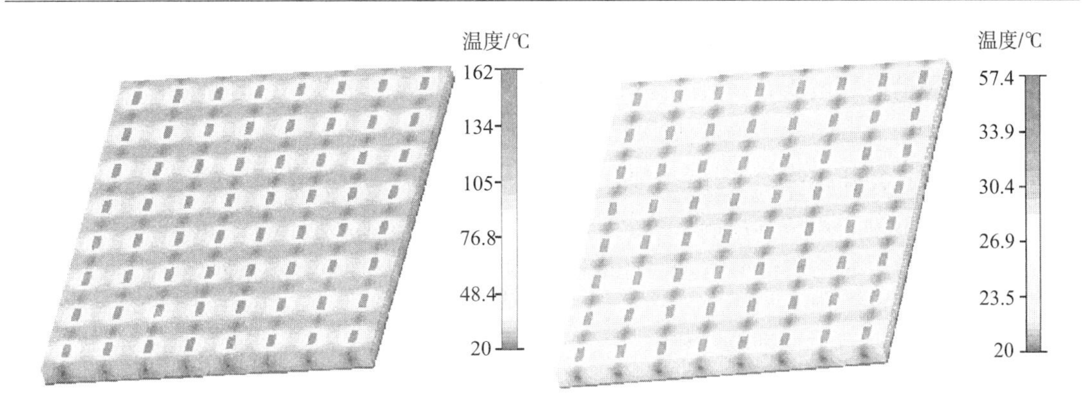

图 5－92　Flotherm 仿真结果

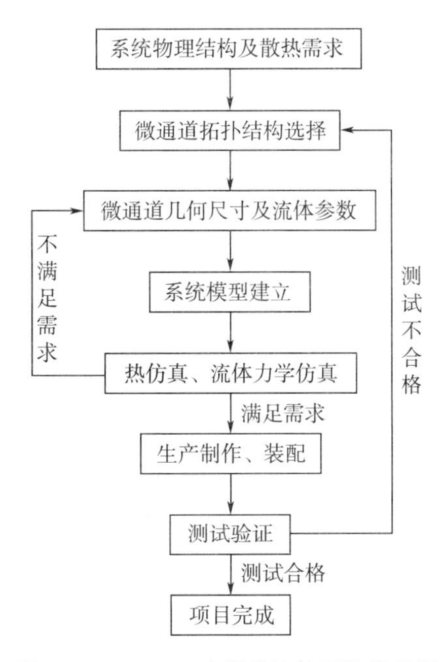

图 5－93　LTCC 内嵌微流体开发流程图

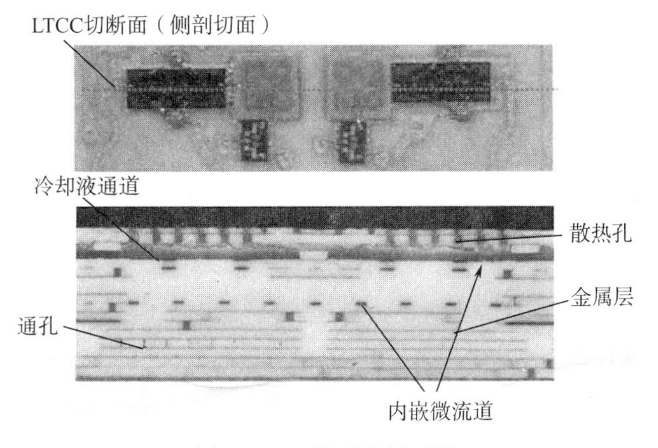

图 5－94　微通道剖面图

（2）微通道几何尺寸及流体参数求解

依据热源的热耗散能力及热管理需求，设计单个到微通道的低热阻路径，求解微通道的尺度及工质的流量需求，最后使用仿真软件进行实际散热效果的验证反馈。

（3）微通道拓扑结构的选择和设计

依据热源的分布，结合热源的热管理要求、模块的封装、系统提供的热量耗散方式、LTCC 可实现的微通道几何结构，选择微通道拓扑结构，如图 5-95 所示。

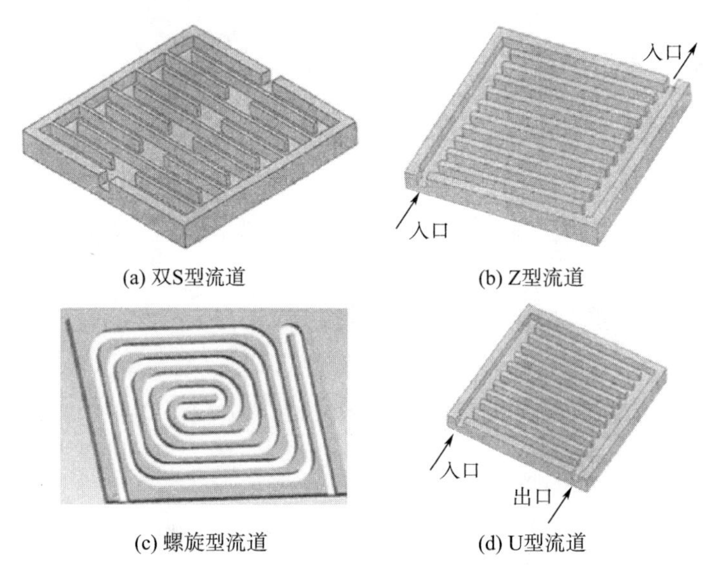

图 5-95　不同的微通道拓扑结构对应不同的流体性能和热耗散特性

（4）微通道流体力学性能与热管理的联合仿真

使用 CST 或 Flotherm 等具备流体和热联合仿真的软件，进行流体性能和热性能的联合仿真，通过仿真结果计算出微通道的流体流速-压降曲线，以进行外置回流泵的选型和匹配，如图 5-96 所示。

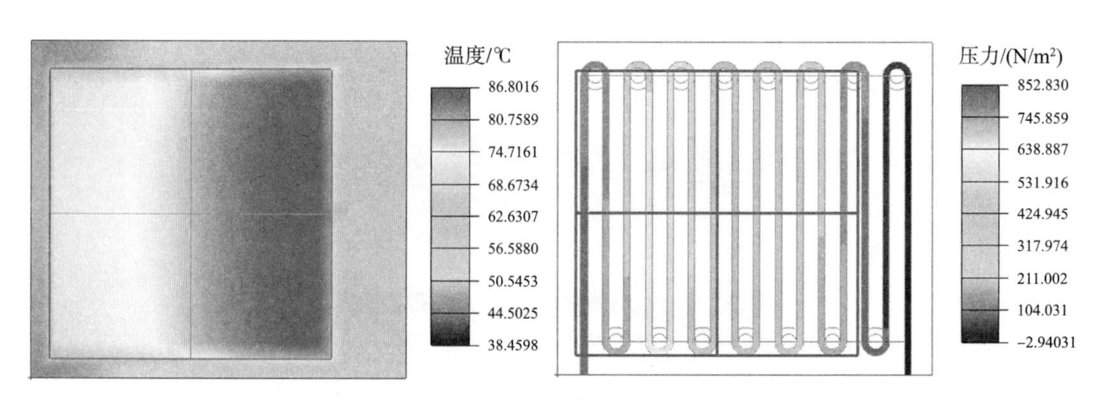

图 5-96　流体性能与热性能的联合仿真结果

（5）基于整体要求进行全系统的优化设计

上述步骤完成后，在理论状态下，对整个系统进行系统级及局部的优化设计，使得整个系统具有良好的加工性能、流体性能、热性能。

（6）微流体系统可靠性考核

LTCC内嵌微流体实现了良好的热控，具备长期可靠工作的特点。微流体长期工作时，需要考虑其在LTCC基板及金属中间的渗漏、扩散问题。

LTCC内嵌微流体在解决阵列式、高耗散密度热源的热管理时，具有很大的技术优势，同时不存在明显的技术缺陷。由于微流体涉及多学科的应用，属于典型的交叉学科，该产品的设计需要从项目总体考虑，与结构设计、电设计、组装工艺设计等相匹配，因此设计、制作、考核难度较大，产品设计周期会有所加长。

5.10 LTCC基板快速制作技术

传统的LTCC加工过程是通过丝网印刷的方式来制作电路图形，丝网印刷的精度可以达到50 μm，但是想要实现更细线条的电路图形，则必须通过光刻的方式，这需要很大一笔投资。此外，丝网印刷和填孔需要使用网版和漏板，而且每次修改电路图形，都需要重新制作网版和漏板，这不仅增加了制作成本而且会使加工周期大大延长。为了解决上述问题，研究人员提出了使用激光来快速制作LTCC产品。

激光快速刻蚀的思路与传统的LTCC生产过程类似，如图5-97所示。

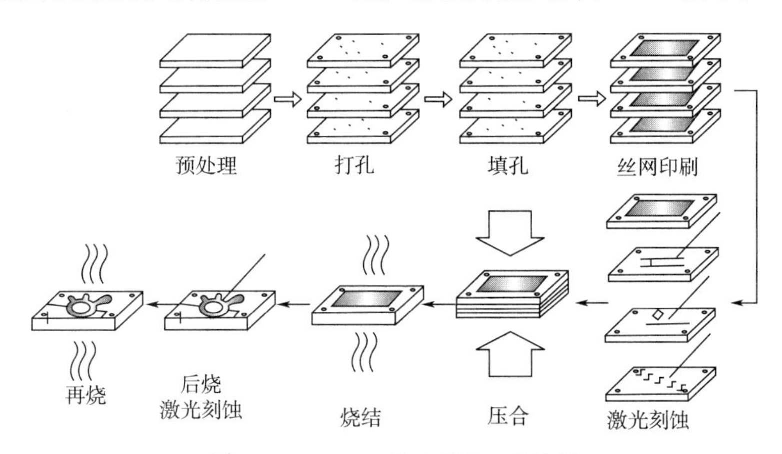

图5-97 LTCC快速制作工艺流程

生瓷经过前处理后使用紫外激光进行带膜打孔，生瓷的膜可以用作填孔时的漏板，进行印刷式填孔。填孔完成后，将膜撕去，使用一张空白丝网将一层金属印刷在生瓷上，然后使用激光将电路图形刻蚀出来，重复上述步骤一层一层地将内层电路和孔处理完，但是表层和底层仅打孔、填孔和大面积印刷金属，并不刻蚀电路图形。随后，将所有生瓷按照工艺参数压合和共烧。共烧后，再次使用激光将表面和底面的电路刻蚀出来，此时由于金属已经固化，所以刻蚀精度会有大幅提高，刻蚀结束后可以再一次后烧以去除表面的杂质。图 5-98 展示了激光刻蚀在最小分辨率 30 μm±2 μm 下的效果，为了保证精度，需要通过大量实验来找出在不同 LTCC 材料上进行激光刻蚀的参数。

图 5-98 激光刻蚀效果图

由于外层电路图形是共烧之后再激光刻蚀出来的，生瓷在共烧之后发生收缩，所以这种快速刻蚀的工艺所面临的最大挑战就是如何让外层的电路图形与内层图形对准。虽然可以使用共烧后的对位图形来进行激光刻蚀，但是由于 LTCC 生瓷在 *XY* 方向收缩略有差别，尤其是在制作精确电路图形时，可能仍会遇到很多困难，所以推荐在过孔处加金属圆盘来保证过孔的导通性。

LTCC 快速刻蚀技术在进行小批量且多变的实验产品制作时优势明显，可以在几天之内制作完成，且无须制作漏板和网版，灵活性高，精度也不错，可以快速制作和测试。然而激光打孔的效果依旧没有机械冲孔的质量好，生瓷在激光刻蚀图形的时候会有金属残渣残留，这些都对最终产品的质量有所影响。

参考文献

[1] Shafique M F. A Two - Stage Process for Laser Prototyping of Microwave Circuits in LTCC Technology. IEEE Transactions on Components，Packaging and Manufacturing Technology，2015.

[2] 李有成，等．LTCC内埋腔体及微通道制作技术综述．第十七届全国混合集成电路学术会议，2011.

[3] 刘新宇．微波LTCC电路模型研究．成都：电子科技大学，2011.

[4] 刘建林．热管散热器散热性能的实验研究与数值模拟．天津：天津商业大学，2009.

[5] 喜娜．CPU集成热管散热器的研究．大连：大连理工大学，2005.

[6] 祝薇，等．基于热电效应的新型制冷器件研究．智能电网，2015，3（9）.：823 - 828

[7] 谢廉忠，等．LTCC埋置电阻器制造工艺研究．第十三届全国混合集成电路学术会议，2003.

[8] 李建辉．埋置电阻及其工艺的研究．电子元件与材料，2000，19（5）：1 - 2.

[9] 李颖，等．厚膜混合电路的激光调阻技术．第11届全国敏感元件与传感器学术会议，2009.

[10] 李林军．LTCC产品设计及制作工艺研究．重庆：重庆大学，2006.

[11] 赵飞，等．LTCC电路加工中的关键技术分析．电子工艺技术，2013，34（1）.

[12] 龙乐．低温共烧陶瓷基板及其封装应用．电子与封装，2006，6（11）：5 - 9.

[13] 林伟成．提高T/R组件LTCC大面积焊接钎透率的先进工艺．电子机械工程，2012，28（2）：52 - 56.

[14] 林文海．应用于雷达T/R组件微组装中的气相清洗技术．电子与封装，2013.

[15] 聂磊，等．微电子封装中等离子清洗及其应用．半导体技术，2014.

[16] 林文海．应用于雷达T/R组件微组装中的气相清洗技术．电子与封装，2013（8）：9 - 13.

[17] 金珂．毫米波LTCC基板组装技术研究．中国科技信息，2012（12）：179 - 179.

[18] 刘炳龙，等．LTCC表面金属化的可焊性研究．电子与封装，2013（3）：13 - 15.

[19] 解启林，等．LTCC电路基板大面积接地钎焊工艺技术．应用基础与工程科学学报，2007，15（3）：358 - 362.

[20] 王飞，等．微波混合集成电路基板低空洞率软钎焊工艺技术研究．第十七届全国混合集成电路学术会议论文集，2011.

[21] 秦超．Al - 50%Si合金封装壳体与LTCC基板的热匹配试验．电子机械工程，2015（6）：44 - 46.

[22] George W. Stimson. 机载雷达导论．北京：电子工业出版社，2005.

[23] 毕克允．微电子技术．北京：国防工业出版社，2000.

[24] 朱瑞廉．混合微电路技术手册——材料、工艺、设计、试验和生产（第2版）．北京：电子工业出版社，2004.

[25] 杨邦朝，等．多芯片组件（MCM）技术及其应用．成都：电子科技大学出版社，2001.

[26] 王钧，等．微波MCM电路的设计与制作．电讯技术，1998（6）：48 - 53.

[27] 何中伟，等．LTCC基板与封装的一体化制造．电子与封装，2004，4（4）：20 - 23.

[28] 夏雷，等．微波毫米波LTCC关键技术研究．成都：电子科技大学，2008.

[29] 董兆文，等．LTCC微波一体化封装．电子与封装，2010，10（5）：1-6.
[30] Ke-li Wu. LTCC technology and its applications in high frequency front end modules. Antennas，Propagation and EM Theory，2003.
[31] 严伟，等．基于LTCC腔体结构的新型微波多芯片组件研究．电子学报，2010，38（8）：1862-1866.
[32] 杨邦朝，等．LTCC型MCM的特点．中国电子学会第十二届电子元件学术年会论文集，2002.
[33] 李建辉，等．LTCC在SiP中的应用与发展．电子与封装，2014（5）：1-5.
[34] 樊卫锋，等．基于LTCC的BGA技术．中国电子学会第十三届青年学术年会微电子与电子器件技术，2007.
[35] 何中伟，等．LTCC基板与封装的一体化制造．电子与封装，2004，4（4）：20-23.
[36] 杨述洪，等．MCM-C/D工艺制造技术研究．南京：南京理工大学，2013.
[37] 何中伟，等．耐高过载LTCC一体化LCC封装的研制．电子工艺技术，2014.
[38] 李建辉，等．LTCC在SiP中的应用与发展．电子与封装，2014（6）：334-336.
[39] 阳皓，等．自约束零收缩LTCC基板材料研究．第十七届全国混合集成电路学术会议论文集，2011.
[40] 何中伟，等．平面零收缩LTCC基板制作工艺研究．电子与封装，2013（10）：14-18.
[41] 卢会湘，等．一种新型平面零收缩LTCC基板制造技术．2014年电子机械与微波结构工艺学术会议论文集，2014.
[42] 周峻霖，等．LTCC基板共烧平整度工艺研究．微电子学，2011，41（5）：770-774.
[43] 董兆文．LTCC基板制造工艺研究．电子元件与材料，1998（5）：24-26.
[44] 刘芳．基于ANSYS模拟对功率型LED封装中散热问题的研究．西安：西安电子科技大学，2013.
[45] 林海凤．白光LED用钨盐酸荧光粉的制备及性能研究．南京：南京工业大学，2011.
[46] 李建辉．LTCC在SiP中的应用与发展．电子与封装，2014.
[47] 谢廉忠．收发组件中的LTCC电阻埋置技术．2010年中国电子制造技术论坛，2010.
[48] 甘立云．基于LTCC技术的射频无源器件设计．成都：电子科技大学，2014.
[49] 董兆文，等．LTCC微波一体化封装．电子与封装，2010，10（5）：1-6.
[50] 沐方清，等．三维微流道系统技术研究．中国电子科学研究院学报，2011，06（1）：20-23.

第6章　LTCC基板制造中的常见问题及解决办法

LTCC是1982年由休斯顿公司开发的新型材料，通过利用这种新材料，可将电阻、电感、电容、基板等元器件一次烧成，用于实现极高集成度的封装技术。由于LTCC材料的诸多优点，使LTCC产品得到快速发展。目前该技术已在国外星载电子设备上得到广泛应用，而国内星载LTCC产品的应用还处于起步阶段。西安分院虽然已对该工艺进行了多年的调研，但生产线的建设才刚刚起步，在LTCC工艺技术方面缺乏实践经验，因此有必要提前总结前人遇到过的问题及解决方法，避免在工艺摸索中走弯路，从而加快西安分院LTCC生产线建设的步伐。

6.1　打孔过程

在生产线上进行流片实验的过程中，打孔工艺是生产线的第一道关键工艺。LTCC生产线上首先通过切片机将卷料切割成8英寸方片之后再进行打孔。打孔由激光打孔设备或机械冲孔设备来完成，打孔的过程中会出现不合格的半成品，当出现这种半成品时就需要对其进行手工修补，使之能够符合要求并进入下一道工序，降低实验成本。

6.1.1　激光打孔

激光打孔设备是利用紫外激光能量对LTCC原材料的分子链进行“打断切割”，加工过程中由于激光的烧蚀效应导致原材料的底膜熔融，温度降低后凝固成为固态的颗粒粘结在加工孔的周围，如图6-1（a）所示。另外还有一部分的残渣在排渣过程中未能被完全排除，在孔内部形成堵塞，如图6-1（b）所示。

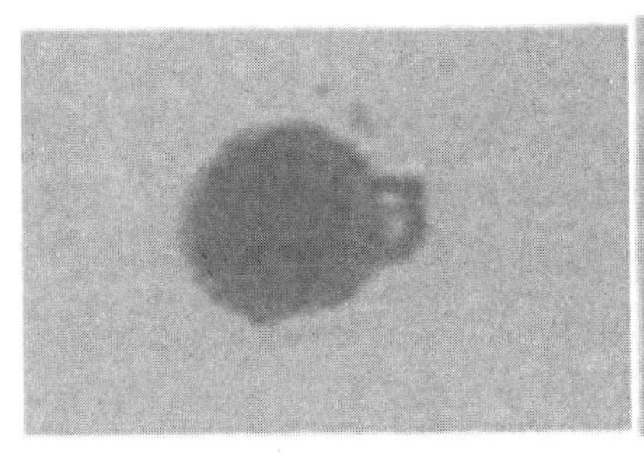

(a) 凝固在孔周围的残渣

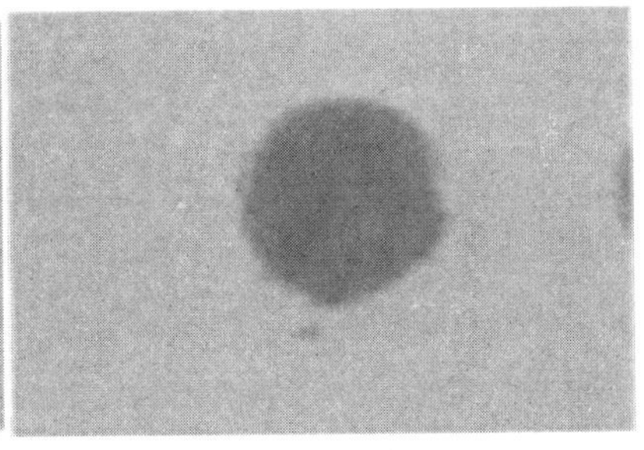

(b) 未被排除的残渣在孔内形成堵塞

图6-1　加工过程中因激光的烧蚀效应导致原材料底膜熔融的情况

以上两种残渣的存在对于后期的加工会造成很大的隐患，其中图6-1（a）所示的残渣所造成的影响主要存在于印刷及烧结过程，在印刷过程中，如果浆料印刷于残渣的上方则很可能会导致出现断线或残线现象，效果如图 6 - 2 所示。即使在印刷过程中未出现断线及残线的情况也会为后期的产品制作留下隐患，在烧结过程中生瓷片经过加温、排胶、收缩后也很容易在残渣的位置产生断线的情况，造成不合格产品的出现。

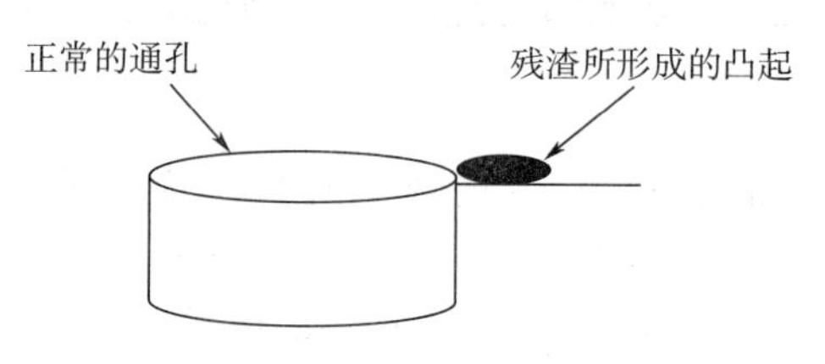

图 6 - 2　孔周围残渣印刷效果

而图 6 - 1 (b) 所示的残渣则会直接影响到下一道工序即微孔填充工序的效果，由于孔内存在残渣，经过微孔填充过后浆料不能饱满地填充进入孔内，从而形成所谓的“双眼皮”现象，效果如图 6 - 3 所示。

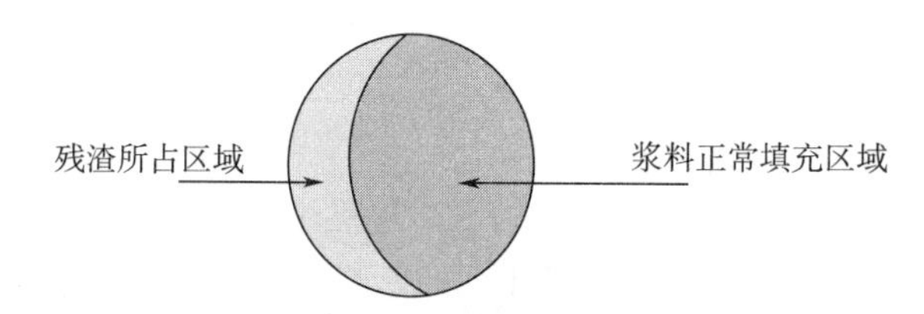

图 6 - 3　孔内存在残渣填充效果图

出现“双眼皮”现象的孔在后续的工艺加工之后会直接导致孔内断线的情况出现，特别是在烧结过后。最终对产品的影响主要表现在通孔、过孔、盲孔的电路连接中，具有不可修复性，从而导致废品出现。以上对激光加工工序中生瓷片可能出现的常见问题做了一个大体的介绍，为了提高产品的成品率，对出现以上两种现象的生瓷片主要通过抽检，人工剥离残渣的方式发现、修补。修补过程主要通过手工进行，用 90 倍的显微镜观察残渣的位置，并同时使用医用手术刀片将残渣剥离，剥离过程中所要注意的是下刀要轻，因为金属材质的医用手术刀片很容易划伤生瓷片的表面，如果划伤过于严重则不可挽回。这个过程通过训练可以很快掌握。

8 英寸生瓷片背面贴有塑料薄膜，激光需要将两种材料全部打穿，而两种材料对激光的吸收差异很大，使用单一一组激光参数（包括激光功率、重复频率、划切速度、划切次数等），加工效果很不理想，实际加工过程中，采用了分层加工的处理方法，任务 1 用来加工生瓷片，任务 2 用来加工塑料薄膜。举例如下：

焦距 24.33 mm，刀具任务：

任务 1：划速 160 mm/s，划切次数 2 次；

任务 2：划速 200 mm/s，划切次数 2 次；

刀具补偿量 16 μm，光斑重叠量 61 μm。

加工过后的效果如图 6 - 4 所示。

由此可见，通过改善激光加工设备的工艺参数和工序，即少进给多次高速扫描，减少

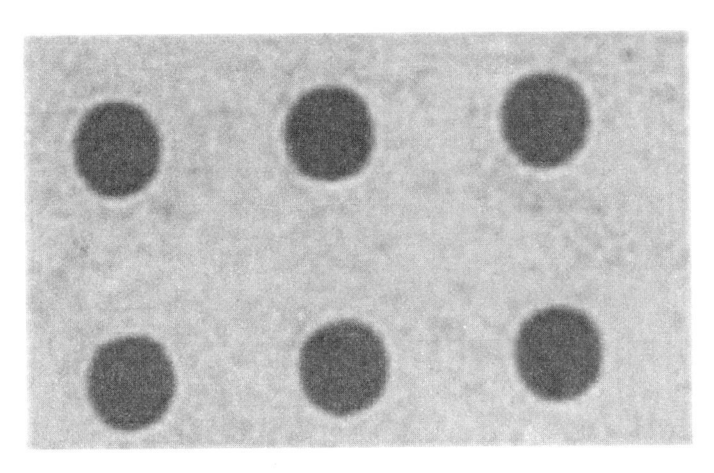

图 6-4　参数改善后加工实物照片

瞬时熔融状态，可以很好地避免产生残渣的现象，当然设备的打孔效率会降低。

6.1.2　机械冲孔

由于机械冲孔设备的加工过程是使用机械模具冲孔的方式对生瓷片进行加工，加工过程中不会出现类似激光打孔设备所产生的熔渣，但是在加工过后也会出现未排干净的碎屑附着在生瓷片的表面，效果如图 6-5 所示。

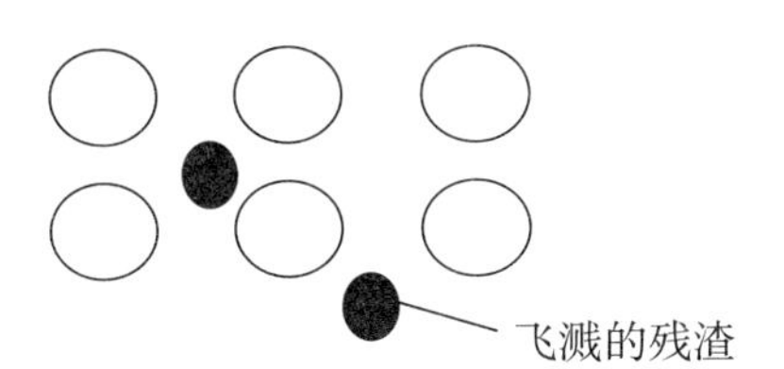

图 6-5　表面残渣效果图

如果表面的残渣未能被及时去除，则同样会对后期的工序产生极大的影响，主要会影响到印刷工艺，即：在进行电路的印刷时，导线印刷于残渣之上必会导致该导线断路，出现断线的情况，产生不合格品。

当出现表面附着残渣时，相对于激光打孔设备而言机械冲孔设备对生瓷片的修补就相对简单些，只需要利用软毛刷将飞溅至生瓷片表面的残渣刷去即可。因为机械冲孔设备加工过程所形成的残渣只是附着在生瓷片的表面而不是发生粘连。

生瓷片在加工后出现残渣几乎是不可避免的，但可以通过多种办法来努力降低。对激光打孔设备而言可以采用提高激光器功率、改进加工参数、分多次划切降低热熔等办法；对于机械冲孔设备来说可以通过设备改进来减少此类情况发生，例如在上下料机构的下料部分增加机械手带动毛刷，利用毛刷对生瓷片表面进行清洁。

6.2 填孔过程

微孔填充过程主要通过丝网印刷设备或注入式填孔设备完成。此过程主要是对打孔设备加工形成的孔进行金/银浆料填充。在微孔填充的过程中会有不合格品出现，主要表现为：漏孔和填充不饱满。

6.2.1 漏孔现象

所谓漏孔现象，具体来说就是对通孔进行填充后，在生瓷片上出现某些区域的孔无法填充的现象。冲孔设备完成冲孔工序后，对每张生瓷片均进行检验，确认冲孔各项指标无误后方可流入填孔环节，故当出现漏孔现象时，可以排除冲孔质量问题因素。

出现漏孔现象的主要原因有两个，一是当浆料填入微孔腔体后未能十分均匀地分布，有气泡存在于浆料中；二是多次填孔后，金属掩膜上的孔被浆料堵塞住，因此当浆料由金属掩膜板压入片上的微孔时就极有可能造成漏孔的现象出现，如图 6-6 所示。

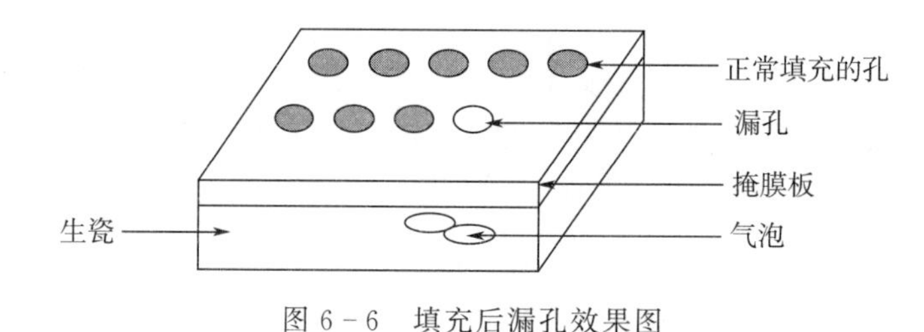

图 6-6 填充后漏孔效果图

当片上存在漏孔时会对整个产品造成极大的危害，由于生瓷片上的金属化孔起到使上下两层互连的作用，所以当漏孔出现时，必将造成层间互连无法实现，最终导致产品报废。

通常使用背光台进行漏孔的检测，将填孔完毕的生瓷片放置在背光台上，通过观察各个位置透光强度来发现片上的漏孔。注入式填孔过程中，当出现漏孔后则需将金属掩膜板四周的固定螺栓稍微放松，并在填充前使用白纸代替生瓷片使设备动作一次，即进行一个模拟的填充过程使浆料内的气体排出。完成此步骤后再对发现漏孔的生瓷片进行二次填充，一般情况下漏孔都会被填充，而使生瓷片最终符合要求。对于由气泡产生的漏孔现象，也可对设备进行一定的改进而避免产生漏孔。例如可以在设备的工作台内安装真空装置，在进行填充之前，利用真空将浆料内部的气体抽出，从而避免在填充时因浆料存在气泡而造成漏孔现象出现。在印刷式填孔过程中，有时还会因为漏板孔的堵塞而发生漏孔，此时就需要对漏板进行局部或全面清理后，重新填孔。

6.2.2 填充不饱满

在完成生瓷片的微孔填充后还会出现一种现象，即填充不饱满。主要表现在浆料未能完全地进入片上的孔内，导致需要填充的孔的孔内浆料不够饱满，存在空隙，浆料未能填充整个孔的内部，如图 6 - 7 所示。

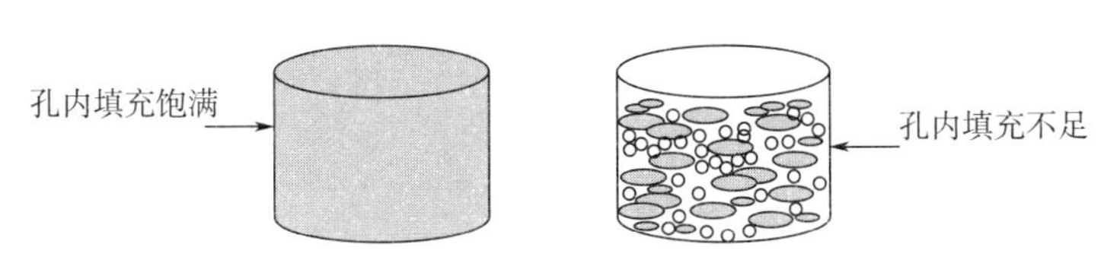

图 6 - 7　孔填充后不饱满效果图

填充过后不饱满的孔也会对后续的生产造成极大的影响，当进行印刷工艺时，如果有电路设计中的导线印制在未能饱满填充的孔上，那么这种连接便是一种不可靠的连接，在进行烧结排胶过程时，由于生瓷片的收缩很可能会造成连接断开的现象，导致电路断路情况发生。一般来说出现填充不饱满的现象主要存在两方面的原因。首先，设备的气动压力不足，气动压力的不足极可能造成这种现象的发生，当出现这种情况时只需将设备的压力做适当的调节即可解决问题。其次是浆料因放置时间过长而干燥，由于实验过程中对生瓷片进行了相当全面（精度等几个方面）的检测，可能导致浆料会被长时间放置不被使用，当发生这种现象时就需要及时更换新的浆料，或是将原有浆料收集并重新搅拌后再进行生瓷片的填充工作。

6.3　印刷过程

6.3.1　残线与断线

使用印刷设备对完成微孔填充的生瓷片进行电路的印制。印刷设备在进行电路印制过程中可能出现问题，即细线的印制可能会出现断线或残线，从而影响产品的合格率，如图 6 - 8 所示。

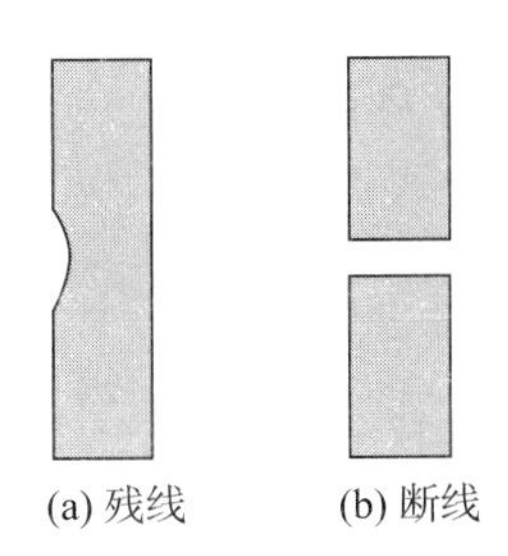

图 6 - 8　印刷过程缺陷效果图

生瓷片上的印刷电路出现断线及残线的现象虽然不多，但如果一旦出现会对产品造成极大的危害。造成残线及断线的主要因素有浆料、丝网张力、印刷工作台压力等。由浆料因素造成的残线或断线，主要是由于浆料的干燥造成其流动性变差，在浆料通过丝网时不能很均匀地附着在生瓷片的相应位置上，从而造成较细线（宽度 0.1 mm）的断开或是存在残次线条。

残线及断线可通过相关设备发现，目前解决的手段是由工作人员进行手补，手补的过程主要是通过使用合适的工具蘸取适量的浆料在出现断线及残线的位置进行修补，修补过程需要注意的是修补的痕迹一定要小，较为合适的修补是浆料能刚好覆盖出现断线及残线的位置，如图 6-9 所示。

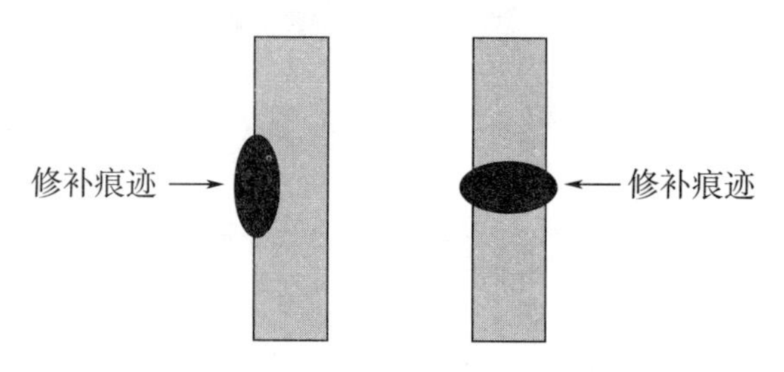

图 6-9 较为合适的修补效果图

当印刷线路出现断线及残线的情况时除检查浆料外，还应对设备进行检查。例如应检查丝网网框是否发生位移，工作台印刷刮刀是否发生变形等。

6.3.2 其他质量问题

除了残线与断线以外，印刷中其他常见问题及解决方法见表 6-1。

表 6-1 印刷过程中常见问题及解决方法

质量问题	原因	解决措施
印刷图形不完整	刮板太窄	换适当宽度的刮板，其宽度比图形大 5 mm
	感光胶膜太厚	使用厚度薄些的感光胶膜
	浆料黏度太大	在浆料中添以适量的稀释剂
	丝网上的浆料太干	清洗丝网
	丝网图形本身不洁	重新制作网版
	图形线条太细，网目不合适	选用目数多的细丝网
	图形位置超出边线	制版时图形定位错误，重制版
膜层有的地方太厚	刮板压力太小	逐渐增大刮板压力，直至适合
图形不完整，膜层太厚	丝网与基板间隙太大	调整丝网与基板的间隙，逐渐增大印刷压力
	印刷压力不够	
图形一边残缺一边模糊	真空吸盘(或专用夹具)	调节真空吸盘(或专用夹具)与丝网的平行度
	与丝网不平行	
印刷质量还好，但一边图形残缺	印刷行程太短	调节行程至超出图形 2.5～5 mm 时才能上举
图形两边残缺	刮板太窄	换适当宽度的刮板，其宽度比图形大 5 mm
	刮板刀口拱起	重新装刮板，固定螺丝不得太紧
	印刷间隙太大	调整印刷间隙至合适
开始图形质量良好，后续偶有缺陷	基板有污染	擦净丝网底面，洗净基板
	刮板刀刃变成弧形	重新安装刮板

续表

质量问题	原因	解决措施
印刷污迹	印刷行程中匀浆刀未离开丝网	调节匀浆刀与丝网距离
	丝网与基板间隙太小	调节间隙至 0.8～1.5 mm
	丝网损坏	更换新网
印刷图形有锯齿现象	丝网网孔太大	改用合适网孔的丝网
	乳胶膜太薄	改用厚一点的乳胶膜
	刮板压力太大	适当减小刮板压力
印刷图形表面有丝网状条纹	丝网孔太大	改用合适网孔的丝网
	膜层太薄	加厚膜层
	感光胶膜太薄	重新制作网版，加厚感光胶膜
印刷图形边缘不清晰，边缘膜层太薄	刮板压力太大	适当减小刮板压力
印刷图形边缘不清晰，边缘膜层太厚	印刷间隙太大	适当调小印刷间隙

6.3.3 印刷质量问题案例

印刷质量问题案例如下：

1）Au 浆料印刷丝网目数，按规定应使用 325 目，错改为 250 目，导致 Au 印刷膜网印迹严重，造成键合可靠性变差的案例。

2）印刷环境温度太高（>28 ℃）、湿度太低（仅为 22%），导致 Au 印刷膜出现微小孔洞（随机）的案例。

3）丝网经一段时间使用后，张力由 37 N/cm 下降至 25 N/cm 以下，导致印刷膜层位置偏移过大（印刷电阻膜时尤为明显）的案例。

总之，如果问题是在固定位置重复出现的，一般都是网版的问题。如果问题是随机出现的，则极有可能是环境问题。

6.4 叠层（叠片与层压）过程

6.4.1 常见问题及原因

在叠层过程中产品的最大问题是分层。如果叠层体内存在层与层间胶结不良的缺陷，那么这些缺陷处就会成为烧结后分层的起因地。正是由于这一事实，生片出现各自分离和收缩，形成无中心点的收缩集结区。这种现象在 10 层以上的多层基板中尤为常见。分层不仅在叠层过程中发生，在烧结过程中也同样会出现（例如，由于烧结失配产生分层等）。

研究表明，导体对分层现象的影响显著。导体面积越大，生片之间的胶结面积越小。为提高叠层体中生片间的层间黏结强度，一般用以下两种方式：

1）用热熔树脂胶结；

2）用不平界面的机械胶结（互锁胶结）。

由于生片之间界面处的树脂成分是相同的，它们之间有很好的胶结强度。为了使导体和生片之间的界面有高的黏结强度，一般考虑在导体和生片中使用兼容性较好的树脂成分。此外，为了增加互锁胶结的胶结强度，生片本身必须柔软。基于这个原因，最好生片中有一定数量的空孔。

分层的类型主要有5种：

1）垂直开裂：从基板的边缘中部直到基板的中心形成的裂纹，将基板分裂，而层间黏结却很牢固，未产生分层。究其原因可能是叠层时生片边缘的中心变形力过于集中。

2）分阶式夹层分层：由于接地面和电源面剥离所造成。一般来说，叠层体中生片与导体油墨之间的黏结比生片与生片之间的黏结弱。因接地面和电源面的导体面积大，使生片与生片之间的接触面积减小，导致片间黏结薄弱，从而产生分阶式夹层分层。此外，烧结过程中，升温和降温时，陶瓷和导体的收缩系数失配是产生这种分层的另一因素。

3）环形分层：从烧结体的圆形部分剥离，是在极端情况下的盘状片分层。这可能是由于导体图形集中在生片的中心，使中间部分的总厚度增大，提升了高度，在层压时压力不均匀所致。

4）内部夹层分层：发生在内部导体和陶瓷界面处的分层，裂纹不延伸到基板外部。问题的起因是叠层体中某一局部生片和导体导电油墨之间的黏结不足。当层数较多或各层导体较厚时，各部分的厚度包括导体部分和陶瓷部分的差异较大，使叠层体类似于实心的三明治。由于这种分层的产生，为释放叠层体中的应力，应采取与分阶式夹层分层和环形分层类似的方法来处理。

5）表面起泡：基板表面有气球状起泡，这是由黏合剂中未溶解的物质和溶解于原料中的气体在烧结高温时释放所致。因此在基板的表面烧结之前让叠层体中的气体充分排出是非常重要的（内部气体能够被释放的微孔是存在的）。

6.4.2 解决手段

层压的基本参数是压力和温度。内层胶结强度一般随着压力的增大而增高。但当压力达到一定值时，内层胶结强度不再随压力增大而变化。为了防止分层，有效的方法是优化叠层条件（温度和压力），改善生片树脂成分和导电油墨的黏结性质，检查压力的均匀性等。另外，在通常不设置电路导体的边缘部分配以虚假导体，用以调节厚度，这也是防止分层的一种有效方法。

6.5 热切过程

热切工艺会在陶瓷构件的侧面及表面产生缺陷。这种缺陷形态不同于陶瓷内部缺陷，也不同于陶瓷烧成之后机加工形成的表面缺陷。相对于自然烧结表面，热切表面缺陷会导致强度显著下降。断口分析表明：热切缺陷是一种尺寸更大的缺陷，具有更高的危险性。热切缺陷主要来源于切刀的磨损。因此，为了减小陶瓷封装中的失效，应在生产中跟踪切刀的使用情况，及时更换刀具，减小热切失效，保障产品质量。

6.6 烧结过程

烧结工艺的关键因素是炉膛内温度的均匀性和烧结曲线的调试、选择。烧结过程中经常出现的问题主要有产品会出现分层现象，翘曲，X、Y 方向收缩率一致性差，电阻阻值离散大等问题。因此，为避免这些问题的产生，就必须解决以下问题。

炉膛内温度的均匀性：炉膛温度均匀性差，基板烧结收缩率的一致性就差。这会导致产品出现分层现象，对于有电阻的产品，在烧结过程中如果温度均匀性差，就会导致在同一个产品上电阻阻值差异大，又无法调阻使其在设计的范围之间，导致产品直接报废。因此，保证炉膛内温度的均匀性是保证产品烧结成败的关键因素之一。

烧结曲线的调试和选择：烧结时，升温速度过快会导致烧结后基板的平整度变差、收缩率变大。在烧结过程中，导体与基板的烧结温度总是有一定差距的。如升温速度过快，会因致密化程度不同而产生的应力来不及消除，使基板发生翘曲。与此同时，对于不同的烧结材料、不同厚度的产品来说，烧结曲线的选择，以及曲线的升温速率和保温时间都会略有不同。

此外，升温速度过快还会导致基板材料中玻璃熔融体中的陶瓷填充相不足，黏度低，容易渗到陶瓷颗粒间隙中，使收缩率增大。如果烧结后的基板平整度差，可把基板放在两陶瓷板之间压烧，在 850 ℃下重烧，使其平整度略有改善。

表 6-2 烧结曲线与基板平整度和收缩率的关系

烧结材料	升温速率/(℃/min)	保温时间/h	收缩率
Ferro A6M	6～7	2～3	16%±0.5
Dupont 951 PT	7～8	2～3	13%±0.5
Ferro A6ME	6～7	2～3	16%±0.5

6.7 小结

总体来说在整个实验过程中较易发现问题，并在发现问题后可以及时纠正的工艺过程主要包含打孔、填孔、印刷，其他的工艺环节，如叠片、层压、热切等工艺过程一旦出现问题基本上就会导致不可挽回的后果。充分注意到相关环节易出现的问题并分析探讨相关解决方法后可以大大提高 LTCC 生产线上的产品合格率，从而降低单件产品的实验成本，使得 LTCC 工艺技术得到更广泛应用。

参 考 文 献

[1] 张孝其，等．LTCC生产过程中易出现的问题及解决办法．电子工业专用设备，2010（09）：41-44.

[2] 曾超．热切缺陷对陶瓷封装可靠性的影响和一种结构设计新概念．哈尔滨：哈尔滨工业大学硕士论文．2007.

第7章　LTCC技术未来的发展方向

7.1　LTCC应用现状

7.1.1　在高密度封装中的应用

LTCC在现代封装技术中有很大的用途，目前应用领域主要有以下3个方面：

1）应用于航空、航天及军事领域。LTCC技术最先是由美国雷声公司、西屋公司和霍尼伟尔公司商业化的，在航空、航天及军事电子装备中得到应用，由于这些公司都具有LTCC设计和制作技术，很多LTCC组件和系统都成功运用到了导弹、航空和航天等电子装置中，美国的NEO公司为美空军的F35－JSF（Joint Strike Fighter）战斗机提供LTCC产品，并在新一代的F35B垂直起降舰载机项目上展开合作。此外，LTCC还应用于军用预警机，为飞机雷达提供轻量化的解决方案。

2）应用于传感器、驱动器、MEMS等领域。通过三维设计能力内埋无源电容、无源电感等结构，增加电路的密度，从而大大地缩小电路体积。基于LTCC技术的气体传感器、压力传感器等已经相继出现。

3）应用在汽车电子等领域。汽车工业已经逐步朝着“会跑的手机”方向发展，现代汽车已逐步迈入信息时代，尤其以电动汽车和互连网汽车为代表。在国外LTCC技术已被列为制作汽车电子电路的重要技术。汽车领域是目前LTCC技术商业化最成功的地方，基于LTCC的汽车雷达，如防撞雷达、自动轨道偏离检测雷达、测距雷达等很多都已经完全商业化，其中BOSCH公司旗下的汽车雷达已经占据了较强的垄断地位。

7.1.2　在微波无源元件中的应用

LTCC器件按其所包含的元件数量和在电路中的作用，大体可分为高精度片式元件、LTCC无源集成器件、LTCC无源集成基板和LTCC功能模块。高精度片式元件主要包括高精度片式电感器、电阻器、片式微波电容器及这些元件的阵列。LTCC无源集成功能器件包括片式射频无源集成组件，如LC滤波器及其阵列、定向耦合器、功分器、功率合成器、天线、延迟线、衰减器、共模扼流圈及其阵列等。利用LTCC技术制成的无源器件可以通过3维的设计能力，提高器件的集成密度，减小器件体积。

7.2　发展趋势

7.2.1　行业需要LTCC产业标准

类似于通信行业的发展规律，目前LTCC产业还处在蓝海阶段，各家LTCC厂商采用的设计、制作、集成方式各不相同，都有自己的标准。以手机射频模块为例，射频链路主要分成集成片式天线、开关（环行器）、SAW 滤波器、低噪声放大器、功率放大器、收发器及振荡器等组件。在实际的 LTCC 开发中有的公司将天线与低噪声放大器等集成，有的则整合天线及功率放大器等成为功率开关组件 PSM。这样导致下游客户在设计电路基板 PCB 时必须根据不同的模块做不同的设计，可见非标准化的模块不但会增加成本，且在零件采购上可能受制于单一 LTCC 组件厂商。因此，制定行业的标准将有利于 LTCC 器件市场的发展，产品规格的标准化谈判是各个 LTCC 生产厂家需要进行的一项重要工程。

7.2.2　小型高频 LTCC 电路

手持式设备是推动小型化射频电路发展的重要因素，随着通信产业的快速发展，移动设备逐渐普及，手机更新换代速度持续提高，用户对功能的要求逐渐增大，但是手机的体积却要逐步缩小。此外目前的射频信号频率较低，国际上已经开始试验新型的通信模式，将频率提高，从而增加信道个数和信号传输速率。LTCC 作为一种三维的解决办法，可以将现有的电路尺寸大幅减小，且 LTCC 基板为陶瓷材料，有更高的介电常数，所以从理论上也可以减小微波电路尺寸。此外，LTCC 的内埋电路可以合理躲避电磁干扰。未来，随着 LTCC 上游材料、工艺技术及线路设计能力的提升，LTCC 电路小型化和高频化有着更大的发展前景。

7.2.3　LTCC 无源器件高密度集成化

高密度 LTCC 产品通常在毫米波产品中使用。如 X 波段的 128 单元的平面天线阵，需要众多无源器件和有源器件集成在 LTCC 基板中。毫米波中使用的导带宽度和导带间距将小于 25 μm。随着细线技术的发展，这个目标将会达到。

7.2.4　航天领域

随着深空探测的兴起，在火箭推动力一定的情况下，卫星或探测器等有效载荷的小型化就变得尤为重要。美国硅谷已经涌现出一些做小型化卫星的企业，并实现了一箭多星的快速卫星组网实验，不仅能把对地观测频率提高，而且在经济和金融领域都具有重要的意义。LTCC 是实现小型化卫星的一种方式，德国 IMST 已经将 LTCC 收发机送入太空并验证了其在太空中的稳定性，它采用微波传输线、有源逻辑控制线和低频电源线的混合信号设计，将它们组合在同一个 LTCC 三维微波传输结构中，并使用金丝连接，同时将电阻、电容和电感等无源元件集成在 LTCC 多层微波电路基板中，进一步提高集成度和可靠性。

国际上几个发达国家在 LTCC 航天领域也投入了大量的人力、物力，以期占领这一关键性技术的制高点。由 Space Systems/Loral 公司实现的 LTCC 控制电路，应用到直播延迟通信及气象卫星中，电路线宽和间距仅为 0.25 mm。国内 LTCC 技术在航天的应用随着 14 所、214 所、504 所、29 所、43 所等厂家的深入研究也在不断提高，研制出了具有良好性能、空间应用的 T/R 组件、滤波器、功分网络等产品，各种大批量的 LTCC 航天产品正在处于研发和酝酿阶段，未来 5～10 年在我国 LTCC 技术将大范围应用于航天领域。

7.3　LTCC 典型应用

(1) 由 RF MEMS 开关组成的 12×12 开关矩阵

法国泰雷兹（Thales）意大利分公司在欧空局（ESA）的卫星通信项目中设计了 C 波段的 LTCC 工程机（Engineering Model）样品，产品放在一个铝盒子里，接口为同轴线和 DC 端。样品主要体现了使用 MEMS 开关和 LTCC 技术相结合的方式来减小开关矩阵的体积和质量。之前用于 ARTES4/AMOS4 通信卫星上的开关矩阵为 9.5 kg，大小为 30 cm×26 cm×12 cm。而用 MEMS+LTCC 技术的开关矩阵为 2.4 kg，大小为 28 mm×9 mm×16 cm。

集成有 12×12 MEMS 开关的 LTCC 产品图如图 7 - 1 所示。

图 7 - 1　集成有 12×12 MEMS 开关的 LTCC 产品图

样机集成了多个 MEMS 开关单元，如图 7 - 2 所示。

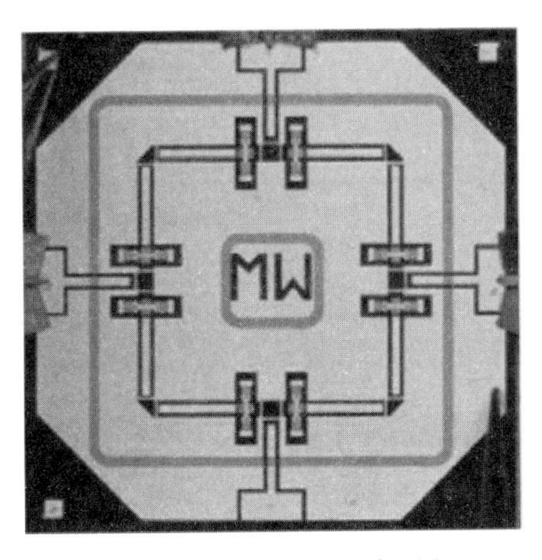

图 7 - 2　MEMS 开关单元图

内部走线在 LTCC 内，开关集成在表面，如图 7－3 所示。

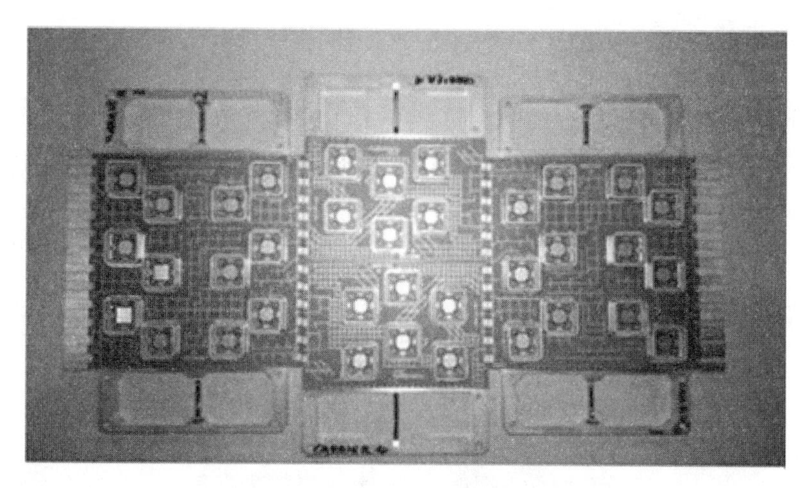

图 7－3　开关矩阵示意图（未加可伐盖）

图 7－3 展示了每个开关单元由一个矩形金属框焊接到 LTCC 上，然后再由一个金属盖子缝焊（seam welding）。但是这个工程样机的电性能较差，插损达到了 20 dB，主要因为走线没有优化好，走线太长。

（2）IMST 的 KERAMIS 产品系列

IMST 做的 KERAMIS 这款产品是用来验证 LTCC 和 MMIC 相结合是否能实现卫星有效载荷。这项计划始于 2006 年 10 月。工程样机于 2009 年 3 月顺利完成，如图 7－4 所示。

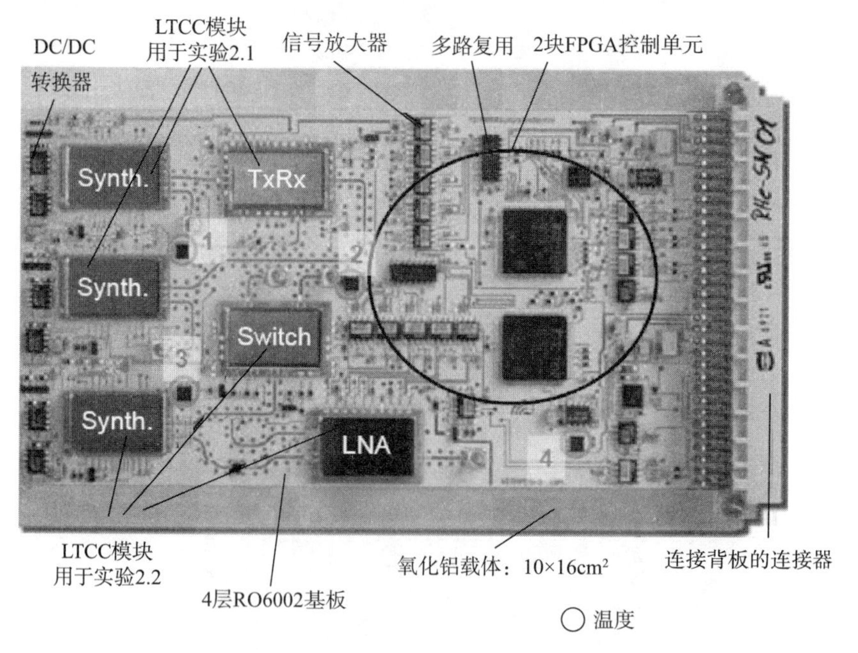

图 7－4　KERAMIS 产品布局图

工程样机用铝作为母板，包括矩阵开关、混频器、功率传感器、单刀双掷二极管开关、T/R 组件、频率合成器、低噪声放大器等。工程样机在地面做了以下实验：振动、热真空、温度循环和电磁兼容 EMC 等。工程样机于 2009 年 10 月交付，2010 年 5 月集成到 TET-1 卫星中，卫星中共有 7 个不同实验项目的载荷，包括锂电池薄膜、电池板、红外摄像机等，在德国航天局的资助下，2012 年 7 月 TET-1 卫星从拜科努尔发射基地由 Soyuz-FG/Fregat 火箭发射，卫星进入环地低轨道。

KARAMIS 上表贴的元器件有 GaAs 和 SiGe 的 MMIC 芯片，这些芯片都放在（使用 BGA/LGA/胶）LTCC 预留的空腔内，因为这样做金丝键合的时候会减少金线的距离，从而节省材料且降低损耗。芯片间的连接叫做“第一层次连接”，把 LTCC 整板集成到母板（如 Rogers RO6002）PTFE 板上叫做“第二层次连接”，所有的连接都对 20 GHz 做了优化。

整个系统分成多个小模块（子系统），并由 LTCC 实现。然后用一个 Kovar 框焊到 LTCC 基板表面，然后再在保护气体里用 Kovar 盖密封，从而形成一个密封的子系统。使用 Kovar 环的原因是它的热膨胀系数和 LTCC 相似，这样在受热的时候不会导致泄漏（密封性变差）。每个 LTCC 子系统再被装配到母板上，例如 Rogers 公司的 RO6002 板，子系统之间需要二次连接，并配上 DC 走线之类。LTCC 和母版的连接可以使用键合或者 BGA/LGA 的方式。

LTCC 经典工艺流程如图 7-5 所示。

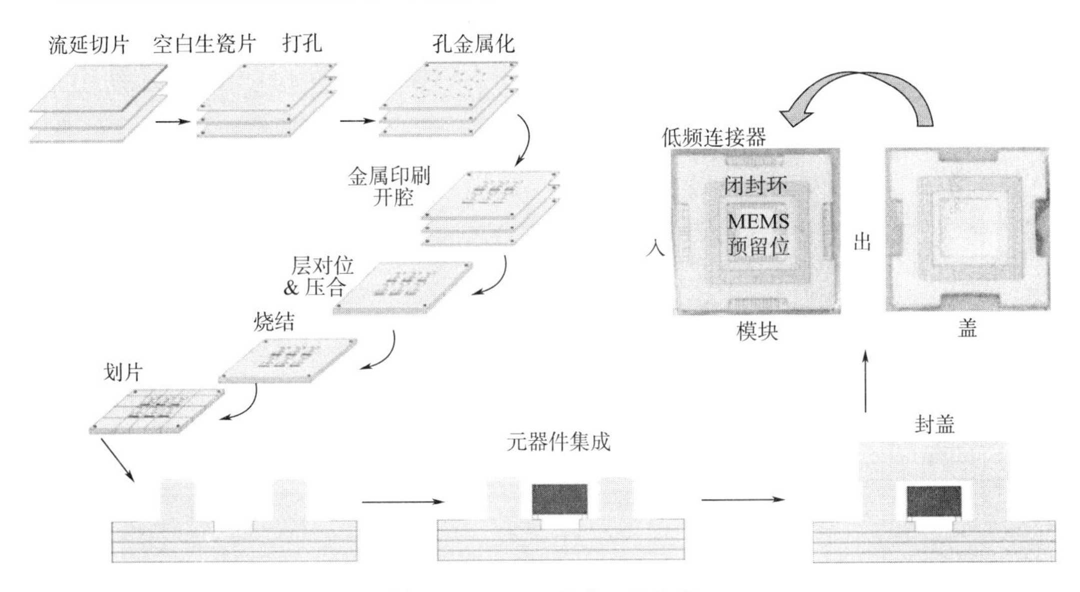

图 7-5　LTCC 经典工艺流程

键合的应用比较灵活，先把 LTCC 背面焊接到母板上，然后将 LTCC 的边缘键合到母板上。键合的机械性能较好，如果采用双压线的方式来改善过度的匹配性，有时在 CPW 传输线上也附着一层 BCB 绝缘薄膜层。

双丝键合效果如图 7-6 所示。

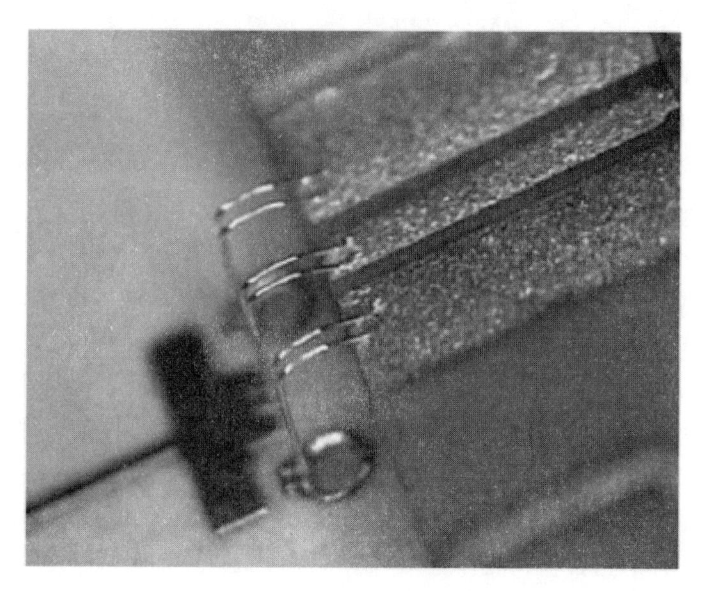

图 7-6 双丝键合效果图

另外一种是用 LGA/BGA 的方式连到母板：球焊 BGA 的标准球径为 0.6 mm，用 LGA 焊接比 BGA 焊接的带宽高，但是 BGA 焊接的带宽已经足够了，且 LGA 焊接时有时候会有气泡，影响电性能。连接时要把所有的 DC、RF 和接地一次性从背面焊接到母板上，这就需要在 LTCC 设计中做好渐变结构，如图 7-7 所示。

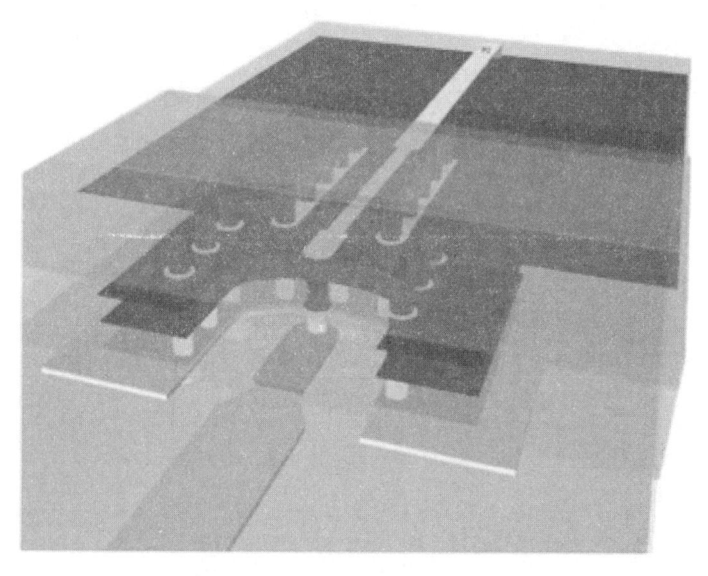

图 7-7 LTCC 基板内渐变结构

这种结构可以做优化，IMST 的测试证明在 35 GHz 的插损为 15 dB，还是比较好的，也可以对特定带宽做进一步的优化。但是问题是 LGA 需要大面积的焊接，里边会有空洞，很难控制，空洞对导热性能有比较大的影响。

有源器件，例如高功率MMIC器件，对温度的要求很严格。欧空局要求元器件在65 ℃也可以工作，LTCC自身的热导率为2～4 W/(m·K)（越大越容易导热），如果加上导热通孔将会极大改善热导率［最大可到50 W/(m·K)］。

IMST也使用过Ablebond胶来将MMIC芯片粘接到LTCC上，这种胶的热导率为3.6 W/(m·K)，在LTCC内使用热导孔可以提升至50 W/(m·K)。

散热孔如图7-8所示。

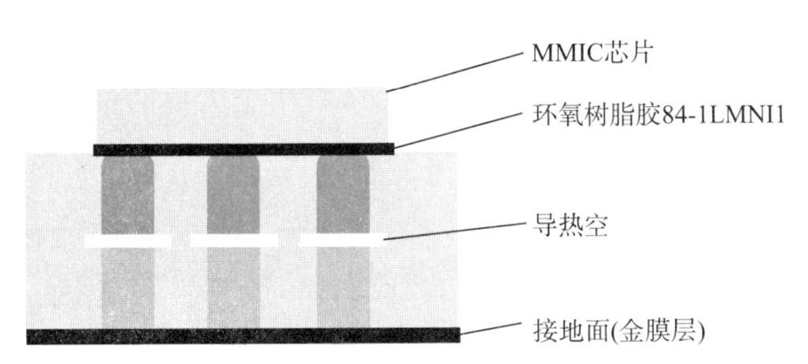

图7-8　散热孔示意图

IMST的在轨测试证明：

1）LTCC子系统模块化运作，可以更加容易地开发其他具有不同功能和频段的产品；

2）LTCC子系统完全密封；

3）具有良好的散热性；

4）体积和质量方面有所降低。

（3）基板集成波导开关矩阵

航天五院西安分院提出了一个新型LTCC拓扑结构来做开关矩阵，主要是使用LTCC的3D结构合理布局SIW传输线来解决互相干扰还有损耗的问题。使用Ferro A6M系统，介电常数为5.9，12层，每层96 μm。4×4 LTCC开关矩阵如图7-9所示。

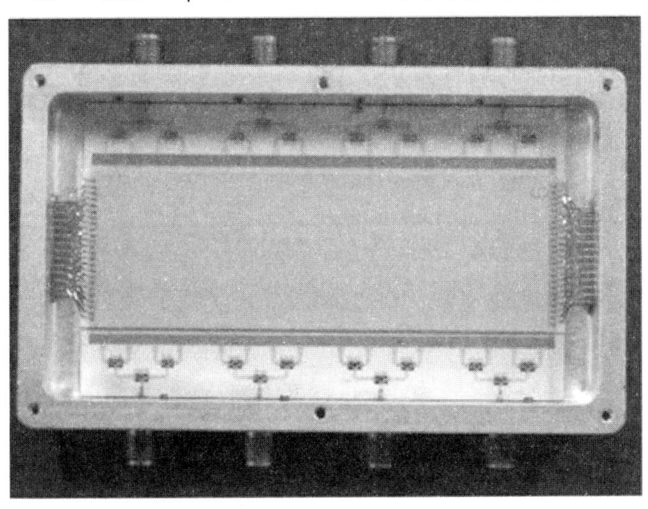

图7-9　4×4 LTCC开关矩阵示意图

LTCC 板为 70 mm×40 mm×1.54 mm，加上 SMA 为 82 mm×46 mm×5 mm。测量插损小于 3 dB，反射系数优于 20 dB。

（4）基于 LTCC 的相移天线阵

IMST 讲述了其开发的多种 LTCC 相移天线。传统的卫星通信主要是卫星和地面固定位置的通信。如果使用手持卫星电话，卫星需要调节波束方向来保证通信连接，近年的发展方向就是使用相移天线阵来改变波束方向。卫星电话的频段有 L，Ku，K，Ka 等波段，这项系统在军事上的应用是巨大的，能够极大地提高部队在高机动下的通信质量。

美国的全球定位系统 GPS 最初是为了给军队提供全天候的位置信息，分为军用和民用两个频段，军用的精度高，民用免费给全球各国使用。为了抗衡来自美国 GPS 系统的束缚，中国提出了北斗卫星系统，也提供军用和民用两个频段。北斗作为后来者虽然在频段上不如 GPS 系统（北斗频率较高），但是也有它先天的技术优势，就是北斗不仅能够定位还能够通信。

现在人们使用手机通信而不是卫星电话的原因是：卫星电话虽曾经风靡一时，但是用户需要抬头看见天空才有信号，而且成本很高，所以基本上就被淘汰了。现在各国还要大力发展卫星电话通信的原因是：在一些特殊环境中如偏远地区、海上、天上等没有办法修建基站的地方还必须得借助卫星电话，这就是为什么人们登山的时候会带卫星电话而不是手机，因为没有基站提供手机信号。此外在战争期间基站很容易被破坏，从而导致通信中断。

LTCC 雷达前端，主要应用于运动物体检测，如汽车、无人机等。IMST 主要研究 24 GHz 的汽车应用，如变线辅助 LCA，定速巡航，防撞预警等。然而汽车之间的通信 C2C 是由 WiMax 标准实行的，频率基本在 11 GHz 以下。IMST 认为汽车雷达未来能够集成 C2C 的通信功能，把雷达和通信做成一个组件。

IMST 讲述了卫星通信方面的应用，其中一个就是 K/Ka 波段的 SANTANA 项目。此项目主要用于空中由卫星提供的互连网服务，比如飞机上的 Internet 服务，飞机就相当于一个卫星通信客户端。频率 Tx 29.5～30 GHz，Rx 19.5～20 GHz，为了分开 Tx 和 Rx，IMST 使用了 EBG 结构。设计采用 IMST 一贯的模块化运作方式，所有的组件都采购于市场上现有的产品，如天线、滤波器、晶振等。IMST 一共使用 64 块天线单元来组成天线阵，每个天线模块集成在 LTCC 中，共 11 层，使用 Ferro A6M。此外使用了内微通道，通过注水来降温。

（5）双倒装芯片（Filp - chip）封装

德国汉堡大学在已经发射的 TET - 1 卫星上提出了双倒装芯片的封装方法。

首先 MMIC 芯片先倒装到 LTCC 的空腔内（thermosonic bonding），然后用 Kovar 盖把底部封起来。接下来把 LTCC 翻转，LTCC 的顶面就可以用来表贴其他元器件。整个 LTCC 最后作为更大的 SMD 器件焊接（如 LGA）到其他基板上。如图 7 - 10、图 7 - 11 所示的装配过程。

（6）雷达收发端 77 GHz

IMST 使用了 UMS 的 77 GHz GaAs MMIC 芯片组，其中包括独立的（不在同一块片

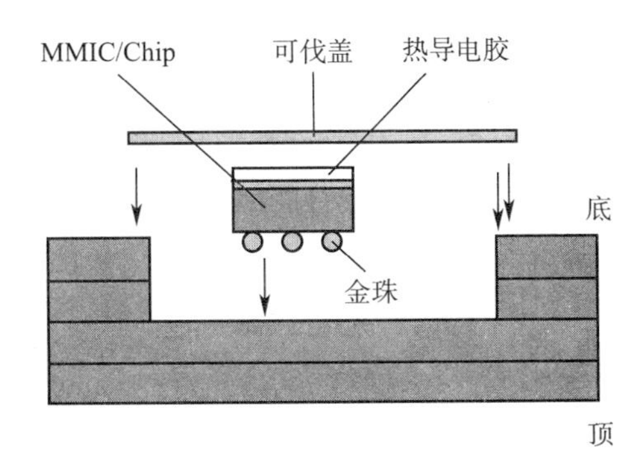

图 7－10　第一次表贴元器件及封盖

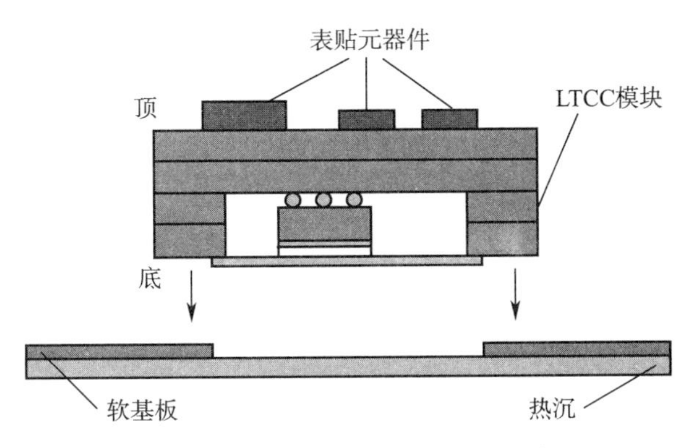

图 7－11　翻转后第二次表贴元器件

子上）12 GHz 晶振、倍频器、混频器等。

雷达收发端产品如图 7－12 所示，大小为 1.4 mm×30 mm×12 mm，使用 Dupont 9k7 系统。MMIC 和 LTCC 的连接最好不要使用胶粘，由于 LTCC 表面没有那么光滑，所以胶粘的容易掉，而且胶的导热性也很差。所以尽量使用焊接，焊接使用后印模是用铂金合金印在板子端口上，然后进行后烧且热导率很好。

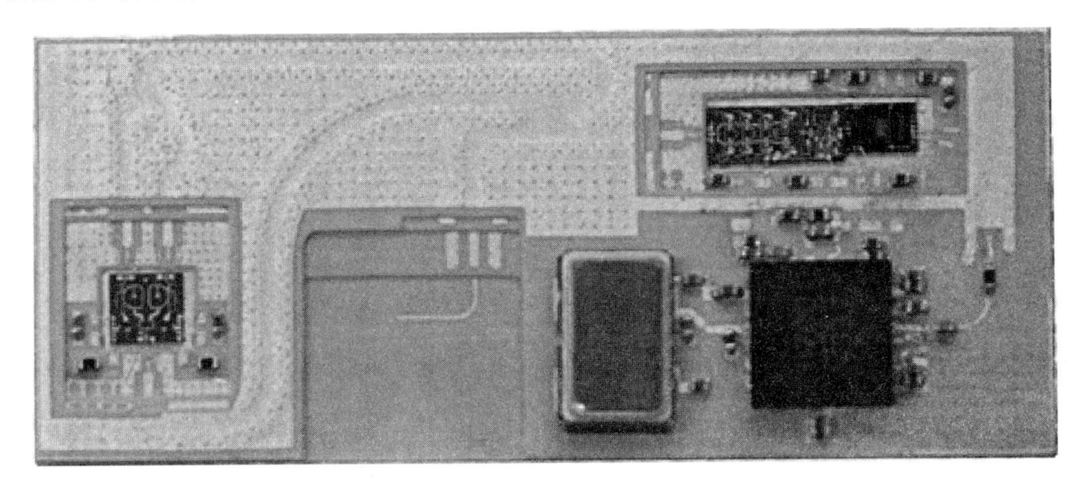

图 7－12　雷达收发端产品图

（7）LTCC毫米波应用

非硅基的技术还有InP和GaAs，性能比较好，但价格比较贵。硅基的技术如SiGe及CMOS在终端客户中比较常见。表贴的器件MMIC/CMOS使用Flip－chip的技术来去除键合的寄生电感，LTCC和母板PCB之间使用BGA的形式连接。

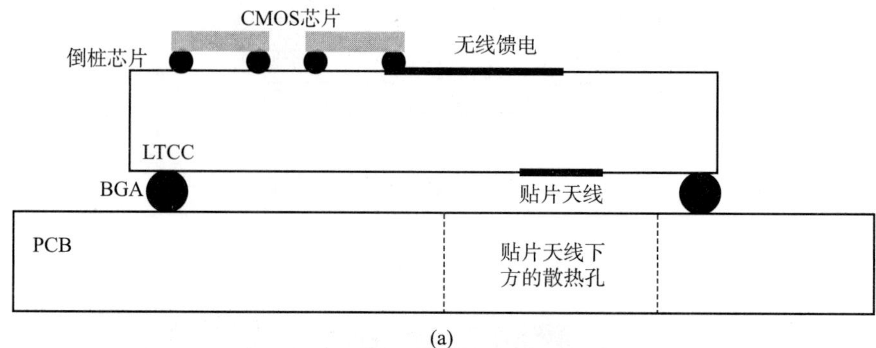

(a)

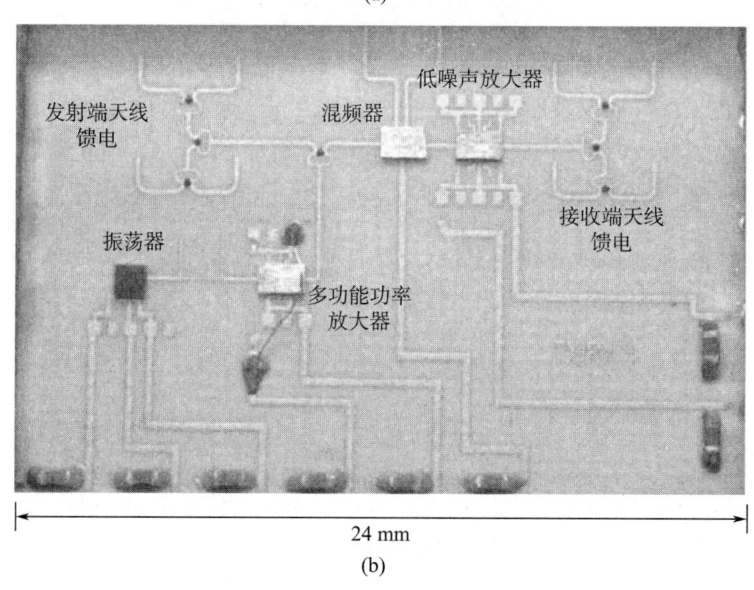

(b)

图7－13　毫米波LTCC产品图

VTT高频使用Ferro A6M，500目的丝网可以达到线宽30μm，间距30μm。使用SnBiAg焊料把Kovar盖子焊接上，温度175 ℃，可以保护MMIC芯片。VTT的工艺水平见表7－1。

表7－1　VTT的工艺水平

参数	市面上典型值	VTT典型值
最小线宽/μm	150	50
容差/μm	±20	±5
层间对位精度/μm	60	15

（8）基于 LTCC 技术的卫星 4×4 开关矩阵

TET－1 卫星上的另一个实验项目，由德国微纳米研究院负责。

传统的 4×4 开关矩阵如图 7－14 所示，需要使用线缆连接。结构质量为 2 kg，体积为 6 720 cm^3。

图 7－14　传统开关矩阵图

使用 LTCC 技术实现的矩阵开关净重 20 g，体积仅为 12.5 cm^3，如图 7－15 所示。

图 7－15　LTCC 开关矩阵产品图

（9）T/R 组件 BGA 封装

T/R组件 BGA 封装来自台湾 M/A 公司，使用 3 层 LTCC 做封装，大小为 12 mm×12 mm。芯片背面用直径 0.6 mm，间距 1mm 的焊球 BGA 焊到 LTCC 上。然后 LTCC 表面用金锡焊 Kovar 盖密封，如图 7－16 所示。

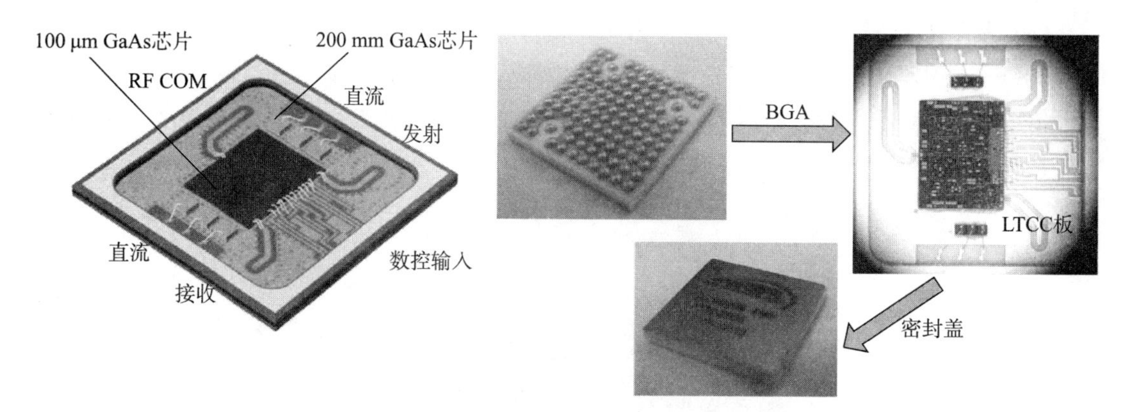

图 7－16　BGA 封装的 LTCC 产品

（10）三维封装

由 LTCC（或 LCP）实现的收发前端，集成了所有的无源器件和天线，如图 7－17 和图 7－18 所示。

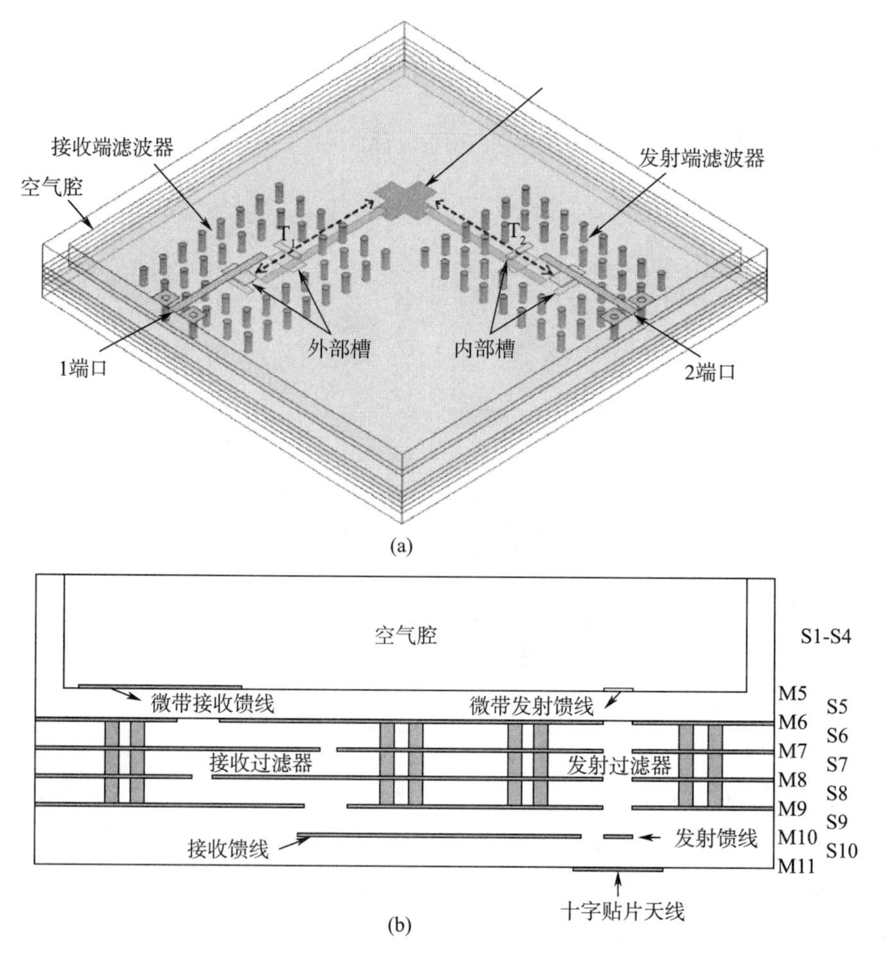

图 7－17　LTCC 收发前端原理图

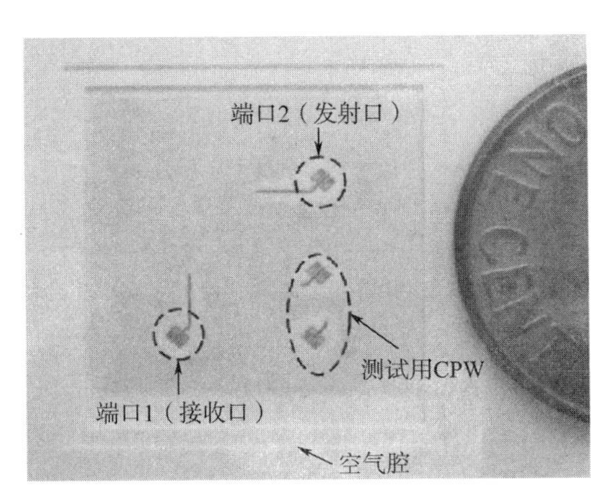

图 7－18　LTCC 收发机产品图

(11) 芬兰 VTT 的光学及其传感器产品

除了微波方面的应用，LTCC 技术还被应用到跨学科的产品中。

1) 星间光纤数据收发器，如图 7－19 所示。

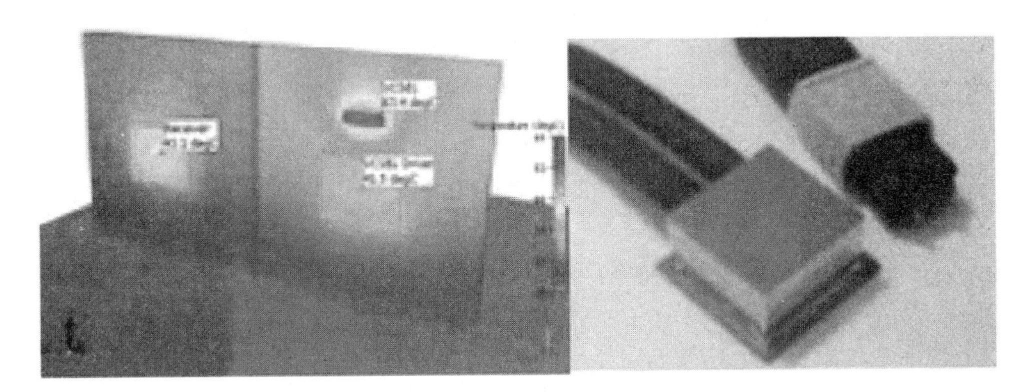

图 7－19　LTCC 星间光纤数据收发器

2) LTCC 原子钟，如图 7－20 所示。

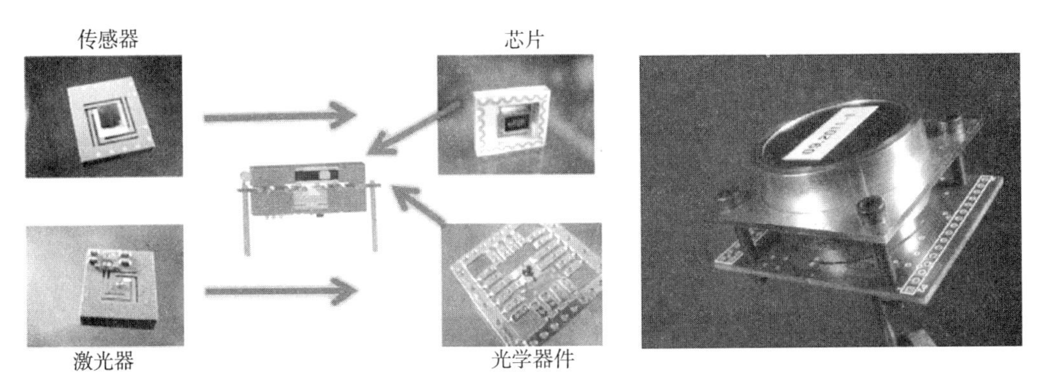

图 7－20　LTCC 原子钟产品图

3）气体检测传感器，如图 7 - 21 所示。

图 7 - 21　LTCC 气体检测器产品图

4）血糖检测器，如图 7 - 22 所示。

图 7 - 22　LTCC 血糖检测器

5）声光传感器，如图 7 - 23 所示。

图 7 - 23　LTCC 声光传感器

7.4　结束语

LTCC 技术最早由美国开始发展，初期应用于军用产品，后来陆续有欧洲厂商将其引入到车用市场，而后再由日本厂商将其应用于信息产品之中。在全球 LTCC 市场占有率前 9 的大厂商之中，日本厂商有 Murata、Kyocera、TDK 及 Taiyo Yuden，美国厂商有 CTS，欧洲厂商有 Bosch、CMAC、Epcos 及 Sorep - Erulec 等。国外厂商由于投入已久，在产品性能、专利技术、材料及规格主动权等方面均比国内厂商具有更有利的地位。我国 LTCC 产品技术的开发比国外发达国家至少落后 5 年，特别在 LTCC 原材料及其配套浆料方面差距更大，加速发展我国 LTCC 技术将对我国电子工业的振兴具有重要意义。

随着 LTCC 所用陶瓷和浆料低温烧结化的深入研发，LTCC 基板在芯片封装中的应用日渐广泛。其封装结构紧凑、体积小、质量小、性能好、可靠性高，技术研发和市场需求结合紧密，已成为微电子产业的必争之地。

LTCC 技术是器件封装及模块化的首选，大力发展 LTCC 技术是毫米波/微波 IC 与光电子器件发展的必然趋势。